23 51

# HISTOIRE NATURELLE

## DES PRINCIPALES PRODUCTIONS

### DE

# L'EUROPE MÉRIDIONALE.

## T. V.

DE L'IMPRIMERIE DE LACHEVARDIERE FILS,
RUE DU COLOMBIER, N. 30, A PARIS.

# HISTOIRE NATURELLE

## DES PRINCIPALES PRODUCTIONS

### DE

# L'EUROPE MÉRIDIONALE

#### ET PARTICULIÈREMENT DE CELLES DES ENVIRONS

## DE NICE ET DES ALPES MARITIMES;

### PAR A. RISSO,

Ancien professeur des Sciences physiques et naturelles au lycée de Nice; M. A. de l'Académie royale des sciences de Turin, de celle de Marseille, et des géorgophiles de Florence; de l'Académie et de la Société d'histoire naturelle de Genève, des Curieux de la nature de Prusse, des Sciences naturelles de Philadelphie; de la Société géologique de Londres, de l'Académie d'Italie; des Sociétés philomatique et d'histoire naturelle de Paris, de celle d'Arau; de la Société agraire de Turin et horticulturale de Londres, de celle physico-médicale d'Erlangen; des Sociétés linnéennes de Paris et de Lyon; Membre de l'ancienne Société d'agriculture de Nice, etc., etc.

*Servandis et instruendis viatoribus.*

### TOME CINQUIÈME.

A PARIS,

CHEZ F.-G. LEVRAULT, LIBRAIRE,

RUE DE LA HARPE, N. 81;

ET MÊME MAISON, RUE DES JUIFS, N 33, A STRASBOURG

1826.

# NOTICE PRÉLIMINAIRE.

C'est à la variété de son sol maritime que le golfe de Nice, situé entre la France et la principauté de Monaco, doit le grand nombre d'animaux invertébrés qui pullulent dans ses eaux et qui s'y multiplient d'une manière si prodigieuse. Fonds unis de sable et de galets, rochers caverneux, anses et criques abritées, températures diverses, profondeurs très différentes ; tout contribue à réunir dans ces parages ces innombrables essaims de crustacés, de vers, de radiaires, de zoophytes, qui offrent aux naturalistes tout le luxe de ceux des mers les plus méridionales.

Les crustacés composent une des classes les plus remarquables des animaux invertébrés. Si leur aspect offre à l'extérieur de la bizarrerie dans les formes et de l'éclat dans les couleurs, l'intérieur ne présente pas moins un arrangement admirable de parties et une singulière organisation. En effet, en voyant un corps enveloppé d'une croûte calcaire découpée en plusieurs pièces façonnées de mille manières, formant en-dessus une espèce de cuirasse qui sert à garantir le cœur, le foie, les branchies et tous les organes intérieurs, se divisant ensuite sur les côtés en pièces articulées, qui constituent des pieds-mâchoires, des antennes et leurs lames accessoires, agissant toutes d'une manière si variée, on est ravi d'admiration pour ces êtres singuliers.

Toutes les mers nourrissent différentes tribus de ces animaux : les naturalistes les plus anciens, comme les plus modernes, se sont occupés avec beaucoup de succès de l'étude de leur génération, de la transmutation de leur test et de la reproduction de leurs parties perdues ; mais, malgré le mérite de leurs travaux, que d'incertitudes, que d'anomalies et combien de problèmes restent encore à résoudre dans l'histoire des crustacés !

Les espèces qui vivent dans nos parages semblent suivre
la belle loi zoologique tracée par le génie de Buffon pour
les animaux terrestres, concernant le climat que chacun
préfère ; nos armadilles et nos cloportes résistent à toute l'influence d'une température plus ou moins élevée; les phi-
loscies et les porcellions aiment la fraîcheur des crypto-
games terrestres ; les grapses, les talitres, les orchesties,
les ligies, les aselles, les sphéromes, ne se plaisent que sur
nos rochers, et demeurent continuellement exposés à toute
l'influence de l'air atmosphérique ; ils s'enfoncent rarement
sous les ondes et semblent former la classe amphibie de ces
animaux. Les crabes, les xanthes, les gébios, les crevettes,
quelques pagures, établissent leurs demeures près du rivage.
Les carcines, les ériphies, les porcellanes, les chevroles, les
nymphons, se cachent sous les pierres couvertes de fucus à
deux mètres au plus de profondeur. Les portunes, les libi-
nies, les macropodes, les armides, les zénobies, les campéco-
pées, les dédosées, les éléna, les sophones, habitent ordinairement la région des algues. Les ancées, les pinnothères, les ergynes, les bopyres, vivent en parasite sur les
coquilles et les salicoques ; les némésis, les otrophoses s'attachent aux poissons cartilagineux, comme les hexones,
les zuphées, les agénors aux osseux qu'ils suivent dans leurs
différents voyages. Tous les genres d'amphipodes aiment à
se laisser balancer mollement par les vagues sur la surface
des eaux; les salicoques préfèrent les rochers plus ou moins
profonds, qu'elles quittent quelquefois pour venir sautiller avec légèreté au-dessus de l'eau, et semblent rechercher la température qui suit l'influence de l'atmosphère ;
les maïa, les atélécycles, les macropodes, vivent réunis dans
les moyennes profondeurs; et au-delà de cette région se
trouvent les squilles, les ancées, les égéons et les pontophiles; les dromies, les lisses, les sténopes, etc., aiment cette
température moyenne où pullulent les zoophytes coralligènes; et les langoustes, les scyllares, les galatées, préfèrent les antres des rochers plus profonds; les néphrops,
les pennées, les pandales, n'habitent que les grands bancs

de calcaire, qui, semblables à des oasis au milieu des déserts, se trouvent entourés de limon et de vase dans les plus bas fonds ; les homoles, enfin, ne vivent que dans les régions sous-marines où règne constamment une température de dix degrés.

Si la température et une préssion plus ou moins considérable des eaux exercent une si grande influence sur l'économie des crustacés, la localité n'influe pas moins sur la consistance de leur test. Ceux qui se promènent sur le sable du rivage ont une carapace plus fine et plus fragile que ceux qui vivent dans les trous des rochers ; ceux-ci diffèrent beaucoup des espèces qui flottent à la surface des eaux, ou nagent à de petites profondeurs ; l'on chercherait en vain des rapprochements de consistance entre les crustacés qui font leur résidence dans les endroits fangeux, et ceux qui ne fréquentent que les vallées sous-marines hérissées de pointes rocailleuses.

Plusieurs de ces animaux ont des caractères qui paraissent avoir quelque analogie avec ceux de divers poissons de notre mer : les uns ont le test armé d'une pointe menaçante, comme les *xiphias* ; les autres laissent flotter, du sommet de leur partie antérieure, une huppe charnue, comme divers *blennies* ; quelques uns ont leur front coupé transversalement et garni de pointes sur les côtés, ce qui leur donne l'aspect des *péristédions* ; les autres ont cette partie terminée par un long rostre comme l'*exoce bellone ;* ceux-ci sont hérissés d'épines et d'aiguillons, comme les *lépidolèpres* ; ceux-là sont lisses et unis comme les *torpilles.*

Divers noms vulgaires sont en usage dans le midi pour distinguer les crustacés : on appelle *sarratan favonia* les nageurs et les arqués ; *gritta*, les triangulaires ; *maigrana*, les cryptopodes ; *maicha*, les notopodes ; *ermita*, les paguriens ; *macotta lingousta*, les langoustines ; *ligouban*, les homardiens ; *prégodieu*, les squillares ; *sautarella*, les crevettines ; et *babarotta* les aselottes, les cloportides, les idotéadées, etc. La plupart de ces animaux offrent aux habitants des côtes de la Méditerranée une nourriture saine et savoureuse, mais un peu pesante pour les estomacs délicats; les autres servent de pâture aux différents animaux marins qui vivent sur ces rivages.

La demeure des arachnides, des insectes, des vers, et de toutes ces myriades de petits êtres vivants connus sous le nom de zoophytes, qui élèvent continuellement au sein des ondes de si grands édifices madréporiques est déterminée sur les mêmes parages par les diverses localités, par la nature du sol, par les différents degrés de température, et par les substances qui leur servent de nourriture. Toutes les espèces que je vais décrire vont servir comme autant d'exemples pour prouver que les productions du midi sont beaucoup moins connues que celles des autres parties de l'Europe, et je ne croirai pas avoir perdu mon temps si le travail que je vais livrer au public mérite les suffrage des savants qui depuis quelques années impriment à l'histoire naturelle une marche véritablement philosophique.

Parmi le grand nombre des animaux invertébrés qui vivent, ou qui ont cessé d'exister dans les Alpes maritimes, j'ai jusqu'à présent observé deux cents espèces de *crustacés* dont les trois quarts me paraissent nouvelles, non compris un grand nombre de variétés. Sur cent myriapodes, scorpionides et arachnides contenus dans cet ouvrage, plus de la moitié n'ont pas été mentionnés par les auteurs. La liste des insectes n'en renferme pour le moment que seize cents espèces principales, parmi lesquelles nous avons trouvé, mon ami Leach et moi, quatre nouveaux coléoptères, dix hémiptères, quatorze hyménoptères, un lépidoptère, et cinq diptères inconnus, dont on trouvera ici la description. Sur soixante-dix espèces de vers que j'ai examinées, dix seulement sont nouvelles, tandis que cent radiaires m'ont fourni vingt espèces non décrites: enfin sur deux cents zoophytes que j'ai observés, soixante-dix n'ont encore été mentionnés dans aucun ouvrage.

# HISTOIRE NATURELLE
# DES CRUSTACÉS
## DES ALPES MARITIMES.

~~~~~~~~~~~~~~~~~~~~~~~~~~~~~~~~~~~~~~~~~~~~~~~~~~~

## CRUSTACÉS.

Animaux articulés, à pieds articulés, respirant par des branchies.

### PREMIÈRE SOUS-CLASSE.

### MALACOSTRACÉS, MALACOSTRACA.

Bouche composée de mandibules souvent palpigères, de plusieurs mâchoires, et recouverte par des pieds mâchoires; dix à quatorze pattes, ayant les organes respiratoires annexés à leur base; corps tantôt recouvert par un test calcaire, plus ou moins solide, sous lequel la tête est confondue, tantôt divisé en anneaux avec la tête distincte; point de métamorphose.

### PREMIÈRE LEGION.

### PODOPHTHALME, PODOPHTHALMA.

Des yeux composés placés au bout d'un pédoncule mobile; mandibules pourvues d'un palpe; pieds mâchoires ayant tous un palpe adhérant à leur base.

*ORDRE PREMIER.* — DÉCAPODES, DECAPODA.

Tête et tronc confondus, recouverts d'une carapace qui

enveloppe des branchies feuilletées; dix pieds; six paires de mâchoires, et pieds mâchoires de formes différentes.

## I⁰ FAMILLE. — *LES BRACHYURES.*

Queue courte, pointue, repliée sous le ventre.

### PREMIÈRE SECTION.

Les nageurs ont les pieds de la cinquième paire aplatis, ciliés, propres à la natation, les antennes soyeuses, médiocrement longues.

### PORTUNUS (FAB.), Étrillé.

Test en arc de cercle en avant, rétréci et tronqué en arrière, à diamètre transversal un peu plus large que le longitudinal; yeux plus gros que leur pédoncule; pieds mâchoires extérieurs à troisième article interne, presque carré, à angles arrondis, échancré à son extrémité; mains inégales; abdomen mâle à cinq, femelle à sept articulations.

*Bords latéraux à quatre dents.*

1. P. RONDELETI (N.), E. de Rondelet.

*Testa subtomentosa, brunneo-rubra; fronte integerrima; carpis angulatis.*

Rond., 18, 405, éd. fr. Riss., *Hist. natur. des crustac.*, 26, 1, pl. 1, fig. 5.

Son test est un peu bombé, lisse, brun rougeâtre, sinué, couvert d'un large duvet, presque rubigineux, à front tronqué, entier, poileux; le premier article des antennes extérieures fort long; les pinces glabres, à troisième article taché en dedans de rougeâtre, le quatrième armé en dessus d'une pointe, le dernier sillonné avec des dents obtuses noirâtres; les pattes sont déprimées, inégales, parsemées de poils.

La femelle est pleine de petits œufs brunâtres en avril, juin et septembre. Long. 0,020, larg. 0,021. Séj. Dépôts vaseux. App. Toute l'année.

I. Cette variété est tachetée de blanc, de gris; elle est fort commune sur nos rivages.

II. Des individus à teintes bigarrées ont cinq dents sur les bords de leur test, et forment le passage de cette subdvision à la suivante.

*Bords latéraux à cinq dents.*

2. P. Leachi (N.), E. de Leach.

*Thorace squamato, hirto, ruberrimo ; fronte crenata, triloba.*

Riss., 28, 3.

Son test est formé de plaques transversales, superposées, d'un rouge vif, bordées d'un duvet roussâtre; le front orné de trois lobes obtus, crénelés, les pinces grosses, à second et troisième article triangulaire, le quatrième armé d'un aiguillon, et le dernier muni de sillons granulés; les pattes bordées de poils, les postérieures ovales arrondies.

La femelle est pleine d'œufs jaune doré en avril, juillet et septembre. Long, 0,040, larg. 0,050. Séj. Régions des algues. App. Toute l'année.

3. P. vernalis (N.), E. printanier.

*Testa levi, griseo-pallida; fronte quinquedentata, dentis inæqualibus; carpis interne bispinosis.*

Riss., 27, 2.

Les caractères les plus remarquables de cette espèce sont, un test lisse, uni, d'un gris blanchâtre, presque translucide, le front découpé en cinq dents inégales, le premier article des antennes extérieures renflé; les pinces grosses à troisième article triangulaire, cilié d'un côté, muni d'une pointe de l'autre, le quatrième subarrondi, aiguillonné en dedans, le dernier anguleux, sillonné avec des dents obtuses.

La femelle est pleine d'œufs d'un roux aurore en mars, juillet et décembre. Long. 0,010, larg. 0,022. Séj. Galets de notre plage. App. Presque toute l'année.

4. P. plicatus (N.), E. plissé.

*Testa rugosa, plicata, carnea; fronte tridentata ; carpis scabris, aculeatis.*

Riss., 29, 4.

1.

Ce portune présente un test inégal, rude, déprimé, couleur de chair; un front armé de trois longues pointes; l'œil gros, avec deux pointes au devant; le premier article des antennes fort gros; l'abdomen blanc, les pinces rudes; à quatrième article, aiguillonné en dedans, avec trois pointes obtuses en dessus, le dernier comprimé, avec trois nervures granuleuses et un aiguillon latéral; les dents petites; les pattes pubescentes, les postérieures terminées par une pièce ovale violâtre, bordée de jaune, et ciliée.

La femelle est moins colorée, dépose ses œufs jaune pâle en mars et décembre. Long. 0,030, larg. 0,035. Séj. Profondeurs rocailleuses. App. En toute saison.

### 5. P. GUTTATUS (N.), E. moucheté.

*Testa glabra, nigrescente, albo punctata; fronte rotundata, integerrima; carpis unidentatis.*

Riss., 29, 5.

Le moucheté a le test lisse, un peu bombé, noirâtre, pointillé de blanc sur les angles postérieurs, son front est arrondi, entier; le premier article des antennes extérieures très long; l'abdomen d'un blanc d'émail; les pinces épaisses, égales, à quatrième article armé d'une pointe en dessus; les pattes glabres, sillonnées; les postérieures longues, aplaties, ciliées.

La femelle est pleine de petits œufs noirâtres, en mai et octobre. Long. 0,018, larg. 0,020. Séj. Régions des algues. App. Aux équinoxes.

### 6. P. LONGIPES (N.), E. à longues pattes.

*Testa ruberrima, utrinque inæqualiter quinquedentata; fronte sinuata; carpis glabris; pedibus longissimis.*

Risso, *Hist. des crust.*, 1813, 30, 6, 1, 5. Otto, 1821, 10, 4.

Une impression transversale paraît diviser le test lisse, légèrement bombé de ce portune; il est coloré d'un rouge brillant, tacheté de grisâtre; le front sinué; les cinq pointes latérales sont très longues, inégales, courbées: les pinces bombées à troisième article triangulaire, le quatrième armé de deux pointes, le cinquième d'un aiguillon; les dents fort grosses, les pattes grêles très longues.

La femelle est ornée dans son temps d'amour de deux grandes

taches rouge foncé sur la partie antérieure du test; ses œufs sont d'un rouge aurore, éclosent en juin et septembre. Long. 0,022, larg. 0,030. Séj. Entre des rochers. App. Toute l'année.

7. P. BIGUTTATUS (N.), E. à deux taches.

*Testa subcordiformi, luteo-alba, rubro maculata; fronte proeminente; carpis æqualibus, subvillosis.*

**Riss., 51, 7. 1, 1.**

Son test est subcordiforme, lisse, bombé, garni d'un petit rebord latéral, d'un blanc jaunâtre, orné de deux grandes taches d'un rouge corail; le front proéminent, terminé par une pointe à bords festonnés; les deux premiers articles des antennes extérieures renflés; les pinces égales, pubescentes, à troisième et quatrième article unidenté, le dernier marqué de rainures en dessus; les pattes sont larges, courtes, aplaties; les postérieures ovales, lancéolées, aiguës.

Les taches de la femelle sont plus grandes; elle pond des œufs jaune doré en mai et août. Long. 0,020, larg. 0,022. Séj. Régions coralligènes. App. Printemps, été.

8. P. MACULATUS (N.), E. maculé.

*Testa glabra, subovata, testaceo-rubra, violaceo punctata, antice trimaculata, maculis medio testaceis; fronte triloba, lateribus quinquedentatis; carpis glaberrimis, unispinosis.*

On reconnaît cette petite espèce à son corps lisse, subovale, d'un jaune rougeâtre, pointillé de violâtre, orné sur le devant de trois grosses taches cerclées de jaunâtre; son front présente trois lobes obtus, les bords latéraux, cinq dents chacun; les pinces sont lisses, à quatrième article muni d'une pointe aiguë, et les dents un peu courbes; les pattes sont courtes, la dernière paire large et ciliée.

Je ne connais pas la femelle. Long. 0,012, larg. 0,009. Séj. Régions des algues. App. Printemps.

## Remarques.

La plupart des espèces que je viens de mentionner vivent réunies en société, et chacune paraît choisir une région conforme à son organisation et à ses habitudes. Le portune de Rondelet présente plusieurs variétés remarquables ; celui qui porte le nom de mon ami Leach diffère du *C. velutinus* d'Herbst ou *Puber Latreille,* par les cinq dents latérales du test, qui ne sont pas crénelées, mais aiguës, par ses pinces sillonnées, par son front sans pointe, et par les nuances diverses qui le colorent. Le portune printanier a quelques rapports avec le *C. depurator* des auteurs, mais il en diffère par un si grand nombre de caractères, qu'on ne pourra les confondre. Les portunes plissé, moucheté, longues pattes, à deux taches, et le maculé, sont également des espèces nouvelles, qu'on ne peut comparer à aucun des crustacés connus du même genre. Nos portunes se nourrissent de mollusques et de petits animaux qu'ils brisent au moyen des osselets dentifères de leur estomac. Leur chair est un fort bon comestible; quelques uns servent d'appât aux pêcheurs. Plusieurs de ces crustacés sont tourmentés par de petits caligides. qui se glissent sous leur test et s'attachent à leurs branchies. Les femelles des portunes font plusieurs pontes dans l'année, et déposent chaque fois de quatre à six cents œufs globuleux, transparents, différemment colorés, qui éclosent en plus ou moins de temps, suivant le degré de température marine.

PORTUMNUS (LEACH.), Portumne.

Test suborbiculaire, arrondi en arc en devant, rétréci postérieurement et tronqué en arrière, à diamètre transversal égal au longitudinal; yeux médiocres; pédoncule assez épais; pieds de la première paire grands, égaux, à pinces assez longues, abdomen à cinq ou sept articulations.

9. P. variegatus, P. varié.

*Testa subglabra, utrinque quinquedentata; fronte tri-*
*dentata; carpis crassis, interne unidentatis.*

Planc., 34, 3, 4, B, C, Mas. Penn., 4, 3, 1, 4. Leach, 4.

Le test de ce joli crustacé est peu relevé, presque lisse, d'un
rouge pâle, varié de points jaunâtres, garni sur ses bords antérieurs de cinq pointes courbes, les intermédiaires plus petites,
avec deux petits traits enfoncés, réguliers vers le milieu de la
carapace; le front est tridenté; les mains sont épaisses, unidentées en dessus; les pattes sont déprimées, terminées par des ongles
sillonnés; l'abdomen n'a que cinq articulations.

La femelle en a constamment sept; elle est pleine vers la fin du
printemps de petits œufs rougeâtres. Long. 0,020, larg. 0,020.
Séj. Endroits sablonneux. App. Mars, avril.

### Remarques.

Ces crustacés sont assez rares sur nos côtes, et diffèrent
très peu au premier aspect de ceux qui composent le genre
portune, duquel ils ont été séparés. On les mange.

### DEUXIÈME SECTION.

Les arqués ont les pieds terminés en pointe.

### Carcinus (leach.), Carcine.

Test évasé, à diamètre transversal plus large, muni de
cinq dents de chaque côté; yeux à pédoncule mince; mains
lisses, inégales; abdomen à cinq articulations.

10. C. mænas, C. ménade.

*Testa granulari, virescente, fusco punctata; fronte*
*trilobata; lobo medio sublongiore.*

Linn., S. N., 1045. Penn., 4, 3, 5. Fab., 334, 3. Lat., 1, 30, 2. Riss.,
12, 2. Leac. 5.

Le ménade a le test bombé, légèrement granulé, avec quelques
enfoncements irréguliers, coloré de vert sale, et de petits points

obscurs ; les bords latéraux ont cinq dents aiguës de chaque côté ;
le front présente trois lobes obtus ; ses doigts sont striés avec
des dents obtuses.

La femelle dépose ses œufs, d'un brun verdâtre, dans les lieux
fangeux, en avril ou mai. Long. 0,038, larg. 0,048. Séj. Dans
les fentes des rochers. App. Presque toute l'année.

### *Remarques.*

Ces crustacés forment la limite qui sépare les portunes
des crabes ; ils se plaisent mieux que ceux-ci à venir respirer l'air ambiant. Les ménades paraissent rechercher le
pied des vieux édifices abandonnés des bords de la mer, où
ils s'établissent par petites colonies.

### Cancer (lin.), Crabe.

Test ovale en travers, semi-elliptique en devant, marginé en arrière ; yeux à petits pédoncules ; antennes extérieures très courtes, insérées entre le canthus et le front ;
mains inégales ; abdomen à cinq articulations.

11. C. fimbriatus, C. fimbrié.

*Testa levi, nigrescente, punctata ; dentibus utrinque*
*decem retusis ; fronte quinquedentata ; carpis magnis,*
*glaberrimis ; pedibus irregulariter prismaticis, pilosis.* N.

C. *mcas.* Arist. Rond., 18,400. Oliv., 1, fig. inexacte. *Excil. Syn.*
C. *pagurus,* Linn.

On reconnaît cette espèce à son test lisse, bombé au milieu,
couvert de très petits points qui semblent proéminents, d'un brun
noirâtre, luisant ; les bords latéraux sont munis de dix pointes
émoussées, formant plis ; le front est garni de cinq pointes obtuses ; les yeux sont petits, d'un noir brillant ; les deux premiers
articles des antennes extérieures longs ; l'abdomen blanchâtre ;
les mains fort grosses, lisses, épaisses, à dernier article sculpté
de lignes relevées, muni de dents noires ; pieds prismatiques, couverts de poils, avec des ongles aigus.

La femelle est pleine d'œufs en mai. Long. 0,040, larg. 0,060.
Séj. Rochers du rivage. App. Avril, mai, septembre.

*Remarques.*

Ce crabe proprement dit tient le même rang dans la Méditerranée que le *Cancer pagurus* dans l'Océan. Il est extrêmement agile, se jette avec vélocité sur sa proie, et quitte en été la mer plusieurs fois dans la journée.

## XANTHO (LEACH.), Xanthe.

Test ovale, profondément sculpté en bosse, arqué en devant; yeux à courts pédoncules; antennes extérieures extrêmement courtes, insérées sur le canthus interne des yeux; mains égales; abdomen à articulations.

### 12. X. PORESSA, X. poressa.

*Testa sinuata, brunneo-obscura; utrinque quadriplicata; fronte quadrilobata; carpis striatis, pustulatis, apice atris.* N.

Oliv., 48, 11, 3. Riss., 11, 1.

Le test de cette espèce est marqué de sillons assez profonds, dirigés en tous sens; il paraît tuberculé, ses bords latéraux présentent de chaque côté quatre plis surmontés de pointes coniques; le front est quadrilobé; les pinces sont grosses, un peu comprimées, striées en dessus, pustulées, à dents noirâtres; ses pattes sont courtes, dentelées sur leur bord supérieur, à dernier article garni de poils rudes.

La femelle porte des œufs brunâtres en juillet. Long. 0,020, larg. 0,028. Séj. Fissures des rochers. App. Printemps, été.

### 13. X. RIVULOSUS (N.), X. rivuleux.

*Testa glaberrima, nitida, virescente, fusco purpureo aut violascente maculata; lateribus quadrituberculatis, intermediis majoribus; carpis glabris, superne unituberculatis.*

Riss., 14, 5.

Cette espèce présente un test lisse, luisant, d'un vert pâle, tacheté de pourpre brun ou violâtre, avec deux impressions longitudinales bien marquées; les bords latéraux sont munis de quatre tubercules, les intermédiaires foit grands; le front est coupé en ligne droite; les pinces sont grosses, épaisses, glabres, munies d'un tubercule en dessus; les pattes sont aplaties, garnies de quelques poils.

La femelle, beaucoup plus variée en couleurs, porte des œufs vert sale, à chaque saison. Long. 0,024, larg. 0,028. Séj. Sous les galets de rivage. App. Toute l'année.

Var. I. On trouve des individus verdâtres, tachetés de blanchâtre.

Var. II. Plusieurs sont traversés de zones blanches sur un fond gris jaunâtre.

Var. III. D'autres individus sont tachetés de rouge.

Var. IV. Quelques uns sont ornés autour du test d'une large bande blanche.

### Remarques.

Ce nouveau genre, établi aux dépens des crabes proprement dits, est fort abondant en individus sur nos rivages, où on les fait servir quelquefois comme appât pour prendre des poissons.

### PILUMNUS (LEACH.), Pilumne.

Test transversal, arqué en devant en ligne semi-elliptique; yeux à petit pédoncule épais; antennes extérieures sétacées, très longues, insérées dans le canthus interne des yeux; mains inégales; doigts dentés; pattes à ongles aigus; abdomen à sept articulations.

14. P. VILLOSUS (N.), P. velu.

*Testa villosa, utrinque quinquedentata; dentibus bitrifidis; carpis externe granulatis, unidentatis; fronte quatuordecimdentata.* N.

Riss., 12, 3.

Le test de cette espèce est légèrement sinué, d'un brun rougeâtre, couvert de longs poils soyeux fauves, ses bords latéraux sont garnis de chaque côté de cinq dents bifides ou trifides; le front

est divisé en deux parties, chacune hérissée de sept petites pointes ; les deux premiers articles des antennes extérieures ovoïdes ;
les mains sont grandes, granulées en dehors, à quatrième article
unidenté ; les pattes sont variées de rouge.

La femelle pond des œufs brun girofle, en juillet. Long. 0,026,
larg. 0,030. Séj.Rochers du rivage. App. Toute l'année.

Var. I. On trouve des individus dont le test est presque glabre, dépourvu ordinairement de poils, d'un brun ocracé, granulé de rouge, et tacheté de blanc.

### Remarques.

Ce pilumne présente assez de différence pour être séparé
du pilumne hérissé de l'Océan : tel est aussi l'avis de mon
ami Leach, qui a observé ces deux espèces. Les habitudes
du pilumne velu sont tranquilles ; il paraît très craintif, et
reste le plus souvent accroupi dans sa tanière. Le *Cancer
maculatus* de M. Otto ne me paraît qu'une variété de l'espèce que je viens de décrire.

#### TROISIÈME SECTION.

Les quadrilatères ont le test presque carré, et le front
incliné, formant une sorte de chaperon.

#### GRAPSUS (LAM.), Grapse.

Test un peu plus large en avant ; antennes situées sous
le bord inférieur du front.

#### 15. G. VARIUS, G. mélangé.

*Testa lateribus utrinque triplicatis ; fronte plicis qua-
tuor ; brachiis brevibus, digitis apice concavis.*

Rond., 18, 406. Herb., 20, 114. Fab., 2, 450. Lat., 1, 32, 1. Riss.,
21, 1.

Un mélange de nuances vertes, grises, brunes et blanches
colorent le test de cette espèce ; son front est orné de quatre plis
festonnés, et les bords latéraux de trois plis terminés en pointe ;
le premier article des pinces est unidenté, le troisième dentelé,
les pattes sont aplaties, dentelées au milieu, et poilues.

La femelle a des couleurs plus ternes, et pond plusieurs fois dans l'année. Long. 0,026, larg. 0,028. Séj. Sur toute notre côte. App. Toute l'année.

Var. I. Les individus de cette espèce sont couverts de grandes zones transversales blanches.

Var. II. D'autres sont absolument noirs. On doit concevoir combien on trouve de gradations de nuances entre ces deux variétés.

### Remarques.

Ce grapse est un des décapodes sur lesquels un observateur patient pourrait étudier avec le plus d'exactitude les mœurs de ces animaux. Faibles et timides, ils cessent leurs courses, leurs jeux ou leurs combats, aussitôt qu'ils ont à redouter le moindre danger : ils s'arrêtent en fixant l'objet de leur crainte, et ne tardent pas à se rassurer et à reprendre leurs exercices si on ne les inquiète pas, ou bien, dans le cas contraire, ils fuient avec vitesse au moindre mouvement que l'on fait pour les saisir. Il est vraiment digne de la curiosité d'un naturaliste d'étudier les combinaisons que cet animal emploie pour se soustraire à son ennemi, quand il est poursuivi dans une de ces laisses d'eau séparées de la mer, telles qu'il s'en trouve sur nos rivages : il semble calculer ses démarches, il court dans un sens, revient ou s'arrête, et s'il rencontre quelque fente de rocher pour s'y placer, il menace de ses pinces, et ne fuit que quand il est assuré d'échapper au danger. Le grapse mélangé abandonne plusieurs fois le jour sa demeure aquatique pour se promener au soleil. Il rôde pendant la nuit pour chercher les corps morts rejetés par les flots. Les femelles pondent chaque fois de 4 à 500 petits œufs; alors elles se tiennent sous les pierres.

### GONÉPLAX (lam.), Rhombille.

Yeux situés au bout de longs pédicules; antennes extérieures courtes, soyeuses, insérées sous les yeux.

16. G. RHOMBOÏDALIS, R. rhomboïdal.

*Testa levi, luteo aureo, roseo commixto; fronte inte-
gerrima, pilosa; angulis antice lateribusque utrinque
spiniformibus; brachiis bispinosis.* N.

Herb., 1, 12. Fab., 34, 28. Sulp., 31, 2. Lat., 6, 44, 45. Riss., 20, 1.

Son test est lisse, légèrement sinué au milieu, d'un beau jaune
doré, à reflets roses; les angles latéraux sont prolongés en forme
d'épines; le front est entier, couvert de longs poils; les yeux
rapprochés, d'un gris obscur; les pinces sont longues, à troisième
et quatrième article muni d'une forte pointe; les pattes sont
armées d'un aiguillon sur leur troisième articulation.

La femelle est moins colorée, elle porte ses œufs en juillet.
Long. 0,020, larg. 0,034. Séj. Dans les fentes des rochers. App.
Printemps, été.

17. G. SEXDENTATUS (N.), R. à six dents.

*Testa glaberrima, rosaceo-pallida; fronte subintegra,
ungulis antice, lateribusque utrinque trispinosis; brachiis unispinosis.*

Ne diffère de la précédente q e par ses dimensions plus petites, le test plus lisse, d'un rose pâle, à front presque entier,
à angles et bords latéraux munis chacun de trois pointes; les
pattes sont blanchâtres, garnies d'une épine, et les ongles bruns.
Long. 0,016, larg. 0,026. Séj. Fentes des rochers. App. Été.

18. G. MASCARONE (N.), R. mascarone.

*Testa glabriuscula, rubescente grisea; fronte sexden-
tata; brachiis brevibus, glaberrimis.*

Riss., 33, 1.

Ce petit crabe a le test presque lisse, d'un rouge pâle, varié de
grisâtre; l'œil gros; les trois premiers articles des antennes extérieures très longs; les pinces courtes, glabres, à cinquième article un peu renflé; la première et la seconde paire de pattes
grêles et alongées.

La femelle est un peu plus grosse et moins colorée. Long. 0,009,
larg. 0,006. Séj. Au milieu des fucus. App. Juin.

### *Remarques.*

La première espèce se tient ordinairement dans les ro
chers submergés à une profondeur de vingt à trente mètres;
elle marche avec dextérité, s'approche de la surface de
l'eau sans jamais en sortir ; se nourrit de petits poissons et
de radiaires, qu'elle poursuit même dans les filets des pêcheurs : lorsqu'elle a atteint sa proie, elle ne l'abandonne
que quand elle se sent entraînée hors de l'eau. Ce rhomb ille
doit vivre solitaire, car on n'en prend qu'un ou deux dans
le même lieu. La seconde espèce, que je croyais une variété
de la précédente, m'a offert assez de caractères pour en
être séparée. Le mascarone, que j'avais d'abord placé
parmi les dorippes, paraît convenir à ce genre.

### POTAMOBIUS (LEACH.), Potamophile.

Première paire des pieds grande, presque égale, à mains
ovales, granuleuses; yeux écartés, portés sur de courts
pédoncules gros, et logés dans une fossette ovale transverse; pieds mâchoires extérieurs rapprochés, recouvrant
exactement la bouche.

19. P. FLUVIATILIS, P. fluviatile.

*P. Testa glabra, griseo livida, latere utrinque ante-
riore rugoso.* N.

Rond., 405. Oliv., xxx, 2. Desmar., 128.

Je ne cite ici cette espèce que pour engager les propriétaires du
midi de la France qui ont dans leurs jardins des ruisseaux ou des
réservoirs d'eaux vives, d'acclimater ces crabes, comme l'avait
fait, il y a plusieurs années, M. le comte Audiberti. Il les
avait tellement multipliés en peu d'années, qu'on en rencon-
trait dans tous les environs de son jardin, et que ces potamophiles
étaient devenus un assez bon comestible.

### ERIPHIA (LAT.), Ériphie.

Yeux situés sur de courts pé,dicules; antennes exté-

rieures longues, saillantes, et distantes de pédicules des
yeux.

20. E. SPINIFRONS, E. front épineux.

*Fronte multidentata, lateribus utrinque quinquespi-*
*nosis, manibus tuberculatis.* N.

Ald., 179. Herb., 11, 65. Fab., 9, 58. Lat., 1, 30, 2. Riss., 13, 4.

Le front armé d'un triple rang de pointes; les bords latéraux
munis de cinq longues épines tridentées; le test d'un brun rougeâtre, passant au bleu sale avec l'âge; les pinces grosses, à troisième article unidenté, les autres couvertes de poils et de tubercules; les pattes garnies de faisceaux de soies raides. Tels sont
les principaux caractères de cette espèce.

La femelle est d'un brun obscur, marbrée de jaunâtre; elle est
pleine d'œufs en mars et avril. Long. 0,060, larg. 0,030. Séj. Vase
argileuse du rivage. App. Toute l'année.

21. E. PRISMATICUS (N.), E. prismatique.

*Fronte octodentata; lateribus utrinque spinis quatuor*
*simplicibus; manibus prismaticis.*

Son test est bombé au milieu, inégal, d'un gris verdâtre, pointillé de blanc et de brun obscur, orné de trois petites taches oblongues d'un blanc rosacé vers la partie postérieure, et de trois
grandes taches irrégulières de la même couleur, une au milieu,
les deux autres latérales; ses bords latéraux sont arrondis, découpés chacun en quatre pointes simples; le front et le dessus de
l'œil sont garnis de huit aiguillons, l'intermédiaire un peu plus
long; les antennes extérieures sont deux fois plus longues que les
intérieures; l'œil petit, noirâtre; l'abdomen est d'un gris sale,
pointillé d'obscur; les pinces sont courtes, à plusieurs angles
prismatiques, terminées par de petites dents; les pattes sont aplá-
ties, tachetées de brun, avec des ongles fort longs. Long. 0,022,
larg. 0,023. Séj. Sous les cailloux couverts de fucus. App. Au
printemps.

### Remarques.

Deux seules espèces d'ériphies habitent nos rivages :
toutes les deux sont remarquables par leur vivacité. L'é-
riphie front épineux est assez commune, se montre à toute

heure du jour, et parvient quelquefois à des dimensions doubles de celles que j'ai indiquées ci-dessus, en changeant de livrée. La seconde espèce, que je ne puis confondre avec le *C. pelagicus* de Fabricius, ni avec le *C. rufo punctatus* d'Herbst, est beaucoup plus rare, et ne sort de sa retraite que vers les crépuscules ou dans la nuit. Ces animaux offrent une chair d'assez bon goût.

### QUATRIÈME SECTION.

Les orbiculaires ont le test orbiculaire ou elliptique, les yeux placés sur de courts pédoncules.

### PINNOTHERES (LAT.), Pinnothère.

Test circulaire, mince, flexible, plus ou moins mousse tout autour; yeux à pédoncule épais; antennes extérieures très courtes, les trois premiers articles plus grands, insérés dans les canthus internes des yeux; mains égales, abdomen à sept articulations.

22. P. PISUM, P. pois.

*Testa orbiculato-subquadrata, glaberrima; fronte integra, subarcuata; manibus oblongis, digitis valde armatis.* N.

Penn., 4, 1, t. Fab., 343. Lat., 1, 35. Leac., 14, 1, 2, 3.

Le test orbiculaire presque carré, très mou, lisse, d'un rouge pâle; le front entier, un peu arqué; les mains oblongues, ciliées en dessous, à pouce peu arqué, unidenté, distinguent cette espèce.

La femelle a le ventre recouvert d'une très large plaque mince, d'un blanc luisant; ses œufs sont rougeâtres. Long. 0,009, larg. 0,011. Séj. Régions sablonneuses. App. Mars, mai.

23. P. LATREILII, P. de Latreille.

*Testa ovato-orbiculata, antice subangustiore, convexa,*

*glaberrima, subsolida ; fronte integra, vix subarcuata; manibus subovatis, digitis arcuatis.* N.

Lat., 1, 35. Leac., 14, 6, 7, 8.

Son test fort petit, orbiculaire, convexe, très lisse, d'un rouge brillant, assez solide, avec deux lignes enfoncées, obliques vers sa partie postérieure; le front entier, peu arqué; des mains ovalaires avec une ligne ciliée en dessous; des doigts arqués le distinguent du précédent.

La femelle a le ventre étroit, à sommet obtus. Long. 0,004, larg. 0,004 1/2. Séj. Régions sablonneuses. App. Mars, avril.

## 24. P. VETERUM, P. des anciens.

*Testa transverso-subquadrata, punctulata ; fusca fronte subemarginata, manibus ovatis, digitis arcuatis.* N.

Lion., 1, 1040. Bosc., 1, 243. Riss., 23, 1. Leac., 15, 1, 2, 3, 4, 5.

Un test presque carré, transverse, assez solide, finement ponctué, d'un blanc rose; un front presque échancré, des mains renflées, à pinces très ouvertes, le distinguent du précédent.

La femelle a l'abdomen très large, ovalaire, presque noduleux vers son milieu. Long. 0,011. Larg. 0,014. Séj. Dans les valves de la *pinna nobilis*. App. Février, avril.

## 25. P. MONTAGUI, P. de Montaigu.

*Testa transverse subquadrata, subsolida, punctata, testaceo-fusca; fronte emarginata; manibus ovatis, digitis arcuatis.*

Leac., 6, 7, 8.

Diffère des espèces ci-dessus par son test presque carré en travers; d'un brun jaunâtre, assez solide, finement pointillé avec un petit trait de chaque côté; le front est émarginé; l'œil rouge; l'abdomen a six pièces, celle du sommet plus large et arrondie; les doigts des pinces sont blancs, arqués; les pattes ont des ongles fort longs.

Je ne connais pas la femelle. Long. 0,006, larg. 0,010. Séj. Régions des algues. App. Janvier, mars.

5.                                                                          2

### Remarques.

Les crustacés qui composent ce genre sont généralement fort petits. Les anciens naturalistes, en s'occupant
de ces animaux, leur ont donné des qualités si merveil-
leuses, qu'ils semblent avoir voulu égayer l'imagination
plutôt qu'éclairer l'esprit. Les modernes, en les dépouil-
lant de ce qu'on leur attribuait de singulier, n'ont cependant guère contribué à mieux faire connaître leur histoire.
Animaux faibles et pusillanimes, les pinnothères paraissent
vivre dans un état d'inertie sur les sables vaseux; quelques
uns se traînent de rochers en rochers, jusqu'à ce qu'ils
aient atteints le byssus de la pinne marine, à l'aide duquel
ils s'insinuent entre les valves de ce mollusque, pour se
nourrir sans doute de la substance glaireuse qui en découle.

ATELECYCLUS (LEACH.), Atelecycle.

Test suborbiculaire, dentelé sur ses bords; yeux écartés, situés sur des pédoncules minces; antennes extérieures, soyeuses, médiocres; les deux ou trois premiers
articles forts longs; mains grandes, comprimées, granulées; abdomen à cinq articulations inégales.

26. A. OMOIODON (N.), A. omoiodon.

*Testa granulata, utrinque novemdentata, ad angu-
los villosa; fronte tridentata; manibus externe quinque
lineatis, ex punctorum seriebus.*

Oliv., 2, 2. Riss., 15, 6.

Cette espèce a le test bombé, couvert de très petites protubérances égales, garni sur son contour d'un petit rebord; des teintes
rougeâtres et jaune pâle le colorent; ses bords latéraux sont poilus en dessous, munis de neuf aiguillons courbés de chaque côté;
le front est divisé en trois pointes aplaties, dentelées; celle du
milieu plus longue; les deux premiers articles des antennes extérieures sont fort longs; les pinces sont grandes, comprimées,

épaisses, poilues, garnies en dehors de cinq rangées de petits points relevés, disposés en chaînons; les pattes sont variées de jaune et de rougeâtre.

La femelle porte ses œufs, d'un rouge clair, en avril et juillet; la plaque de son ventre est un peu plus large. Long. o,o20, larg. o,o20. Séj. Moyennes profondeurs. App. Presque toute l'année.

### Remarques.

Olivi est le premier qui ait fait mention de ce crustacé; aux caractères donnés par ce naturaliste j'ajouterai que cet atelecycle quitte rarement la région coralligène, où il établit pour l'ordinaire sa demeure; qu'il se cramponne en agitant fortement ses antennes et ses pieds mâchoires, quand on le tourmente; que son regard plein de vivacité annonce une vie active, et qu'on le trouve quelquefois chargé de ses petits, ce qui donne à croire qu'il vit en famille. L'espèce des côtes d'Angleterre décrite par Leach diffère essentiellement de celle que je viens de mentionner.

### Thia (LEACH.), Thia.

Test globuleux; antennes latérales longues et velues; ongles flexueux.

27. T. Blainvillia (N.), T. de Blainville.

*Testa nitida, glaberrima, virescente punctulata; oculis rubris; manibus brevioribus, crassis.*

De tous les crabes qui vivent dans nos parages, celui-ci présente les contours les plus gracieux. Son test est bombé, très glabre, luisant, d'un vert feuille-morte, finement pointillé, marqué en dessus de quelques légères impressions; le front est avancé et paraît faiblement sinué au milieu; les yeux sont très petits, d'un rouge hyacinthe; les antennes sont très subtiles, les latérales fort longues; les pinces courtes, renflées, terminées par des dents flexibles, blanchâtres; les pattes minces, aplaties, crochues.

La femelle a le ventre couvert d'une large pièce à sommet arrondi. Long. o,o10, larg. o,oo8. Séj. Régions des algues. App. Février, mars.

*Remarques.*

Ce genre, établi par Leach, paraît former le passage des pinnothères aux leucosies. L'espèce que je viens de décrire rappellera le service que l'étude des crustacés doit au savant naturaliste de Paris à qui je l'ai dédiée. De tous les brachyures vivant sur nos rivages, cette espèce est une de celles qui à de petites dimensions joignent le plus de vivacité.

ILIA (LEACH.), Ilia.

Test arrondi, bombé, subglobuleux; yeux à pédicules courts; antennes très courtes.

28. I. LEVIGATA (N.), I. lisse.

*Testa nitida, lucida, glaberrima, margine postice bidentata.*

Herb., 2, 14. Fab., 351, 9. Lat., 1, 36, 1. Riss., 36, 1.

La leucosie, noyau des auteurs, a le test épais, très lisse, luisant, d'un brun châtain, garni vers sa partie postérieure de deux petites pointes obtuses; ses bords latéraux sont ornés de chaque côté d'une proéminence épineuse; le front est bidenté, l'abdomen d'un blanc d'émail; les pinces filiformes, à seconde articulation granuleuse; les pattes grêles.

La femelle est plus grosse, moins colorée, pleine d'œufs rougeâtres en été. Long. 0,034, larg. 0,024. Séj. Rochers calcaires. App. Toute l'année.

29. I. RUGULOSA (N.), I. ruguleuse.

*Testa rugida, margine postice inæqualiter quadridentata.*

Cette espèce a le test couvert de petites protubérances âpres et rudes, coloré d'un brun clair mêlé de jaunâtre; son front terminé au milieu par deux prolongements coniques, les côtés de deux pointes latérales, et la partie postérieure de quatre dents inégales obtuses, les deux du milieu rapprochées; l'abdomen d'un gris terne; les pinces sont assez longues, subtiles, granulées, terminées de longues dents minces; les pattes courtes, lisses, à crochets aigus.

La femelle est presque semblable. Long. 0,014, larg. 0,012. Séj. Régions des algues. App. Avril, mai.

### Remarques.

Les entomologistes n'ont fait mention jusqu'à ce jour que de la première espèce d'ilia, qui se trouve dans la Méditerranée, où elle vit solitaire, sur les écueils, se cachant parmi les flustres et les madrépores. Sa femelle dépose deux ou trois cents œufs, qui éclosent pendant l'été. La nouvelle espèce que je viens de faire connaître paraît avoir quelque rapport avec la *Leucosia scabriuscula* des mers des Indes, mais elle en diffère essentiellement par les caractères que je viens d'exposer.

### CINQUIÈME SECTION.

Les triangulaires ont le test rhomboïdal ou ovoïde ré-tréci en avant.

### Doigts des pinces inclinés en dedans.

### EURYNOME (LEACH.), Eurynome.

Test triangulaire, hérissé d'aspérités, terminé par un rostre fourchu; antennes extérieures insérées près de pédoncules oculaires; pieds mâchoires à troisième article extérieur subcarré, échancré vers le milieu du côté interne.

3o. E. SCUTELATUS (N.), E. écussonné.

*Testa scutellata, excavata; fronte spinis duabus acu minatis armata; manibus pedibusque spinulis obtusius-culis instructis.*

De petits écussons arrondis, rouges et jaune pâle, couvrent le test de ce joli crustacé; son front est terminé par deux pointes aiguës; les bras sont longs, hérissés de tubercules avec des pinces inégales; les pattes sont courtes, rongeâtres, garnies de pointes; les pieds mâchoires munis de poils courts; l'abdomen étroit.

La femelle m'est inconnue. Long. 0,022, larg. 0,018. Séj. Régions coralligènes. App. Juin, juillet.

### 31. E. ALDROVANDI (N.), E. d'Aldrovande.

*Testa rhomboïdea, incurvata; tuberculis octo, duobus antice, quatuor centrali semi-circularia delineantis, duobus posticis, posteriore maximo, semi-globosis; brachiis pedibusque granulatis, tibiis utrinque spinulosis.*

Aldrov., *Crust.*, 2, 205, 1.

Son test est relevé, inégal, sillonné, rude, incarnat, avec deux longs tubercules qui partent du centre et se prolongent en pointe de chaque côté; le museau est avancé, sinuolé, accompagné de quatre pointes latérales; la partie postérieure termine en trois protubérances arrondies, celle du milieu beaucoup plus grande; les yeux sont noirâtres, distants, les antennes intermédiaires fort courtes; les mains tuberculées, peu épineuses, renflées au sommet, fort longues; les pattes petites, hérissées de faisceaux de poils blancs.

La queue de la femelle se partage en quatre tablettes, et termine en pointe; ses œufs sont nombreux, d'un rouge vif. Long. 0,016, larg. 0,018. Séj. Profondeurs coralligènes. App. Juillet, août.

*Doigts des pinces presque droits, non inclinés en dedans.*

### MAIA (LAM.), Maia.

Test ovale, bombé, subtriangulaire, couvert d'épines, dont les plus grandes sont en avant du front; antennes extérieures assez longues, les deux premiers articles gros, cylindriques, insérés dans les fossettes oculaires; pieds mâchoires à troisième article extérieur carré, irrégulier, profondément échancré sur son bord interne.

### 32. M. SQUINADO, M. Squinado.

*Testa muricata; fronte spinis duobus anterioribus elongatis, hirsutis; latere singulo aculeis novem conicis;*

*manibus spinosis, articulo anteriori glaberrimo; pedibus pilosis.* N.

Rond., 18, 402. Herb., 14, 84, 85. Lat. 1, 37. Riss., 44, 3. Leac. 18.

Son test est d'un bleu pâle, passant avec l'âge au rouge incarnat et au jaune pâle; le front est muni de deux longs aiguillons coniques poileux; les bords latéraux sont hérissés de neuf pointes; la partie postérieure se termine par deux proéminences épineuses, les pinces sont variées de bleu, de rouge, de blanc; le premier article est court, triangulaire, poileux; le second, lisse, renflé en dessous en pointe mousse près des angles; le troisième long, épineux, ensuite muriqué; le dernier glabre; les pattes sont presques arrondies.

La femelle dépose ses œufs brun rougeâtre en mars, juillet, septembre. Long. 0,200, larg. 0,130. Séj. Régions des algues. App. Toute l'année.

## 33. M. crispata (n.), M. crépue.

*Testa fusco-brunnea, pilosissima, spinulosa; fronte spinis quatuor anterioribus ad basim conjunctis, posterioribus longioribus, divaricantibus.*

Cette espèce, d'un brun obscur, est bossue, parsemée de pointes tuberculeuses, et couverte de petits poils nombreux, ordinairement frisés; son front est muni de quatre pointes sur le devant, réunies à leur base, les postérieures sont assez longues et écartées; les pattes sont courtes.

La femelle porte des œufs brun rougeâtre. Long. 0,036, larg. 0,036. Séj. Régions des algues. App. Printemps, été.

## Pisa (leach.), Pise.

Test triangulaire ou subcordiforme, velu, à tubercules aigus; front terminé par deux pointes divergentes; antennes extérieures à premier article plus long que le second, munies de poils, terminées en massue; doigts assez longs; mains renflées; ongles des dernières paires de pieds denticulés du côté interne.

## 34. P. Dumerili (n.), P. de Duméril.

*Testa manibus pedibusque spinosis; fronte spinis duabus elongatis, hirsutis; digitis penicellatis.*

Risso, 43, 2.

Le test de cette espèce est subcordiforme, bombé, d'un jaune pâle; le front avancé, terminé par deux prolongements pointus; les bords latéraux armés de neuf gros aiguillons, et la partie postérieure munie de quatre petites épines ; les doigts sont presque arrondis , épineux, à longues dents noirâtres, pustulées avec des faisceaux de poils rudes; les pattes longues, épineuses, presque aplaties.

La femelle pond des œufs jaunâtres en juin. Long. 0,160, larg. 0,120. Séj. Vallées sous-marines. App. Mai, août.

35. P. ARMATA (N.), P. armée.

*Testa gibbosa, aurantia, rostro descendente, angulis posticis macronatis, brachiis femoribusque aculeis, inermibus, pedibus pilosis.*

Lat., 38, 1? Mont., 11, 2, 1, 2? Leach, 11, 327? Risso, 47, 6.

La configuration de cette espèce est singulière : son test est subpentagone, relevé en bosses inégales, profondément sillonné vers sa partie postérieure, couvert d'un duvet très fin; le rostre se prolonge en deux longues pointes, hérissées de poils rudes, divergentes au sommet; ses doigts sont longs, épais, à troisième et quatrième articles parsemés de pointes mousses, le cinquième est renflé, avec un aiguillon au milieu, terminé par de petites dents; les pattes sont courtes, arrondies, poilues.

La femelle est pleine d'œufs en août. Long. 0048, larg. 0,040. Séj. Fente de rochers. App. Mars, juin, août.

VAR. I. On voit quelquefois des individus mélangés de rougeâtre et de jaune pâle. Dans cet état, ne serait-il pas l'*Inachus musirus* de M. Otto, qu'il a observé dans la mer de Naples?

LISSA (LEACH.), Lisse.

Test subpentagone , noduleux; front avancé, tronqué au sommet, sinué au milieu; antennes extérieures à premier article plus gros et plus long que le second , munies de poils, ciliées au sommet; abdomen à sept articulations noduleuses.

36. L. CHIRAGRA, L. goutteux.

*Testa rubro-corallina; rostro plano, retuso; pedibus nodosis. N.*

Linn. Gm., 2930, 136. Fab., 537, 11. Lat., 6, 95, 7. Riss., 47, 7.

Le goutteux est d'un beau rouge corail, à bosses arrondies, pointillées, avec des faisceaux de poils frisés; le rostre est prolongé, aplati, difforme; les pinces sont courtes, arrondies à la base; glabres au sommet; les pattes sont noduleuses, parsemées de faisceaux de poils.

La femelle pond des œufs d'un rouge vif en juillet. Long. 0,044, larg. 0,022. Séj. Régions des coraux. App. Printemps, été.

VAR. L'on ne doit considérer que comme variété le lissa d'un beau jaune safran dont j'avais fait mention dans mon *Histoire des crustacés* sous le nom spécifique de maie jaune.

## MITHRAX (LEACH.), Mithrax.

Test subovalaire, parsemé de pointes, terminé par un petit rostre bifide; antennes externes très courtes, situées près du canthus interne des yeux; pieds mâchoires à troisième article extérieur presque carré, avec l'angle interne supérieur échancré.

## 57. M. HERBSTI (N.), M. d'Herbst.

*Testa subcordata, paulo muricata; lateribus utrinque quinquespinosis; rostro brevissimo; manibus ungulatis, ruberrimis.*

Cette belle espèce a le test subcordé, d'un rouge pâle, couvert d'un duvet brunâtre, parsemé de petites proéminences aiguës qui diminuent vers le front, lequel se termine par deux pointes coniques très courtes; les bords latéraux sont munis de cinq épines; la partie postérieure est avancée, garnie de trois pointes; les pinces sont triangulaires, épaisses, d'un rouge corail, à premier article glabre, le troisième épineux, le quatrième hérissé de pointes en dehors, le dernier quadrangulaire, renflé, lisse d'un côté, aiguillonné de l'autre; les pattes sont presque arrondies, annelées de rouge, de brun, avec des poils courts et des ongles crochus.

La femelle est pleine d'œufs d'un rouge cinabre en été. Long. 0,060, larg. 0,050. Séj. Profondeurs coralligènes. App. Juillet, août, décembre.

*Abdomen à six articles dans les deux sexes.*

## INACHUS (FAB.), Inachus.

Test triangulaire, épineux; rostre médiocre, bifide; pieds mâchoires à troisième article aussi long que large, tronqué obliquement à son extrémité supérieure interne; yeux saillants; serres fortes; pieds décroissant graduellement depuis la seconde jusqu'à la cinquième paire, armés d'ongles courbes aigus plus ou moins longs.

### 38. I. HIRTICORNIS (N.), I. hirticorne.

*Testa lateribus utrinque quinquespinosis; fronte spinis quatuor validis; intermediis longioribus, approximatis, hirsutis; pedibus spinosis; manibus elongatis.*

Son test est relevé en bosse au milieu, coloré de brun verdâtre, avec un duvet fort court; ses bords latéraux sont hérissés de cinq épines inégales, courbes; le front est armé de quatre pointes divergentes, les deux du milieu plus longues et poileuses ; les pinces sont grosses, parsemées de pointes, à dernier article glabre, renflé; les pattes sont épineuses et poilues.

La femelle dépose des œufs rouge foncé plusieurs fois dans l'année. Long. 0,050, larg. 0,030. Séj. Parmi les fucus. App. Dans toutes saisons.

VAR. I. Des individus de cette espèce sont colorés d'un rouge assez vif.

VAR. II. D'autres ne présentent que des couleurs ternes et obscures.

### 39. I. CORALLINUS (N.), I. corallin.

*Testa lateribus utrinque quadrispinosis; fronte spinis duabus elongatis, porrectis, hirsutis; pedibus tuberculatis; manibus brevibus.*

Riss., 45, 4.

Son test, inégalement bombé, d'un rouge corail pâle, a ses

bords latéraux munis chacun de quatre pointes aiguës, les intermédiaires fort petites, et sa partie postérieure garnie d'une protubérance épineuse ; le front se prolonge en deux aiguillons droits,
poileux ; les pinces sont rondes, un peu plus courtes que les
pattes du devant, à troisième et quatrième articles garnis de pointes émoussées ; les pattes sont tuberculeuses.

La femelle pond des œufs d'un rouge vif en février, juin,
septembre. Long. 0,036, larg. 0,018. Séj. Régions des fucus. App.
Toute l'année.

## MACROPODES ( LAT. ), Macropode.

Test petit, triangulaire, terminé par un rostre assez
long, bifide ; pieds mâchoires extérieurs très alongés, dilatés et fort saillants ; yeux écartés, subréniformes ; pieds
égaux, fort longs, très grêles.

### 40. M. LONGIROSTRIS , M. long bec.

*M. Testa pubescente, antice spinis tribus erectis, pos-
tice tuberculis obtusis; rostro bifido.* N.

Lat., 1,3 , 1. Rond., 18, 24. Fab., 1046. Vil., 4, 11, 12. Riss., 39, 1.

Le front est terminé par deux aiguillons réunis, poilus ; le
test est presque triangulaire, tuberculé, épineux, inégal, pubescent, d'un vert clair translucide ; les pinces sont grosses,
épineuses, moins longues que les pattes, qui sont rondes, grêles,
couvertes de poils rudes, avec des crochets pointus et de longs
fils déliés à l'extrémité.

La femelle est d'un rouge pâle ; elle est pleine de petits œufs
en février et juin. Long. 0,025 , larg. 0,012. Séj. Régions sablonneuses. App. Toute l'année.

VAR. Cette espèce passe souvent au rouge, au jaune, au gris,
ou au blanchâtre, ce qui constitue plusieurs variétés.

### 41. M. ARACHNIDES , M. arachnide.

*M. Testa subtrigona, inæquali, postice spinosa; rostro
brevi.* N.

Riss., 40, 5.

M. de Lamark a, dans la collection du Muséum d'histoire naturel, donné le nom d'arachnide à cette espèce de macrope que je n'avais considérée que comme une variété; son test est subtrigone, un peu bombé sur le devant et parsemé de quelques pointes sur les angles postérieurs; son rostre est peu avancé, presque arrondi; les pinces sont grosses, grandes, presque lisses; les pattes sont aussi longues, et parsemées de poils.

La femelle pond des œufs rouge pâle en mai. Long. 0,036, larg. 0,016. Séj. Dans les fucus. App. Toute l'année.

## *Remarques.*

Les macropes offrent peu d'intérêt par leurs propriétés économiques. Les premières observations qui ont été faites sur ces animaux appartiennent à Rondelet, et la formation du genre macrope est due à M. Latreille. Ces crustacés ont une carapace faible et coriace, qui les sépare de tous les genres de cette section; ils vivent sur le sable et parmi les fucus, et sont fort abondants dans certaines localités de notre golfe.

## DOCLEA (LEACH.), Doclée.

Test subarrondi, velu, épineux, terminé par un rostre bifide, très court; pieds mâchoires à troisième article profondément échancré vers l'extrémité de son côté intérieur; yeux assez gros; pieds inégaux, fort longs et grêles.

### 42. D. FABRICIANA (N.), D. de Fabricius.

*Testa triangulari, angulis 'posterioribus rotundatis; spinis sex rectis, una pone rostrum, quatuor aliis quadrangulatim dispositis, sexta medium in posterioris partæ locata; carpis brachiisque spinosis.*

Rond., 400. Aldr., 2, 204. Riss., 39, 2.

Cette espèce présente un test triangulaire, à angles postérieurs arrondis, d'un rouge corail, couvert d'un duvet roussâtre, hérissé de six pointes droites, une sur le devant, quatre disposées en carré, la sixième placée au milieu de la partie postérieure ; le front terminé par un rostre court ; les antennes extérieures sont renflées à leur base, les intérieures d'un rouge vif ; les pinces sont courtes, épaisses, à dents très ouvertes ; la seconde paire de pattes est longue, épaisse, forte, poileuse ; les autres sont fort minces, glabres et crochues.

La femelle dépose des œufs couleur aurore après les équinoxes. Long. 0,020, larg. 0,020. Séj. Régions des algues. App. Presque toute l'année.

*Abdomen à cinq articles dans le mâle, six dans les femelles.*

### LIBINIA (LEACH), Libinie.

Test ovoïde, terminé par un rostre bifide, peu prolongé ; yeux gros, placés sur de courts pédoncules ; antennes extérieures à premier article renflé ; pieds mâchoires extérieurs échancrés vers son extrémité et sur son bord interne ; serres plus courtes que les pattes.

### 43. L. LUNULATA (N.), L. lunulée.

*Testa ovato-subquadrata, glaberrima, nitida, testacea ; fronte spinis duabus brevibus lunulatis.*

Riss., 49, 9.

Le front terminé par deux pointes très courtes, disposées en croissant, forme un des caractères les plus remarquables de cette nouvelle espèce ; son test est ovale presque carré, bombé, glabre, jaunâtre, ses bords latéraux sont garnis de chaque côté de trois aiguillons, et entourés de faisceaux de poils ; les deux premiers articles des antennes extérieures sont aussi longs que tous les autres ; les pinces sont courtes, presque arrondies, parsemées de poils, avec de petites dents crochues ; la seconde paire de pattes est longue, les trois dernières plus courtes, elles sont bordées au sommet de petites pointes, qui font paraître leurs articulations dentelées.

La femelle pond de très petits œufs jaunâtres au printemps. Long. 0,012, larg. 0,009. Séj. Dans les fucus du rivage. App. Toute l'année.

## *Remarques.*

Les crustacés de la famille des *Maias*, plus que tous les autres décapodes, restent dans un état de torpeur quand ils approchent du moment de changer leur test, dont ils se dégagent par une espèce de mouvement mécanique, pour reparaître, après avoir abandonné leur ancienne carapace, couverts d'une peau molle et coriace, qui prend peu à peu de la consistance, et s'étend en raison progressive de la grosseur de l'animal. C'est ordinairement après cette métamorphose que le mâle court à la recherche de la femelle, dont plusieurs portent au-delà de six à vingt mille œufs; d'autres n'en font qu'un petit nombre, et ne frayent qu'une fois dans l'année. Dans le prélude de leurs amours, les grandes espèces s'approchent du rivage et parcourant la mer en tous sens, se jettent alors plus facilement dans les filets que dans les autres saisons. Aussitôt que la femelle veut se débarrasser de ses œufs, elle choisit les endroits tapissés de plantes marines, et les dépose parmi ces végétaux. La plupart de ces animaux vivent plusieurs années, et ne vont ordinairement à la recherche de leur nourriture que pendant la nuit.

### SIXIÈME SECTION.

Les cryptopodes ont les quatre derniers pieds susceptibles d'être cachés par le test.

### CALAPPA (FAB.), Migrane.

Test très bombé; serres très longues, comprimées en crête; le deuxième article des pieds mâchoires extérieurs pointus.

## 44. C. GRANULATA , M. granulée.

*Testa carnea, tuberculata, rubro-guttata; angulis posticis octodentatis.* N.

Rond., 18, 404. Herb., 12, 75, 76. Fab., 546, 3. Lat., 1, 28, 3. Riss., 18, 1.

Une belle couleur de chair avec des taches d'un rouge carmin colorent cette espèce; son test est tuberculeux, traversé par quatre sutures longitudinales; il est découpé sur ses bords en huit parties égales; le front se termine par deux petites protubérances; les pinces sont grandes, épaisses, les pattes aplaties.

La femelle est moins colorée, pond des œufs jaune doré. Long. 0,070, larg. 0,090. Séj. Fentes des rochers. App. Toute l'année.

VAR. On trouve une variété à test coloré de rose pâle, sexdentée postérieurement, à pattes blanchâtres, et ongles bruns.

### Remarques.

Les migranes réunissent à de belles dimensions de la gravité dans leur marche, de la fermeté dans le danger, et du courage dans leurs entreprises. Ces animaux établissent souvent leur gîte dans les fentes des rochers. Lorsqu'ils sont obligés d'abandonner ces réduits par la force des mouvements des flots, ils retirent leurs pattes sous le test, rapprochent leurs pinces, et, semblables à des boules, se laissent tomber au fond des eaux: c'est alors que, ballottés par les vagues, ils sont jetés sur le rivage, où ils ne tardent pas à périr. Les migranes sont voraces; lorsqu'elles ont une proie en vue, elles ne se laissent pas facilement intimider. L'époque de leur reproduction est vers la fin du printemps; leur chair est assez bonne, quoiqu'on n'en fasse aucun usage.

### SEPTIÈME SECTION.

Les notopodes ont les deux ou quatre pieds postérieurs attachés derrière le corps.

## Dromia (fab.), Dromie.

Test arrondi, bombé, hérissé; pieds postérieurs à doubles crochets.

### 45. D. Rhumphii, D. de Rhumphius.

*Testa hirta, utrinque dentibus quinque validis, brachiis pedibusque enodibus.* N.

Fab., 359. Herb., 18, 103. Lat., 1, 27, 1. Riss., 16, 1.

La teinte générale de cette espèce se compose d'un mélange de petits points rougeâtres, blancs et obscurs; son test est couvert de poils d'un fauve ferrugineux, et présente plusieurs enfoncements; chacun de ses bords latéraux est garni de cinq ou six tubercules, le front est découpé en trois pointes obtuses, l'intermédiaire petite; le premier article des antennes extérieures est renflé; les pinces sont grosses, à troisième article tridenté, le cinquième couvert de longs poils; les dents sont roses, les pattes presque triangulaires.

La femelle est couleur de rouille, et dépose des œufs d'un rouge carmin en juillet. Long. 0,070, larg. 0,075. Séj. Régions coralligènes. App. Toute l'année.

### *Remarques.*

Les dromies de la Méditerranée traînent toujours après elles différentes espèces d'alcyons : on ne sait si la forme de leurs pattes postérieures leur fait contracter cette habitude, ou si c'est leur propre instinct qui les porte à se cacher sous ces corps étrangers, pour éviter les attaques de leurs ennemis. Les habitudes indolentes que j'ai remarquées être propres à ces animaux me laisseraient plutôt présumer que ce sont les alcyons, les serpules, etc., qui viennent se fixer sur leur carapace : ce qui me donne lieu de le croire, c'est que j'ai trouvé souvent des dromies presque entièrement recouvertes de ces polypes, annélides, et même enduites de débris de coquilles bivalves, de zoo-

phytes phytoïdes, qui devaient fortement les incommoder.
Les dromies paraissent ne sortir de leur état de torpeur
qu'aux approches du solstice d'été; c'est alors qu'on voit
les femelles porter un grand nombre de petits œufs, qu'elles
déposent dans les bas-fonds remplis de débris de coquil-
lages.

### Doripe, Doripe.

Test déprimé, plus étroit en avant, tronqué carré-
ment; pieds postérieurs à crochets simples.

### 46. D. fachino, D. fachino.

*Testa subquadrangulari, gibbosa, luteo-pallida; fronte
quadrispinosa; manibus brevibus.*

Jan., pl. 5, 1. Herb., 11, 70. Riss., 34, 2.

La forme du test de ce doripe présente plusieurs éminences
assez bizarrement sculptées pour avoir donné l'idée à quelques
auteurs de reconnaître dans leur assemblage une figure humaine
décrépite; sa couleur est le jaune pâle; il est recouvert d'un
duvet très court, jaunâtre; son front est coupé en ligne droite,
et se termine par quatre protubérances épineuses; les antennes
intérieures sont insérées presque au-dessous des extérieures; les
pinces sont courtes, à longues dents blanchâtres, crochues; les
pattes sont longues et aplaties.

La femelle en diffère très peu. Long. 0,027, larg. 0,030. Séj.
Rochers profonds. App. Printemps.

### *Remarques.*

Comment ai-je pu confondre dans le temps les do-
ripes avec les homoles, tandis que ce dernier genre n'a
été établi par Leach que bien des années après la publi-
cation de mon *Histoire des crustacés*, imprimée en 1813,
et que les circonstances du temps n'ont fait paraître que
trois années après, à mon insu? Il est vrai que j'aurais dû
alors former plusieurs nouveaux genres; mais, comme on
doit le voir dans mes écrits, extrêmement réservé à cet

égard, j'ai laissé à ceux que la science a choisis pour ses
ministres le soin de les établir suivant les méthodes qu'ils
créent journellement dans leurs cours.

Les branchies du fachino sont presque libres, et situées
entre la bouche et la première paire de pattes.

## HOMOLA (LEACH.) , Homole.

Test quadrangulaire, plus long que large, tronqué car-
rément; front épineux en avant; pieds postérieurs courts
et dorsifères.

47. H. SPINIFRONS, H. barbue.

*H. Testa subdepressa, rubro aurantia; lateribus den-
tibus novem inæqualibus; carpis triangularibus, pilosis
spinosisque.* N.

Rond., 18, 17, 405. Herb., 42, 3. Fab., 2, 450. Riss., 34, 3.

Cette jolie espèce, d'un rouge orange, est généralement couverte d'un duvet; son test est mince, presque aplati, avec des
enfoncements réguliers; ses bords latéraux sont garnis de neuf
pointes de chaque côté; le front est arrondi, un peu relevé, muni
de dix-sept aiguillons, placés sur cinq rangs et terminés sur le
devant par un petit prolongement en forme de croissant; le premier article des antennes extérieures est renflé, unidenté; les
pinces sont longues, presque triangulaires, garnies de longs poils,
à troisième et quatrième article épineux; les pattes sont aplaties,
et présentent à leur extrémité une rangée de pointes disposées en
dents de peigne.

La femelle porte des œufs d'un rouge de laque en juillet. Long.
0,046, larg. 0,035. Séj. Régions coralligènes. App. Presque toute
l'année.

48. H. CUVIERI (N.), H. de Cuvier.

*H. Testa muricata, rubro testaceo-carnea; fronte spi-
nis tribus elongatis; carpis longissimis, spinosis pilo-
sisque.*

Aldrov., 2, 179, 182? Riss., 35, 4.

Le test de cette homole est relevé, inégal, chargé de plusieurs enfoncements et de pointes coniques; ses bords latéraux antérieurs offrent une protubérance avec un aiguillon au milieu; le front est terminé par trois longues pointes, disposées en triangle, l'intermédiaire située plus bas que les latérales; le premier article des antennes extérieures est presque triangulaire, lisse d'un côté, unidenté de l'autre, tridenté en dessous; les antennes intérieures sont implantées sur deux prolongements épineux, séparés par des protubérances dentées en crête; les pinces sont fort longues, arrondies, épaisses, épineuses, parsemées de longs faisceaux de poils; les pattes ont leurs trois premiers articles arrondis, bordés d'épines, les autres sont aplatis, terminés par des crochets noirs et poileux; sa couleur est un léger incarnat jaunâtre.

La femelle dépose ses œufs d'un jaune pâle en août. Long. 0,160, larg. 0,140. Séj. Grandes profondeurs. App. En toutes saisons.

### Remarques.

De tous les notopodes qui vivent dans nos mers, l'espèce qui joint aux dimensions les plus grandes la forme la plus élégante est celle à qui j'ai donné le nom du célèbre auteur de l'*Anatomie comparée*. Cette homole paraît occuper parmi nos crustacés le dernier degré de l'échelle géographique que j'ai remarquée depuis la surface sèche de nos bords jusque dans les vastes et profondes vallées sous-marines, où règne constamment une température uniforme d'environ dix degrés. L'on tenterait en vain d'étudier les mœurs et les habitudes de cette espèce, qui n'approche jamais des rivages, et ne remonte que pendant les fortes chaleurs de l'été, encore à la profondeur de mille mètres, où on la pêche au palangre. J'ai eu occasion de voir quelques individus vivants de cette homole: leur contenance était menaçante; ils se relevaient sur leurs longues pattes, marchaient avec précipitation, et ne cessaient de remuer vivement les parties qui composent leur bouche, présentant leurs pinces en avant l'une contre l'autre, et en faisant battre les doigts. Ces animaux mouraient peu de temps après leur sortie de l'eau; leur chair est aussi bonne que celle du homard.

Les individus de l'espèce que je nomme barbue habitent les profondeurs de soixante à trois cents mètres, et se réunissent le plus ordinairement sur de petits espaces graveleux, ou on les pêche en jetant des filets serrés pendant le calme de la mer, en juin et juillet.

## IIᵉ Famille. — *LES MACROURES.*

Queue aussi longue que le tronc, étendue, terminée le plus souvent par une nageoire flabelliforme.

### PREMIÈRE SECTION.

Les anomaux ont vers l'extrémité de l'abdomen des appendices repliés sur les côtés, ne formant jamais une nageoire en éventail; les quatre paires de pieds antérieurs terminés par une lame falciforme.

### Hippa (fab.), Hippe.

Antennes intermédiaires bifides, les latérales longues; yeux écartés, portés sur un pédicule filiforme.

49. H. cærulea (n), H. bleue.

*H. Testa oblonga, lutescente, in medio intense cæruleo; cauda articulo ultimo uncinato.*

Riss., 50, 1.

Il n'est point d'espèces de macroures sur lesquelles un certain luxe de couleur ne se fasse plus ou moins remarquer. La forme du corps de cette hippe est alongée, jaunâtre sur son pourtour, d'un bleu azuré au milieu; son test est ovale oblong, échancré en devant; les yeux sont placés sur de courts pédicules; les antennes extérieures sont grosses, les intérieures courtes; l'abdomen glabre; la première paire de pattes a ses articles un peu plus larges que ceux des autres paires, lesquelles sont dépourvues de crochets; les écailles natatoires qui sont au bout de la queue se terminent par une pointe recourbée en dessous.

La femelle m'est inconnue. Long. 0,012, larg. 0,004. Séj. Dans les interstices des huîtres. App. Printemps, été.

## Remarques.

Cette hippe ne vit point en parasite sur les huîtres et les spondyles de nos rochers, mais elle se cache seulement dans les trous extérieurs de leurs coquilles. Ayant mis plusieurs fois ces animaux sur la surface de l'eau, j'observai toujours qu'ils se dirigeaient de suite vers le fond, et qu'aussitôt qu'ils touchaient ces coquilles, ils les parcouraient en tous sens avec une vélocité extraordinaire; quand je les irritais avec une paille, bien loin de s'échapper ils venaient au contraire au devant, l'entouraient de leurs bras et la pressaient fortement; actifs, voraces et courageux, ces petits crustacés conservent toutes ces qualités même quand il y a quelque temps qu'ils ont été retirés de l'eau.

### DEUXIÈME SECTION.

Les pagurides ont l'abdomen très mou, en forme de sac vésiculeux, pourvu à son extrémité d'appendices en crochets; première paire des pieds didactyle, la seconde et troisième pointue, la quatrième et cinquième très courte.

### PAGURUS (FAB.), Pagure.

Antennes intermédiaires coudées, à sommet bifide, placées, ainsi que les yeux, sur un fort long pédoncule.

5o. P. BERNARDUS, P. Bernard.

*P. Brachiis pilosis, muricatis, dextro majore; manibus subcordatis, digitis latis; antennarum exteriorum pedunculo appendice elongato.* N.

Rond., 18, 11, 390, 35, 4. Fab., 411. Latr., 1, 46, 1. Riss., 55, 2.

Cette espèce est connue des plus anciens naturalistes; son corps est alongé, lisse, varié de rouge, de violet et de grisâtre; le corselet est presque caré, comme ciselé, un peu pubescent; les yeux bleuâtres, placés sur d'assez longs pédicules grêles; le premier article des antennes extérieures garni à sa base d'un long appendice uni; ses pinces sont subcordiformes, aplaties, à cinq articulations, chargees de tubercules épineux, la droite plus longue et plus grosse que la gauche; les pattes sont comprimées, un peu scabreuses, couvertes de poils roussâtres.

La femelle diffère par ses teintes moins foncées. Long. 0,025, larg. 0,008. Séj. Dans le tritonium. App. Avril, mai.

## 51. P. STRIATUS, P. strié.

*P. Brachiis pedibusque transverse irregulariter striatis, sinistro majore; digitis brevibus, intus obtuse dentatis.* N.

Bosc., 11, 77, 11, 3. Lat. 6, 163, 7. Riss., 54, 1.

L'on reconnaîtra toujours cette espèce à son corps oblong, lisse, d'un rouge carmin, passant au jaune pâle; le corselet est presque quadrangulaire, alongé, un peu sinueux, garni de poils sur ses bords; les yeux sont pédiculés, verts; le premier article des antennes extérieures poilu, avec un long appendice dentelé à sa base; les pinces sont grandes, composées de plaques superposées, sétacées, pubescentes, à arêtes épineuses; la gauche plus longue et plus épaisse que la droite; l'abdomen d'un rouge pâle, terminé par cinq gros crochets ciliés, inégaux.

La femelle est pleine d'œufs pointillés de jaune en juin. Long. 0,160, larg. 0,036. Séj. Dans le *tritonium mediterraneum*. App. Presque toute l'année.

## 52. P. DIOGENES, P. Diogène.

*P. Corpore virescente, albo rubroque variegato; brachiis levibus, pubescentibus, sinistro majore.* N.

Linn., 3983, 58. Fab., 412. Herb., 22, 5. Oliv., 48. Riss., 57, 5.

Le diogène a le corps alongé, le corselet large, lisse, d'un gris verdâtre, mêlé de blanc et de rouge pâle; les bords latéraux sont garnis de cinq petites pointes en forme de scie de chaque côté; les yeux sont noirs, à pédicules jaunes; les pinces sont pubescentes, d'un gris verdâtre, la gauche plus grosse et plus épaisse que la droite, elles sont courbées au sommet; l'abdomen grêle, lisse, jaunâtre, terminé par trois crochets poilus.

La femelle porte des œufs rouge brun en juin. Long. 0,022, larg. 0,005. Séj. Dans les murex. App. Toute l'année.

## 53. P. ANGULATUS (N.), P. anguleux.

*P. Thorace subglaberrimo, intense rubro; brachiis inæqualibus, carinatis, dextro majore.*

Planc., 4, A. Herb., 23, 8? Riss., 58, 6, 1, 8.

Cette espèce est remarquable par ses pinces, dont la dernière articulation est relevée par dessus en carène; son corselet est large, presque glabre, parsemé de poils, varié d'un beau rouge carmin; les yeux sont bleuâtres; les antennes extérieures longues; les pinces ont deux excavations profondes longitudinales, séparées par une arête, avec le bord extérieur relevé, ce qui les rend anguleuses, la droite plus grande que la gauche; les pattes sont aplaties; l'abdomen oblong, terminé par des crochets inégaux.

La femelle est pleine d'œufs roussâtres en été. Long. 0,100, larg. 0,020. Séj. Dans le tritonium. App. Printemps, été.

## 54. P. CALIDUS (N.), P. rusé.

*P. Thorace glabro, rubescente, piloso, latere rubro vivido; brachiis subtriangularibus, granulatis.*

Diffère de la précédente par ses pinces presque triangulaires, fortement granulées en dessus; les pattes sont couleur de chair, fasciées de bandes rouge foncé, armées d'une ligne de pointes en dessus, qui s'étendent jusqu'aux ongles; les yeux sont olivâtres, à pédicules blanchâtres, les antennes intérieures deux fois plus longues que ces organes; le corselet est rougeâtre sale, lisse, garni de quelques faisceaux de poils, avec les côtés branchiaux d'un rouge vif. Long. 0,080, larg. 0,014. Séj. Dans le *murex trunculus*. App. Été.

## 55. P. MACULATUS (N.), P. tacheté.

*P. Thorace glaberrimo, lucido, rubro, pustulato;*

*brachiis subtriangularibus, inæqualibus, muricatis,
interne macula purpurea, cæruleo cincta, ornatis.*

Deux belles taches pourpres, entourées d'un cercle bleu azuré
changeant, sont empreintes sur la partie interne des pinces de ce
pagure ; son corselet uni, luisant, rouge, est parsemé de petits
points enfoncés ; les yeux sont bleuâtres, portés sur de longs pédicules grêles ; les antennes extérieures sont longues, coudées,
placées au-dessous d'un appendice épineux, les intérieures à peine
de la longueur des yeux ; les pinces sont subtriangulaires, inégales, muriquées ; les pattes lisérées de poils courts ; l'abdomen
mince, d'un rouge jaunâtre, terminé pár des crochets inégaux.
   La femelle porte ses œufs rouges en été. Long. 0,060, larg.
0,010. Séj. Dans l'*alcyon domoncale.* App. Presque toute l'année.

## 56. P. SOLITARIUS (N.), P. solitaire.

*P. Thorace rubro violaceo, carneo variegato; bra-
chiis granulosis, in medio subcarinatis, spinulis irregularibus, obtusiusculis, ornatis; pedibus paribus duobus
anticis elongatis, spinulis acutis armatis.*

Le corselet de cette espèce est varié de rouge, de jaune et de
violâtre ; les yeux sont noirs ; les antennes extérieures longues ;
les pinces sont granuleuses, inégales, renflées, carénées au milieu, garnies de petites pointes irrégulières, un peu obtuses ;
les dents sont blanches ; les deux paires de pattes antérieures
sont longues, effilées, armées de pointes aiguës ; l'abdomen est
d'un rouge pourpre foncé, terminé par des crochets inégaux.
   La femelle est pleine d'œufs d'un rouge hyacinthe vers la fin
du printemps. Long. 0,080, larg. 0,016. Séj. Dans les murex.
App. Hiver, été.

## 57. P. MISANTHROPUS (N.), P. misanthrope.

*P. Thorace luteo cæruleo, viridescente variegato,
striis irregularibus contortis et punctis impressis sculpto;
oculis cæruleis; chelis manibus lineis tuberculorum
compositis, pilosis.*

Cette espèce porte un corselet un peu strié, couvert de petits points foncés; il est varié de jaune, de bleu et de noirâtre; les yeux sont bleus, placés sur de longs pédicules rougeâtres; le premier article des antennes extérieures est muni d'une pointe à sa base; les pinces sont courtes, rudes, pointillées de bleu, avec des poils roussâtres; les pattes du devant très longues; l'abdomen marbré de bleu, de vert et de noirâtre, terminé par cinq crochets d'un jaune pâle.

La femelle est moins variée en couleur, et fraye au printemps. Long. 0,034, larg. 0,004. Séj. Dans le *cerithium alucoïde*. App. Mars, juillet.

### 58. P. ANACHORETUS (N.), P. anachorète.

*P. Thorace brunneo, cærulescente marmorato; oculis nigrescentibus; chelis rugosis, muricatis, pilosis.*

Son corselet forme un carré long d'un brun clair, marbré de bleuâtre, avec quelques touffes de poils roussâtres; les pédicules des yeux jaunâtres, plus longs que le premier article des antennes extérieures, qui sont poilues à leur base et munies d'un appendice lancéolé; les pinces sont rudes, poilues; les pattes variées de bleu, de rouge et de noirâtre, garnies de poils; l'abdomen mince, terminé par quatre crochets inégaux, jaunes. Long. 0,050, larg. 0,010. Séj. Dans le *murex brandaris*. App. Juillet, août.

### Remarques.

Un des genres de la classe des crustacés les plus naturels et les plus faciles à reconnaître c'est celui des pagures. La singulière construction de leur queue, qui, par sa forme et sa consistance, a beaucoup d'analogie avec celle de quelques mollusques, les force à se cramponner au fond des alcyons, dans les cavités des éponges ou dans le creux de la spire des coquilles univalves qu'ils traînent ensuite après eux. Toutes les espèces qui habitent nos rivages font plusieurs pontes dans l'année; les femelles portent leurs œufs sur un de leurs côtés, et les retiennent au moyen de filets aplatis; elles s'approchent pour la plupart des bords où la mer accumule les détritus des petites coquilles vides, pour qu'aussitôt nés leurs petits puissent

choisir un gîte convenable. Après leur premier accroisse-
ment ceux ci s'emparent des colombelles, des toupies, des
sabots, et même des rumines et cyclostomes d'eau douce
qui ont été entraînés dans la mer ; ensuite ils s'établissent
dans des cérithes, des nasses, des rochers, et ils changent encore de demeure à mesure qu'ils augmentent en
dimension. Les pagures, soit qu'ils se promènent sur les
rochers hors de l'eau, ou qu'ils se traînent dans ce fluide,
ont leurs palpes et leurs antennes dans un perpétuel mouvement. Aussitôt qu'on veut les saisir, ils se retirent dans
leur retraite, et se laissent tomber au fond de l'eau. La
plupart de ces animaux vivent en société ; quand ils approchent des corps morts, ils s'entassent les uns sur les
autres pour s'en disputer les lambeaux. Leur chair n'est
d'aucun usage, les pêcheurs s'en servent quelquefois
comme d'appât.

### TROISIÈME SECTION.

Les scyllarides ont l'abdomen muni en dessous de
fausses pattes, terminé par une nageoire en éventail ;
les pieds simples, sans pinces, presque égaux entre eux.

### SCYLLARUS (FAB.), Scyllare.

Antennes extérieures squamiformes ; yeux petits, logés
dans des fossettes orbiculaires d'un test presque carré.

59. S. LATUS, S. large.

*S. Testa scabra, rubro lutescente, antice gibbosa et
sulcata; lateribus crenulatis.* N.

Rond., 591, 18, 5. Riss., 60, 1.

Le corps de cette espèce est rude, tuberculeux, d'un rouge
jaunâtre, couvert de poils roux, son corselet est sillonné, avec
des proéminences aiguës, crenelé sur ses bords latéraux, avec
le front terminé par un avancement à deux pointes; les antennes

intérieures sont amethyste; les pattes anguleuses, bleues, et les écailles natatoires striées et poilues.

La femelle est pleine d'œufs jaunes au printemps. Long. 0,300, larg. 0,150. Séj. Profondeurs rocailleuses. App. Toute l'année.

## 60. S. ARCTUS, S. ours.

*S. Testa incisa, brunneo-fusca, antice trifariam aculeata; lateribus spinosis.* N.

Fab., 398, 1. Herb, 30, 3. Riss., 61, 2.

C'est bien à ce scyllare si commun sur tous les bords de la Méditerranée, et non à l'espèce suivante, que les auteurs ont imposé le nom d'*arctus;* son corps est comme sculpté, d'un brun obscur, varié de nuances bleuâtres; le corselet traversé de trois arêtes aiguillonnées, et les bords latéraux épineux; le front tronqué et denticulé; les pattes annelées de jaune et de violet; les premiers segments de l'abdomen tachés de rouge; les écailles natatoires striées.

La femelle pond des œufs jaune doré. Long. 0,120, larg. 0,030. Séj. Régions des algues. App. Toute l'année.

## 61. S. CICADA (N.), S. cigale.

*S. Testa glaberrima, rubra; antice trifariam denticulata, dentibus obtusis.*

Rond., 393, VI. Riss., 61, 3.

La cigale se distingue de l'espèce précédente par son corps lisse, d'un rouge de corail; le corselet traversé par trois rangées de pointes obtuses; son front est uni; la première pièce des antennes extérieures est lisse d'un côté, dentée de l'autre; l'intérieure n'a qu'une seule pointe, et la supérieure a cinq dents; les pinces sont renflées; les pattes arrondies; l'écaille natatoire du milieu est très courte.

La femelle est pleine d'œufs d'un rouge vif au printemps. Long. 0,060, larg. 0,018. Rochers du littoral. App. Chaque saison.

VAR. I. Je place à la suite de cette espèce un scyllare dont les caractères ont beaucoup d'analogie avec ceux de la cigale: son corps est déprimé, pubescent, d'un jaune doré; garni de trois rangées de proéminences arrondies; la pièce supérieure des antennes extérieures est quadridentée; les pinces sont courtes, les pattes petites, les écailles natatoires jaunes, les latérales situées sur une plaque bifide et dentée. Long. o,o46, larg. o,o15. Séj. Régions des algues. App. Assez rare.

### Remarques.

Je n'étais point en contradiction avec moi-même quand je séparai la cigale de mer de Rondelet de l'espèce précédente. La grande considération que j'ai pour cet auteur, les différences constantes qu'offraient les animaux de cette espèce, sont les motifs qui me la firent ranger parmi les espèces, que je considère ainsi, malgré la critique bénévole d'un de nos célèbres naturalistes. Les scyllares sont assez communs, et se plaisent le plus souvent sur les terrains argileux, où ils creusent des tanières un peu obliques, de la grandeur de leur corps, pour y établir leur demeure. Quand ils sortent pour aller à la recherche de leur nourriture, ils préfèrent parcourir les endroits où règne le plus de calme dans les eaux; ils y demeurent même pendant le jour, en se cachant sous les pierres. La natation de ces crustacés s'exécute par bonds, et est aussi bruyante que celle des palinures. Les scyllares s'approchent dans leur saison d'amour des endroits tapissés d'alves et de fucus : il paraît que la femelle n'abandonne ses œufs qu'après qu'ils sont développés.

Le scyllare large est édule : sa chair égale par sa bonté celle des meilleurs crustacés de la Méditerranée.

#### QUATRIÈME SECTION.

Les langoustides ont leurs antennes extérieures sétacées, fort longues, hérissées de piquants; les pieds simples, sans pinces, et semblables entre eux.

#### PALINURUS (FAB.), Langouste.

Test cylindrique; yeux saillants, portés sur un support commun transversal.

62. P. VULGARIS, L. commune.

*P. Corpore rubro, lutescente variegato; spinis super-*
*ocularibus, subtus dentatis; segmentis abdominis sulco*
*transverso, medio interrupto.* N.

Herb., 31, 1. Fab., 400, 1. Lat., 1, 48, 1. Riss., 64, 1.

Cette espèce, extrêmement abondante sur notre côte, a le corps
alongé, d'un rouge de laque varié de jaune; le corselet est hérissé de pointes, et couvert de poils fauves; le front a huit épines,
terminé de chaque côté par un long aiguillon; les pinces sont
courtes, renflées, à sommet épineux; les segments de l'abdomen
sont sillonnés, munis sur leurs bords d'une pointe bidentée;
les écailles natatoires sont larges et ciliées.

La femelle a son ventre recouvert de larges feuillets avec lesquels elle retient ses œufs, d'un jaune rougeâtre, qu'elle dépose
en avril et août. Long. 0,300, larg. 0,050. Séj. Rochers plus ou
moins profonds. App. Toute l'année.

VAR. I. Ayant examiné plusieurs langoustes fasciées de blanc,
et ne pouvant attribuer qu'à certaines localités le changement de
couleur qu'elles éprouvent, je les place ici comme simple variété.

### Remarques.

Les anciens naturalistes ont fait mention des langoustes,
et les modernes les ont décrites d'une manière plus propre
et plus facile à les faire distinguer. Aux traits historiques
que l'on a recueillis sur l'espèce la plus commune de la
Méditerranée, on peut ajouter que le mâle diffère de la
femelle par la petitesse des appendices du ventre, et par les
tubercules charnus et labiés qu'il présente à la base inférieure de la dernière paire de pattes, lesquels ne sont autre
chose que les organes de la génération. Les ovaires de la
femelle sont situés sous le test : à mesure qu'ils grossissent,
ils deviennent d'un rouge de corail, et descendent le long
du ventre en sortant par l'anus. C'est en avril et en août que
les mâles vont à la recherche des femelles : aussitôt qu'ils

les rencontrent ils s'accouplent, et se pressent si fortement
avec leurs pattes, qu'on a de la peine à les séparer. Sur
nos côtes on pêche les langoustes avec des nasses. A cet
effet on met dans une cage d'osier des pattes de poulpes
brûlées avec de petits poissons et des crabes ; on descend
cette nasse pendant la nuit, dans les endroits rocailleux,
et on prend le matin les langoustes qui sont dedans. La
grande quantité de ces homardiers de toute grandeur
qu'on pêche pendant toute l'année sur nos bords semble-
rait devoir en détruire l'espèce, si la fécondité ne corres-
pondait à la consommation qu'on en fait. Les langoustes
parviennent dans nos mers jusqu'au poids de sept kilogrammes.

### CINQUIÈME SECTION.

Les galathides ont les antennes extérieures très longues,
glabres ; les pieds antérieurs en pinces ; les postérieurs
fort courts.

### GALATHEA (FAB.), Galathée.

Corselet presque ovoïde ; antennes latérales longues,
sétacées, les mitoyennes saillantes ; front terminé par un
bec garni de pointes ; serres grandes et alongées ; les deux
pieds postérieurs fort courts.

### 63. G. RUGOSA, G. rugueuse.

*G. Testa rugosa, violaceo variegata; rostro septem-
aculeato; manibus elongatis, cylindricis.* N.

Rond., 390. Penn., 4, 13. Linn. Gm., 2985. Fab., 472, 415. Lat., 198.
Leach, 29. Riss., 70, 1.

Les pinces longues, cylindriques, armées d'aiguillons crochus ;
une teinte d'un roux aurore avec de taches et de traits violets
qui colorent le corps ; un corselet composé de quinze plaques
transversales, ciliées, muni de six épines de chaque côté, et de
trois sur le devant ; le front avancé en rostre triangulaire, armé

de sept aiguillons, placés en pyramide; l'abdomen à six segments traversés de lignes violettes; les écailles natatoires courtes, l'intermédiaire divisée en deux : tels sont les principaux caractères de cette espèce.

La femelle est garnie de larges appendices propres à retenir les œufs rougeâtres qu'elle porte en été. Long. 0,096, larg. 0,035. Séj. Rochers profonds. App. Presque toute l'année.

## 64. G. STRIGOSA, G. striée.

*G. Testa rubra, cœruleo variegata; rostro acuto, septemaculeato; manibus brevibus, compressis.* N.

Rond., 388. Penn., 4, 18, 14. Herb., 26, 2. Fab., 471, 414. Lat., 49. Leach, 28, B. Riss, 70, 2.

Un corps d'un rouge foncé, agréablement varié de bandes bleues et de poils roussâtres; le corselet garni sur ses bords de six aiguillons divisés en deux rangées; le front avancé en rostre à sept pointes; l'œil bleu, les pinces courtes, larges, comprimées, hérissées d'aiguillons; les segments de l'abdomen ciliés, et les écailles natatoires grandes, arrondies, situées sur une plaque distincte, l'intermédiaire bifide, distinguent cette espèce de la précédente.

La femelle est pleine d'œufs d'un rouge rubis en mars, août et décembre. Long. 0,090, larg. 0,030. Séj. Tous nos rochers. App. Toute l'année.

## 65. G. GLABRA (N.), G. glabre.

*G. Testa glabra, brunnea, virescente; rostro novemaculeato; manibus longitudine corporis, subcompressis.*

Riss., 72, 3.

Les caractères de cette espèce sont un corps alongé, grêle, d'un brun verdâtre; le corselet glabre, à bords latéraux garnis de cinq à six pointes; le rostre court, hérissé de neuf aiguillons, l'œil obscur, luisant, situé sur un long pédicule; les pinces aussi longues que le corps, subaplaties, tuberculeuses, munies d'épines vers la partie inférieure du bord interne : les doigts étroits; les écailles natatoires arrondies, l'intermédiaire festonnée.

La femelle pond des œufs jaune pâle à la fin du printemps.

Long. 0,070, larg. 0,020. Séj. Régions des algues. App. Toute l'année.

### 66. G. ANTIQUA (N.), G. antique.

*G. Testa glabra, elevata, subquadrata, lineis novem transversalibus ornata.*

Riss., 73, 4.

Ce crustacé, que j'ai trouvé dans un banc de marne chloritée de nos environs, a le test lisse, élevé, presque carré, garni en dessus de neuf lignes transversales, lesquelles se trouvent relevées sur leurs bords inférieurs par une ligne saillante; sa couleur est d'un jaune ocracé; on ne voit point de pattes, mais on distingue la place où elles étaient attachées; l'abdomen est un peu renflé. Long. 0,050, larg. 0,030.

### Remarques.

Les Galathées sont faciles à reconnaître. Leur natation est vive; elles restent pour l'ordinaire dans le repos pendant le jour, et ne sortent que vers le crépuscule de leur retraite. Ces animaux sont très bons à manger, et l'on en pêche presque toute l'année sur nos rivages; l'espèce fossile existait sur la fin de la formation secondaire; j'en ai trouvé d'autres espèces dans les terrains tertiaires et quartiaires de nos environs.

### JANIRA (N.), Janire.

*Thorax scutiformis quinquearticulatus; abdomen sexarticulatum; pedes anteriores subrotundati, lati didactyli; posteriores breves, acuminati.*

Corselet sculiforme, à cinq articles; abdomen à six segments; mains subarrondies, larges, didactyles; pieds courts, acuminés.

### 67. J. PERICULOSA (N.), J. dangereuse.

Rond., 590, 3.

Son corps est oblong, renflé, d'un rouge plus ou moins foncé,

varié de petites bandes bleu céleste; le corselet est arrondi, bombé,
composé de plaques transversales placées comme en recouvrement, muni sur le devant d'un long rostre dentelé de chaque côté ;
les yeux sont situés sur de très courts pédicules; les antennes intérieures sont courtes, bifides, les extérieures assez longues, à
premier article renflé ; les pieds mâchoires ciliés; les pattes de la
première paire sont longues, grosses, épineuses, terminées par
des pinces égales; les autres sont courtes, garnies d'ongles crochus, l'abdomen est composé de six segments arrondis, traversés
de lignes bleuâtres; les écailles natatoires sont courtes, étalées et
arrondies

### *Remarques.*

Cette espèce, dont je n'ai vu qu'un échantillon dégradé
dans la collection de M. le comte Audiberti, et quelques
débris à demi consommés dans l'estomac d'un poisson pé-
lagien, puissamment aidé par la description et la figure
qu'en donne Rondelet, m'ont suffi dans le temps pour établir ce genre, qui diffère des galatées, avec lesquelles on
voudrait le confondre. Mon ami Leach en ayant trouvé une
nouvelle espèce, il pourra mieux que moi en fixer les caractères précis, et trancher toutes les difficultés qui se
sont élevées sur l'existence de ce crustacé. La janire de
la Méditerranée vit seule et solitaire dans les antres rocailleux très profonds, et ne sort que fort rarement du gîte
qu'elle a choisi; aussi on ne peut s'en procurer que très
difficilement, et quand on la prend, les pêcheurs la jettent
encore dans l'eau, parcequ'ils assurent que sa chair ré-
pand une forte odeur de punaise, et que la blessure de la
pointe de son front est vénéneuse: c'est ce qui lui a valu
le nom de *Tarentula* qu'on lui donne.

### PORCELLANA (LAT.), Porcellane.

Corselet presque carré ; antennes mitoyennes retirées
dans leurs fossettes ; serres ovales ou triangulaires, queue
repliée en partie en dessous.

### 68. P. PLATYCHELES , P. large pince.

*P. Testa margine antico ; dentibus integris ; chelis maximis, interne denticulatis ; manibus extus ciliatis.* N.

Lat., 1, 49, 1. Herb., 47, 2. Penn., 4, 6, 12. Riss., 67, 7.

Cette espèce a le test scabreux, d'un rouge lavé, nuancé de verdâtre, à bords latéraux unis; le front terminé par trois pointes, la base des antennes renflée; les pinces sont larges , granuleuses; les trois premiers articles dentés en dedans, les autres poileux; les pattes courtes, aplaties, parsemées de poils.

La femelle est pleine d'œufs rougeâtres au printemps. Long. 0,016, larg. 0,009. Séj. Sable du rivage. App. Toute l'année.

### 69. P. BLUTELI (N.), P. de Blutel.

*P. Testa margine antico septemdentato ; chelis parvis, granulatis , spinosis.*

Riss., *Hist. natur. des crust.* , 67, 2.

Le test est ovale, arrondi, légèrement déprimé, sinué au milieu d'un vert brunâtre, mêlé de bleu, parsemé de poils blancs; les bords latéraux sont munis de six pointes chacun; le front est saillant, garni de sept niguillons; les trois premiers articles des antennes extérieures renflés; les pinces sont minces, subaplaties, granuleuses, hérissées de chaque côté de pointes aiguës; les pattes sont courtes, garnies de poils avec une rangée d'épines en dessus.

La femelle en diffère très peu. Long. 0,007, larg. 0,008. Séj. Sous les cailloux. App. Toute l'année.

### 70. P. LONGIMANA (N.), P. longue pince.

*P. Testa margine antico octodentato; chelis maximis, elongatis , glaberrimis.*

Riss., *Hist. natur. des crust.*, 68, 3.

Son test est arrondi, déprimé, lisse, d'un noir brunâtre, luisant, à bords latéraux garnis de trois pointes aiguës; le front est saillant, divisé en trois parties, l'intermédiaire arrondie, munie de huit aiguillons, les latérales relevées, armées de petites épines; les deux articles des antennes extérieures renflés, garnis de deux pointes, les autres sont annelés de violet; les pinces sont fort longues, larges, glabres, d'un noir jayet; la seconde articulation bidentée en dedans, les autres unies, avec des dents courbes, inégales; les pattes courtes, déprimées, épineuses d'un côté, les postérieures fort petites.

La femelle ne présente que peu de différence. Long. 0,007, larg. 0,007. Séj. Sous les galets. App. Toute l'année.

### *Remarques.*

Les porcellanes que je viens de décrire vivent sous les pierres du rivage, et semblent fuir la lumière; faibles et timides, elles restent pendant le jour dans une immobilité parfaite, et si on les poursuit elles glissent de côté avec vitesse, plutôt qu'elles ne marchent sous les cailloux, d'où elles ne sortent que pendant la nuit pour chercher leur nourriture; les membres locomoteurs de ces animaux se détachent avec facilité, et la nature paraît y suppléer de suite sans mesure. Les femelles déposent leurs œufs dans le sable baigné par les flots, où les nouveau-nés vivent par petites caravanes.

### SIXIÈME SECTION.

Les thalassides ont les écailles terminales et latérales de l'abdomen formées d'une seule pièce; les quatre antennes insérées sur une même ligne horizontale, les intermédiaires divisées en deux filets.

### GEBIOS (N.), Gebios.

Antennes extérieures assez longues; pieds antérieurs en forme de serre, avec l'index plus court que le pouce; abdomen terminé par des lames natatoires foliacées, entières et fort larges, l'intermédiaire très grande, subarrondie.

71. G. LITTORALIS (N.), G. du rivage.

*G. Corpore virescente; lateribus sinuolatis; rostro conico piloso, chelis primo pari elongatis, majoribus.*

Aldrov., *Cruat.*, 2, 150. Riss., 76, 1.

Cette espèce est d'un vert sale, luisant, à corselet uni, rougeâtre, sillonné sur ses bords, terminé par un rostre conique, aplati, saillant, couvert de faisceaux de poils rudes; les yeux sont placés sur de courts pédicules renflés; la première paire de pattes fort longue, épaisse, armée d'un aiguillon au-dessus du cinquième article; les segments de l'abdomen bombés, substriés, à écailles caudales, ovales, ciliées, traversées par des nervures, réunis à leur base à une large plaque intermédiaire solide, surmontée de lignes relevées.

La femelle est pleine d'œufs verdâtres en été. Long. 0,050, larg. 0,010. Séj. Dans l'argile de nos bords. App. Toute l'année.

VAR. I. Une variété d'un rouge carmin plus ou moins foncé, avec l'abdomen d'un blanc nacré. Se trouve sur nos rivages après les grandes tempêtes.

## 72. G. DAVYANUS (N.), G. de Davys.

*G. Corpore margaritaceo, lateribus leviusculis, rostro subconico, breviore, glaberrimo; chelis secundo pari elongatis, majoribus.*

Le test de ce gebios est plus alongé que le précédent, mince, d'un blanc nacré, luisant; à corselet uni, renflé, terminé par un petit rostre presque conique, glabre; les yeux sont situés sur de gros pédicules; la première paire de pattes courte, la seconde plus grande, la droite plus grosse et plus longue que la gauche; la queue longue, à segments glabres, avec les écailles caudales arrondies et ciliées.

La femelle en diffère très peu. Long. 0,018, larg. 0,004. Séj Régions madréporiques. App. Juin.

### *Remarques.*

Dans mon *Histoire des crustacés,* imprimée en 1813, que les circonstances du temps ont fait paraître trois années après, j'avais décrit un crustacé de nos bords fort particulier, qui présentait assez de caractères pour être placé momentanément dans le genre thalassine. Des recherches ultérieures m'ayant fait rencontrer une autre espèce, je les décrivis toutes les deux, et dans un travail envoyé à une société savante j'en constituai un nouveau genre sous le nom de *gebios*, en même temps que Leach constituait celui de *gebia* sur le *Cancer stellatus* de Montaigu. La faible consistance du test de ces animaux les oblige, pour se mettre à l'abri des dangers dont ils sont plus menacés que les autres crustacés, à se tenir cachés dans les terrains argileux, où ils creusent avec leurs pieds de petits trous ronds très profonds, du diamètre de leur corps, qui leur servent de retraite pendant le jour; ils ne sortent que vers le crépuscule pour chercher leur nourriture; et si le jour les surprend dans leurs courses, ils se cachent sous les pierres du rivage ou sous les fucus, et s'y tiennent tranquilles. Aussitôt qu'on les approche, ils sautent avec dextérité, et se mettent à nager en repliant leur queue et en la rejetant ensuite en arrière avec force, de sorte que leur natation s'effectue par gambades. La première espèce préfère les endroits où la mer est toujours calme; quand les vagues agitées par de gros vents viennent boucher l'ouverture de sa retraite, elle en sort avec frayeur, et les flots la rejettent souvent sur le rivage. La seconde ne se plaît que dans ces régions fangeuses où croissent quelques madrépores. Toutes les deux se nourrissent de néréides, de moules et de vénus dont elles ouvrent les valves avec adresse. Leur chair est recherchée par les pêcheurs, comme un appât des plus fins et des plus exquis pour prendre les poissons.

CALLIANASSA (LEACH.), Callianasse.

Antennes extérieures très longues; pieds antérieurs terminés en pince, ainsi que la seconde paire; abdomen assez large, pourvu à son extrémité de lames foliacées arrondies, l'intermédiaire presque triangulaire et obtuse au sommet.

73. **C. TYRRHENA**, C. de Tyrrhène.

*C. Corpore rubro carneo, albo lineato picto; squama media caudali biaculeata.* N.

Oliv., 51, 3, 3. Pet., 1, 41, 5. Risso, 1813. Otto, 11, 17, 1821.

Cette espèce a le corps couleur de chair, peint par des lignes régulières blanchâtres; son corselet est terminé par une pointe courbe; l'œil est petit; les antennes intérieures courtes, les extérieures très longues, blanches; les pièces latérales ciliées; la patte gauche de la seconde paire fort grosse; l'abdomen terminé en pointe, arrondie sur les côtés; les écailles caudales ovales arrondies, bordées de poils; la plaque intermédiaire courte, terminée par deux pointes aiguës.

La femelle est pleine de petits œufs rougeâtres en été. Long. 0,045, larg. 0,010. Séj. Profondeurs sablonneuses. App. Mars, juillet.

### Remarques.

Olivi et Petagna ont placé ce crustacé, le premier, parmi les crustacés macroures, et le second parmi les homardiens. Cet animal, pourvu d'un test très fragile, ne quitte que fort rarement les profondeurs vaseuses des endroits abrités par les courants; et soit qu'il veuille fuir le danger auquel sa faiblesse l'expose, soit qu'il aille chercher une nourriture facile, il grimpe et s'introduit en été dans les valves de la *Pinna nobilis*, où il se tient tranquille à la partie supérieure de cette coquille. Quoique cette espèce se trouve répandue sur le contour boréal de la Méditerranée, elle est fort rare partout, malgré sa grande multiplication, à cause sans doute de la saveur agréable de sa chair, qui offre un appât très friand à divers poissons. Quelques pêcheurs m'ont assuré que la femelle se retire dans le sable argileux, où elle creuse un petit trou arrondi, presque perpendiculaire, et qu'elle n'en sort que quand elle a déposé ses œufs.

### SEPTIÈME SECTION.

Les homards ont les écailles terminales et latérales de l'abdomen divisées en deux parties ; les antennes extérieures munies à leur base d'une écaille spinifère.

### ASTACUS (FAB.), Écrevisse.

Première paire de pieds très longue, fort grosse, inégale, à mains plus ou moins tuberculeuses et épineuses ; yeux sphériques médiocres, portés sur des pédoncules de la même grosseur ; pieds mâchoires extérieurs longs, garnis de cils raides, et de petites épines du côté interne.

74. A. MARINUS, E. homard.

*A. Rostro utrinque latere subtridentato ; manibus interne aculeatis.* N.

Lam., 216, 1. Herb., 25. Fab., 406. Penn., 10, 21. Lat., 1, 51. Riss., 79, 1.

Corps d'un bleu verdâtre changeant, tigré de taches blanches, à corselet uni, arrondi, sillonné, ciselé, terminé par un rostre pointu ; à cinq dents latérales ; l'œil gros ; la première paire de pattes aiguillonnée ; le dernier segment de l'abdomen armé de deux pointes ; les écailles caudales larges, bordées de poils ; la plaque intermédiaire scabreuse.

La femelle a de larges appendices sous son ventre. Long. 0,500, larg. 0,110. Séj. Nos rochers profonds. App. Toute l'année.

75. A. FLUVIATILIS, E. des rivières.

*A. Rostro utrinque latere unidentato ; manibus interne latere muticis, obsolete granulatis.* N.

Lam., 218, 2. Herb., 23, 9. Fab., 406. Penn., 15, 27. Lat., 1, 51. Riss., 81, 2.

Corps d'un brun verdâtre, varié de blanchâtre, à corselet

traversé d'un sillon, avec un rostre à deux dents; la première
paire de pattes longue, épaisse, tuberculeuse, à pointe émoussée
à leur base; écailles caudales ciliées; plaque intermédiaire épineuse.

La femelle pond en été. Long. 0,080, larg. 0,020. Séj. Rivière
de la Taggia. App. Presque toute l'année.

### Remarques.

Les écrevisses ont de tout temps été le sujet des observations des naturalistes, et de tous les crustacés ce sont
ceux dont l'histoire est la plus avancée. Sans rien ajouter
aux notions que l'on possède sur leurs mœurs, je dirai
simplement que le homard parvient dans nos mers au
poids de six à sept kilogrammes, et que l'écrevisse de nos
rivières subalpines ne va pas au-delà d'un hectogramme;
que le premier habite les profondeurs de deux à trois cents
mètres, et se nourrit de poissons et de mollusques, tandis
que la seconde ne vit que de larves et d'insectes aquatiques,
que les amours des homards n'ont lieu que pendant les
fortes chaleurs de l'été, que sa femelle est assez prolifique,
et que c'est à la fin du printemps, époque à laquelle ces
crustacés changent de peau, qu'ils offrent une chair
tendre, beaucoup meilleure que celle des langoustes.

### NEPHROPS (LEACH.) , Néphrops.

Première paire de pieds très longs, fort grands, à mains
prismatiques; yeux gros, réniformes, portés sur des pédoncules effilés; pieds mâchoires à second article denté en
dessus, dentelé en dessous.

### 76. N. NORVEGICUS? N. de Norwège ?

*N. Rostro utrinque latere quinquedentato; manibus
elongatis, prismaticis, angulis spinosis.* N.

Lam., 216, 3? Herb., 26, 3? Fab., 407? Penn., 12, 24? Leach, 36?

Les deux mains prismatiques, aiguillonnées, armées de dents

mousses; le corps bombé, arrondi, d'un rouge jaunâtre pâle, à
corselet oblong, garni de trois rangs de tubercules épineux, avec
un long rostre, pointu, recourbé, sinué au milieu, à cinq dents
de chaque côté, suffisent pour reconnaître cette espèce, dont les
segments de l'abdomen terminés en pointe, ont des écailles caudales larges, tronquées, poileuses, avec la plaque du milieu,
quadrangulaire, armée d'un aiguillon de chaque côté.

La femelle n'a point d'osselet sous le premier segment; ses
feuilles abdominales sont fort larges. Long. 0,185, larg. 0,032.
Séj. Grandes profondeurs. App. Printemps, été.

### Remarques.

Le néphrops de nos bords, qui est peut-être celui des
mers de Norwège (ce dont les naturalistes de cette contrée
pourront s'assurer), habite nos grandes profondeurs rocailleuses, d'où on ne le retire que fort rarement; sa chair
est fort bonne. Dans la figure grossière qu'Aldrovande a
donnée, pag. 115 de ses *Crustacés*, on reconnaît bien le
néphrops que je viens de décrire.

### HUITIÈME SECTION.

Les salicoques ont les antennes extérieures situées au-
dessous des supérieures, avec une écaille mobile annexée
à leur base; les yeux rapprochés, portés sur un pédicule
court; l'extrémité antérieure du test armée presque toujours d'une saillie ou rostre pointu, comprimé, plus ou
moint denté en scie; le test quelquefois armé de pointes;
le corps arqué; les pieds mâchoires inférieurs ressemblant
en général à de longs palpes grêles; la plaque du milieu
plus étroite, pointue ou épineuse; les fausses pattes du
dessous de la queue alongées, souvent en forme de feuillets.

*Point d'appendices à la base postérieure des pattes, quel-*
*quefois un très petit; celles des pattes qui sont sans*
*pinces cylindriques, terminées par un onglet distinct,*
*ambulatoire ou préhensile.*

1. *Antennes supérieures terminées par trois filets.*

*Les deux premières pattes terminées par une main*
*monodactyle.*

ÉGEON (N.), Égéon (1).

*Testa solida, aculeata; rostrum nullum; pedum par*
*primum monodactylum, secundum didactylum, ter-*
*tium elongatum, gracile.*

Test solide aiguillonné. Point de rostre; la troisième
paire de pattes grêle la plus longue de toutes, la première
paire monodactyle, la seconde didactyle.

77. E. LORICATUS (N.), E. cuirassé.

Oliv. 3, 1. Riss., 100, 1.

Ce singulier crustacé présente des caractères si remarquables,
qu'on a lieu d'être surpris que les naturalistes qui l'ont observé
l'aient confondu avec des espèces qui en diffèrent totalement.
Son corps est recouvert d'un test fort dur et solide, d'un blanc
rougeâtre, finement pointillé de pourpre; le corselet est traversé longitudinalement par sept rangs de piquants, courbés en
devant, placés les uns au-dessus des autres, et formant une espèce de cuirasse; l'œil est petit, grisâtre; les pièces latérales
triangulaires, ciliées; les pieds mâchoires alongés, poileux; la
seconde paire de pattes seule didactyle, les deux dernières épaisses, crochues; l'abdomen a six segments chargés de proéminences
raboteuses, de cavités flexueuses et irrégulières qui semblent re-
présenter diverses figures sculptées en relief; le dernier segment
couvert d'épines; les écailles natatoires sont ovales oblongues,
ciliées; la plaque intermédiaire terminée en pointe.

(1) Dieu marin.

La femelle dépose ses œufs rougeâtres en juin. Long. 0,040, larg. 0,009. Séj. Sur les fonds rocailleux. App. Eté, automne.

## Remarques.

Les égéons paraissent, par la consistance de leur test dur, épineux et ciselé, former le passage de la section précédente avec celle-ci; ils sont rusés, difficiles à prendre, et se tiennent presque toujours à deux ou trois cents mètres de profondeur; la femelle pond une assez grande quantité de petits œufs, et choisit pour s'en débarrasser les endroits rocailleux couverts de plantes marines. J'aime à croire que M. Latreille ne confondra plus cet animal avec les pontophiles de M. Leach, et ne le réunira point aux crangons, vu les nombreux caractères qui l'en séparent.

*Les quatre premières pattes terminées par une main didactyle.*

PALEMON (FAB.), Palémon.

Rostre long; seconde paire de pattes la plus grande de toutes; carpe inarticulé.

78. P. MICRORAMPOS (N.), P. petit rostre.

*P. Rostro recto, acuto, supra quinquedentato, infra bidentato.*

Riss., *Hist. natur. des crustacés*, 104, 3.

On distingue ce palémon à son corps fort bombé, incolore, translucide, couvert de très petits points rougeâtres sur tout son pourtour; le corselet est muni d'une pointe de chaque côté, avec un très petit rostre droit à cinq dents en dessus, bidenté en dessous; la première paire de pattes est épaisse; les écailles natatoires transparentes, et la plaque intermédiaire longue, aiguë.

La femelle porte des œufs blanchâtres, tachetés, vers la fin du printemps. Long. 0,018, larg. 0,004. Séj. Rochers du rivage. App. Printemps, automne.

79. P. TRISETACEUS (N.), P. trois soies.

*P. Rostro parvo, supra sexdentato, infra quinque-*
*dentato.*

Riss., *Hist. nat. des crust.*, 105, 2.

Son corps est très bossu, d'un vert pâle, parsemé de petits
points bruns, ainsi que le corselet, qui se termine par un petit rostre à six dents en dessus, cinq en dessous; le dernier segment de
l'abdomen est muni de quatre pointes; les écailles caudales sont
ovales oblongues; la plaque intermédiaire épineuse, terminée par
trois soies raides.

La femelle pond des œufs verdâtres dans le printemps. Long.
0,050, larg. 0,012. Séj. Moyennes profondeurs. App. Avril,
juillet.

80. P. XIPHIAS (N.), P. espadon.

*P. Rostro elongato, depresso, curvato, supra septem-*
*dentato, infra quinquedentato.*

Riss., *Hist. nat. des crust.*, 102, 1.

Un blanc sale luisant, parsemé de petits points jaunâtres, disposés symétriquement, colore cette espèce; son corselet, muni de
deux pointes, se termine par un long rostre à sept dents en dessus, cinq en dessous; le dernier segment de l'abdomen est garni de
quatre pointes; les écailles caudales sont parsemées de points enfoncés; la pièce intermédiaire est bifurquée et tachetée de rouge.

La femelle porte des œufs verdâtres en avril, juin et décembre.
Long. 0,045, larg. 0,005. Séj. Dans les zostères du rivage. App.
Toute l'année.

81. P. CRENULATUS (N.), P. crénelé.

*P. Rostro medio supra octodentato, infra quinque-*
*dentato.*

Son corps est blanchâtre, couvert de très petits points bleus,
qui le rendent azuré; le rostre est bleuâtre, à huit dents en dessus, cinq dents en dessous, terminé par deux pointes; le plus

court filet des antennes supérieures crénelé; les pattes sont cerclées de bleuâtre; chaque segment de l'abdomen tacheté de jaune
sur ses bords; les écailles caudales ciliées de rouge; la plaque
intermédiaire terminée par quatre aiguillons, les deux du milieu
les plus longs.

La femelle pond des œufs transparents en été. Long. 0,060,
larg. 0,010. Séj. Région des algues. App. Mars, décembre.

## 82. P. TRILIANUS (N.), P. de Latreille.

*P. Rostro porrecto, subulato, supra octodentato, in-*
*fra quinquedentato.*

Riss., *Hist. des crust.*, 111, 2.

Son corps est épais, alongé, d'un blanc de chair translucide,
finement pointillé de rougeâtre, traversé circulairement de petites
bandes rouge violet; le corselet est strié par des lignes inégales,
disposées en divers sens; le rostre est court, large, à huit dents
en dessus, cinq dents en dessous, tridenté au sommet; les antennes intérieures sont situées sur un large pédicule épineux; les
pièces latérales sont presque carrées, ciliées, armées d'aiguillons; les pieds mâchoires longs, poileux; la première paire de
pattes courte, mince, la seconde longue, renflée au sommet, les
autres subtiles, annelées de blanc, de jaune et de violet; le dernier segment de l'abdomen est garni de quatre protubérances
épineuses; les écailles caudales sont ovales, ciliées, pointillées
de rouge; la plaque du milieu épineuse, terminée par cinq
pointes.

La femelle est nuancée de rougeâtre, marquetée de points obscurs, et porte des œufs jaunâtres en été. Long. 0,080, larg. 0,016.
Séj. Moyennes profondeurs. App. Presque toute l'année.

### Remarques.

La plupart des palémons vivent réunis en société, et
chaque troupe n'abandonne que très rarement l'endroit
qu'elle a choisi pour demeure. Leur natation est très vive,
et ils s'arrêtent ordinairement un moment après chaque
élan. La pointe aiguë dont leur front est armé leur sert à
lutter avec avantage contre leurs ennemis. Les poissons
qui en font leur nourriture sont forcés de les faire descen-

dre à reculons dans leur estomac, et c'est toujours dans
cet état qu'on les y trouve. Les cinq espèces que je viens
de faire connaître ont toutes une fort bonne chair; on les
mange frites, et elles sont employées aussi comme appât
pour prendre à la ligne divers poissons.

## LYSMATA (N.), Lysmate.

*Corpus palemoniforme, rostro brevi; pedum par an-
ticum breve, secundum filiforme, latum, longissimum,
didactyle; tertium simplex, elongatum; paria duo posteriora simplicia.*

Test semblable à celui des palémons; rostre court;
première paire de pattes courte; seconde très longue,
de forme didactyle fort grande; carpe articulé.

### 83. SETICAUDATA (N.), L. queue soyeuse.

Riss., *Hist. natur. des crustacés*, 110, 1, 2, 1.

Le corps de cette jolie espèce est d'un rouge corail, marqué
longitudinalement de lignes blanchâtres; son corselet est un peu
déprimé, muni de deux aiguillons, avec un rostre peu avancé, à
sept dents en dessus, bidenté en dessous; ses yeux sont petits,
d'un rouge obscur, portés sur de courts pédicules; les antennes
intérieures ont trois longs filets; les pièces latérales sont linéaires,
ciliées, armées de pointes; l'abdomen terminé par des écailles
caudales ciliées sur leurs bords, les deux extérieures dentées sur
un de leurs côtés, adhérant à la plaque intermédiaire, qui finit
par dix longues soies raides, très déliées.

La femelle pond des œufs d'un rouge-brun en été. Long. 0,036,
larg. 0,008. Séj. Rochers peu profonds. App. Toute l'année.

### Remarques.

Les différents caractères que présentent les pattes des
salicoques ont suffi jusqu'à présent pour distribuer mé-
thodiquement en plusieurs genres ces animaux, qui ont
beaucoup de rapport entre eux et quelque analogie. Dirigé
par le même principe, j'ose établir ce nouveau genre, sous

le nom de lysmate, lequel, malgré l'affinité qu'il a avec
certains palémons, en diffère cependant par son carpe articulé, les pieds mâchoires fort longs, les deux premières
pattes courtes, et les écailles caudales extérieures dentées. Ses mœurs sont également différentes ; ils sont plus
sveltes, se tiennent presque toujours au fond des eaux,
s'approchent rarement du rivage ; et, quoique répandus
partout, je suis porté à croire qu'ils vivent isolés, car on
n'en prend jamais qu'un petit nombre à la fois ; leur
chair est plus estimée et a un meilleur goût que celle des
deux genres précédents.

2. *Antennes supérieures terminées par deux filets.*

*Les deux premières pattes terminées par une main
monodactyle.*

PONTOPHILUS (LEACH.), Pontophile.

Rostre très long, serrulé ; dernier article des pieds mâchoires extérieurs sensiblement plus long que le précédent, pointu au bout ; seconde paire de pattes didactyle,
plus courte que la troisième.

84. P. PRISTIS (N.), P. scie.

*P. Testa ruberrima, albo lutescente lineata ; rostro as
cendente, supra, et infra minutissime serrulato.* N.

Riss., *Hist. nat. des crust.*, 105, 4.

Ce pontophile a le corps alongé, renflé au milieu, un peu comprimé sur les côtés, s'amincissant en cône vers la queue, d'un
beau rouge corail, traversé par des lignes blanc jaunâtre, et recouvert d'une légère couche blanchâtre ; le corselet est garni sur
le devant de deux pointes, et terminé par un rostre relevé, très
finement dentelé de chaque côté ; l'œil est d'un bleu foncé ; les
antennes intérieures sont longues, situées sur de gros supports
quadriarticulés ; les extérieures sont un peu renflées à leur base ;
les pièces latérales sont linéaires, aiguës, ciliées d'un côté avec

un aiguillon de l'autre; la première paire de pattes est courte, lisse; les trois dernières sont longues, hérissées d'aiguillons; l'abdomen terminé par une plaque cunéiforme, divisée en deux pointes à l'extrémité, avec des écailles natatoires ovales oblongues.

La femelle est plus grosse, pleine d'œufs d'un bleu d'azur en mars, juillet, octobre. Long. 0,122, larg. 0,014. Séj. Fonds rocailleux. App. Toute l'année.

### Remarques.

C'est la crainte d'introduire trop de genres nouveaux dans mon ouvrage qui m'a valu, dix années après avoir été agréé par l'Institut, toute la sévérité d'un célèbre naturaliste, qui ne m'aurait pas épargné si je les eusse dans ce temps introduits dans la science. Lui-même, non-obstant tous les progrès qu'il a fait faire à l'histoire des crustacés, pourrait encourir aujourd'hui la mienne, si, comme il le propose, il réunissait mes égéons aux pontophiles, et ces derniers aux crangons. L'espèce que je viens de décrire vit en famille, à six à huit cents pieds de profondeur, où on la pêche avec des filets serrés. Sa chair est fort bonne; aussi plusieurs poissons lui font constamment la guerre, et sont forcés, quand les individus de cette espèce deviennent leur proie, de les faire descendre à reculons dans leur estomac pour éviter la piqûre de leur rostre.

### CRANGON (FAB.), Crangon.

Un rostre très court, lisse; dernier article des pieds mâchoires extérieurs de la longueur du précédent, très obtus; seconde paire de pattes didactyle, aussi longue que la troisième.

85. C. FASCIATUS (N.), C. fascié.

*C. Testa pellucida, nigro punctata, paulo aculeata, brachiis spinosis; abdomine nigro cærulco fusciato.*

Le crangon fascié paraît avoir quelques rapports avec le cran-

gon boréal; son corps est renflé, d'un blanc translucide, pointillé de noir, à corselet arrondi, parsemé de quelques pointes
courbes; l'œil est petit; les pièces latérales oblongues, ciliées; les
antennes supérieures à premier article épineux; la première paire
de pattes courte, épaisse, garnie d'aiguillons; l'abdomen presque
conique, fascié à sa base de bleu noirâtre; le dernier segment
terminé par quatre pointes; les écailles caudales longues; la
pièce du milieu triangulaire, solide.

La femelle dépose des œufs blancs en juillet. Long. 0,030,
larg. 0,008. Séj. Fonds sablonneux. App. Printemps, été.

86. C. RUBRO PUNCTATUS (N.), C. ponctué de rouge.

*C. Testa alba, argentata, rubro-punctata; brachiis*
*levibus.*

Cette espèce a le corps comprimé, lisse, d'un blanc argenté,
couvert de points rouge pourpre; à corselet armé d'une pointe
aiguë de chaque côté; l'œil est grand; les pièces latérales presque carrées, ciliées; les antennes supérieures situées sur un long
support épineux; la première paire de pattes courtes; les autres
garnies de poils; l'abdomen courbé; les écailles caudales oblongues; la pièce du milieu solide, linéaire.

La femelle est pleine d'œufs blanc roussâtre en été. Long.
0,040, larg. 0,006. Séj. Plages sablonneuses. App. Mai, juin.

*Remarques.*

Les crangons ne quittent les bancs de cailloux roulés
où ils font leur demeure, qu'aussitôt que les chaleurs ont
pénétré dans les moyennes profondeurs, et que la mer
n'est plus si fréquemment agitée par les vents; c'est alors
qu'on les voit se jouer avec les petites clupées, presque à
la surface des flots, s'approcher, en nageant avec assez
d'agilité, des bords, pour venir déposer leurs œufs, dont
le nombre est immense. Les deux espèces que j'ai trou-
vées dans notre golfe paraissent différer de toutes celles
qui ont été décrites jusqu'à ce jour. Toutes les deux offrent une chair assez bonne, et servent de pâture aux dif-

férents poissons voyageurs qui visitent annuellement nos rivâges.

*La première paire de pattes terminée par une main didactyle.*

### STENOPUS (LAT.), Sténope.

Corps hispide, les trois premières paires de pattes didactyles; la troisième paire et les suivantes très longues; les deux avant-derniers articles des quatre pattes postérieures divisés en petits articles.

87. S. SPINOSUS (N.), S. épineux.

*S. Testa elongata, rubro-aurea; rostro subulato, supra undecimdentato, infra quinquedentato; pédibus, tertio pari, maximis, elongatis, aculeatis.*

La troisième paire de pattes très longue, fort épaisse, hérissée d'aiguillons crochus, terminée par de fortes pinces dentées, distinguent d'abord cette espèce, son corps est alongé, renflé au-devant, étranglé en arrière, d'un rouge doré, à corselet sinué en travers, garni d'aiguillons; le rostre est subulé, à onze dents en dessus, cinq en dessous; l'œil est presque sessile; les antennes supérieures ont deux longs filets ayant deux fois et demi la longueur du corps; les inférieures placées au-dessous des écailles latérales, sont plus épaisses; les palpes courts; les pieds mâchoires longs, poileux; le ventre composé de six segments aiguillonnés; les deux derniers, étroits, se terminant par une plaque hérissée de quatre rangées de pointes, bordée de poils rudes; les rames caudales sont d'un rouge foncé, garnies de cils; la première paire de pattes est courte, mince, glabre; la seconde, beaucoup plus longue et lisse, un peu renflée au sommet; la troisième extrêmement grosse, épineuse, didactyle et aussi longue que les deux dernières, qui sont très minces.

La femelle m'est inconnue. Long. 0,070, larg. 0,014. Séj. Régions profondes. App. Juin.

*Remarques.*

Les sténopes sont fort peu nombreuses, et ne quittent que fort rarement les vastes régions où elles font leur demeure habituelle.

## PENEUS (FAB.), Pénée.

Corps lisse; les trois premières paires de pattes didactyles; ces pattes et les suivantes de moyenne longueur, sans aucun article.

### 88. P. CARAMOTE (N.), P. caramote.

*P. Testa oblonga, carnea; rostro parvo, compresso, supra undecimdentato, infra unidentato.*

Rond., 18, 194. Riss., 90, 1.

Le nom de caramote fut imposé par Rondelet à ce crustacé; son test est fort mince, d'un blanc de chair mêlé de rose tendre; le corselet oblong, arrondi, sillonné en long et en travers, terminé par des aiguillons, avec un rostre aigu, comprimé, à onze dents en dessus, une seule pointe en dessous; l'œil gros, placé sur un pédicule poileux; les antennes supérieures courtes, les inférieures blanches, très longues; l'écaille latérale médiocre; les trois derniers segmens de l'abdomen carénés; la plaque intermédiaire sillonnée au milieu, garnie de trois pointes de chaque côté; les rames caudales sont liserées de bleu.

La femelle est pleine d'œufs rougeâtres en juillet. Long. 0,100, larg. 0,020. Séj. Rochers profonds. App. Printemps, été.

### 89. P. CRISTATUS (N.), P. en crête.

*P. Testa subovata, sinuata; rostro supra bidentato, summitate carnoso, cœruleo.*

Un cartilage en forme de crête charnue, d'un bleu céleste, se fait remarquer au sommet du petit rostre bidenté de ce pénée; son corps est comprimé, couleur chamois, nacré, avec des bandes formées de points bruns et rouges, qui en varient les nuances;

le corselet est ovale oblong, traversé de sutures sur le côté, terminé par six pointes aiguës avec un petit rostre bidenté; l'œil est grand, situé sur un pédicule renflé; les antennes supérieures sont courtes, poilues; les inférieures nacrées; les écailles latérales subcordiformes, marquées de lignes verdâtres pointillées de rouge; les deux derniers segments de l'abdomen carénés, avec la plaque intermédiaire sillonnée, dentée, aiguë; les rames caudales ovales, d'un bleu azuré.

La femelle est un peu plus renflée, pleine d'œufs d'un roux ambré en juillet. Long. 0,200; larg. 0,026 Séj. Grandes profondeurs. App. Printemps.

90. P. ANTENNATUS (N.), P. à longues antennes.

*P. Testa ruberrima, compressa; rostro acuto supra tridentato, infra piloso; antennis inferioribus longissimis.*

Aldr., 2, 158. Riss. *Hist. nat. des crust.*, 69.

De tous les pénées de notre mer, les antennes de celui-ci acquièrent le plus de longueur; son corps est comprimé, d'un rouge vif; le corselet est gros, traversé latéralement de deux sutures, terminé par quatre aiguillons avec un long rostre subulé, tridenté en dessus, muni de quelques poils en dessous; l'œil est gros, placé sur un court pédicule; les antennes supérieures à filets inégaux, les inférieures blanchâtres, trois fois plus longues que le corps; les écailles latérales sont larges, ovales, aiguillonnées du côté externe; les pattes antérieures ont de longs doigts serrulés; les trois derniers segments de l'abdomen carénés, terminés en pointe, avec la plaque intermédiaire courte, bombée, aiguë, et les rames caudales lancéolées.

La femelle est pleine d'œufs d'un rouge corail en juillet. Long. 0,205, larg. 0,015 Séj. Profondeurs rocailleuses. App. En toute saison.

91. P. MEMBRANACEUS (N.); P. membraneux.

*P. Testa membranacea; rubro-carnea; rostro longo, multidentato; antennis superioribus crassis.*

Riss. *Hist. des crust.*, 1815. Otto, 12, 78, 1821.

Cette espèce, qui vit sur les atterrissements sangeux qui relèvent annuellement le fond de notre mer, a le corps recourbé, recouvert d'un test très mince, presque membraneux, caréné, d'un rouge de chair; le corselet est caréné, sinuolé, garni en dessus de plusieurs dents; l'œil est gros, situé sur un pédicule jaunâtre; les antennes supérieures ont deux longs filets; l'inférieur épais, aiguillonné à sa base, les inférieures assez longues; les écailles latérales oblongues; les deux derniers segments de l'abdomen carénés, avec la plaque intermédiaire très courte, aiguë, terminée par trois pointes; les rames caudales lancéolées. La femelle pond des œufs rougeâtres en août. Long. 0,160, larg. 0,016. Séj. Profondeurs vaseuses. App. Hiver, été.

92. P. FOLIACEUS. (N.). P. foliacé.

*P. Testa solida, rubescente; rostro lato, foliaceo, supra undecimdentato, infra glabro.*

Un rostre extrêmement large, foliacé à sa base, mince, subtil, relevé en longue pointe ensuite, muni de onze dents espacées en dessus, lisse en dessous, distinguent d'abord cette espèce. Son corselet est d'un rouge violet, couvert d'un duvet roussâtre, orné d'un filament relevé et d'un sillon peu profond terminé sur le devant par deux pointes et un aiguillon par derrière; les appendices flagelliformes sont très larges; un des filets des antennes supérieures multiarticulé, l'autre très court, à deux articles; les antennes inférieures rouges; l'écaille latérale fort large, les trois derniers segments de l'abdomen carénés, avec la plaque intermédiaire sinuée au milieu, armée d'aiguillons sur ses bords, et les rames caudales rougeâtres.

La femelle porte des œufs rouge pâle en août. Long. 0,180, larg. 0,025. Séj. Grandes profondeurs. App. Eté.

## Remarques.

La nature semble n'opérer qu'avec un certain ménagement pour passer de la composition d'un être à un autre; souvent le moindre changement lui suffit pour établir un système différent parmi des animaux qui, d'ailleurs, présentent entre eux beaucoup d'analogie. Ces principes peuvent s'adapter au genre Pénée, lequel ne paraît différer des autres salicoques que parcequ'il présente une paire de pattes didactyles de plus. A ce caractère fixe et invariable,

qui ne laisse point d'occasioner des changements considérables dans la manière d'être des crustacés qu'il comprend, on peut ajouter que leurs antennes supérieures ont
le premier article creusé en dessus, de manière à recevoir
les yeux, et se terminent toujours par deux filets inégaux;
que les pieds mâchoires paraissent servir d'organes spéciaux du tact; que les palpes mandibulaires sont saillantes,
velues; que leurs quatre appendices flagelliformes sont plus
ou moins longs, disposés en grandes lames ciliées, et paraissent servir de rames; et que la première paire de leurs
pattes est courte, la seconde un peu moins longue que la
troisième, etc.

Les différentes espèces de pénées que l'on vient de
mentionner, toujours ensevelies dans les vastes abîmes des
mers, paraissent vivre isolées, n'abandonnent que fort
rarement ces régions profondes, et servent de nourriture
aux divers poissons pélagiens qui les habitent. Les femelles
ne font ordinairement qu'une ponte dans l'année. Leur
chair est délicate et d'un très bon goût; celle de la Caramote était employée, selon Rondelet, pour calmer l'irri-
tation des poumons.

*Pieds mâchoires extérieures foliacés, couvrant la bouche;
les quatre pattes antérieures didactyles; carpe inarticulé.*

### Drimo (N.), Drimo (1).

*Testa turgida; pedum par anticam breve, angustum,
secundum valde elongatum, crassum didactylum.*

Corps renflé, première paire de pattes courte, subtile,
la seconde très longue et fort épaisse, didactyle.

---

(1) Nom d'une néréide.

93. D. ELEGANS (N.), D. élégante.

D. *Corpore nigro, aureo punctato; squama media caudali biaculeata.*

Un beau noir à nuances carmélites, relevé par une infinité de points dorés, orne le corps de cette espèce; son corselet, terminé par un petit rostre blanc, a six dents en dessus, unidenté en dessous; l'œil est petit, noir, placé sur un pédicule jaune; les antennes intérieures courtes, violettes, inégalement bifides, situées sur un support cylindrique, armé d'une pointe; les extérieures sont très longues, épineuses à leur base; les pièces latérales oblongues, ciliées, d'un beau blanc; les deux premières paires de pattes blanchâtres; les autres violâtres, crochues; le dernier segment de l'abdomen violet, prolongé en pointe sur les côtés; les écailles natatoires blanches, ciliées, adhérant par leur base à la plaque intermédiaire, qui est courte, terminée par six pointes aiguës.

La femelle pond des petits œufs d'un brun violâtre en été et en automne. Long. 0,044, larg. 0,008. Sé]. Profondeurs rocailleuses. App. Juin; novembre.

*Remarques.*

Ce crustacé ne pouvant raisonnablement entrer dans aucun des genres connus, je me trouve dans la nécessité d'en établir un nouveau pour le comprendre, et je lui attribue le nom de *Drimo*; les caractères que je viens de tracer seront suffisants; j'espère, pour pouvoir le faire adopter par les naturalistes; il en existe d'autres espèces dans les mers étrangères.

*Pieds mâchoires extérieurs filiformes, ne couvrant point la bouche; seconde paire de pattes à carpe articulé.*

NIKA (N.), Nika (1).

*Pedibus filiformibus, pare anteriore uno monodactylo, altero didactylo.*

(1) Victoire.

Corps arrondi, l'une des deux pattes antérieures simple, l'autre didactyle.

94. N. EDULIS (N.), N. comestible.

*N. Corpore rubro-carneo lutescente punctato; mani-
bus inæqualibus.*

Riss., *Hist. nat. des crust.*, 85, 1, 3.

Son corps est d'un rouge incarnat, pointillé de jaunâtre, avec
une ligne de petites taches jaunes au milieu ; le corselet terminé
par trois pointes aigues, celle du milieu est la plus longue, les
filets des antennes intérieures sont inégaux, celui des extérieures
est articulé ; les pièces latérales linéaires ; les pieds mâchoires
fort longs ; poileux ; les pattes de la première paire courtes ;
celles de la seconde très longues, à petites articulations, les
autres, grêles et crochues ; le dernier segment de l'abdomen
terminé par quatre pointes ; les écailles caudales sont ovales
oblongues, pointillées de rouge, la plaque du milieu courte,
solide, hérissée de poils rudes au sommet et garnie de pointes
à sa base.

La femelle pond des œufs jaune-verdâtre plusieurs fois dans
l'année. Long. 0,046, larg. 0,010. Séj. Régions des algues. App.
Chaque saison.

95. N. SINUOLATA (N.), N. sinueuse.

*N. Corpore albo, rubro punctato ; manibus subæqua-
libus.*

Riss., *Hist. nat. des crust.*, 87, 3.

Le corselet de cette espèce est traversé de sinuosités régulières
au milieu et terminé par trois pointes inégales ; son corps est
d'un blanc transparent ; couvert de petits points carmins ; les
antennes intérieures ont un filet extrêmement long, l'autre fort
court ; tous les deux implantés sur un pédicule cylindrique armé
de deux pointes ; les pièces latérales sont ovales ; les pieds mâchoires assez longs ; les pattes de la première paire presque
aussi longues que celles de la seconde ; les autres sont parsemées de poils ; le dernier segment de l'abdomen porte un ai-

guillon de chaque côté ; les écailles caudales sont lancéolées, bordées de poils ; la plaque du milieu terminée par deux pointes ... La femelle ne présente aucune différence. Long. 0,026 larg. 0,003. Séj. Dans les fucus du rivage. App. Mai.

*Remarques.*

Les espèces de ce genre, que j'ai établi en 1813, et que M. Leach a nommé *Processa* quatre années plus tard, sont des crustacés à test très lisse, luisants, agréablement variés de différentes couleurs, et remarquables par la singulière conformation de leur première paire de pattes, dont une seule est constamment monodactyle, ou terminée par un seul crochet, et l'autre toujours didactyle ou en forme de pince. Ce caractère, auquel on a d'abord peine à ajouter foi, est cependant fixe et constant dans les espèces qui constituent ce nouveau genre, et dont j'ai observé beaucoup d'individus. Ces animaux s'écartent bien peu, par leur forme et la disposition de leurs organes, du mouvement de la plus grande partie des salicoques. Leur chair offre en tout temps un mets savoureux et agréable.

*Chaque patte des deux premières paires terminée de la même manière que sa correspondante.*

**AUTONOMÉA** (N.), Autonomée.

*Pedum par antiquum latum, aculeatum, didactylum ; quatuor alia simplicia.*

Première paire de pattes terminée par une main didactyle, les autres simples. (LATR.)

236. A. OLIVII (N.), A. d'Olivi.

Oliv., *Zool. adr.*, 51, 3, 4. Riss., *Hist. nat. des crust.* 166,

Son corps est alongé, glabre, nuancé de plusieurs teintes rou-

ges, jaunâtres, sur un fond transparent; le corselet, un peu renflé, est traversé d'un sinus finement tacheté, terminé par une
pointe droite; l'œil est globuleux, presque sessile; les antennes
intérieures sont formées d'une base triarticulée, dont l'article inférieur est renflé, aiguillonné, l'intermédiaire cylindrique et le dernier court, terminé par deux filets inégaux; les extérieures sont
fort longues, multiarticulées, à base garnie d'une touffe de poils
rudes; les palpes sont petites, écartées, anguleuses; les pieds mâchoires plus longs et ciliés; les pièces latérales étroites, presque
aiguës; la première paire de pattes grosse, épaisse, à six articles,
l'inférieur quadrangulaire, celui qui suit à peu près cylindrique; le troisième anguleux, terminé en pointe; le quatrième
à trois angles, muni de huit aiguillons sur une des arêtes; le
cinquième en cœur renversé, et le dernier fort long, aplati, avec
une ligne relevée au milieu de sa surface inférieure; les dents
sont crochues et poilues à l'extrémité; les autres pattes sont
courtes, minces, à crochets simples; l'abdomen est composé de
six segments lisses, festonnés sur leurs bords; la plaque du milieu est tronquée au sommet, avec une petite pointe de chaque
côté; les écailles natatoires, arrondies et ciliées.

La femelle porte des œufs rougeâtres vers le milieu de l'été.
Long. 0,034, larg. 0,008. Séj. Régions des algues. App. Printemps, été.

### Remarques.

La forme du corps de ce crustacé le rapproche beaucoup
des nikas et des alphées, mais il diffère néanmoins des
premiers par la conformation de sa première paire de
pattes, et des autres en ce qu'il a la seconde paire de pieds
simple. A ces caractères on peut ajouter que l'autonomée
est fort rare sur tous les bords de la Méditerranée boréale;
que la grandeur de ses pinces varie selon le sexe, et que
l'âge paraît ne pas influer sur leur dimension.

### ALPHEUS (FAB.), Alphée.

Les quatre pattes antérieures terminées par une main à
deux doigts très distincts.

97. A. LEVIRHINCUS (N.), A. bec lisse.

*A. Nigra, albo punctata; rostro parvo, subulato, subtus infraque levi.*

Riss., *Hist. nat. des crust.*, 108, 9.

Un noir foncé, parsemé de quelques taches blanchâtres, couvre son corps; le corselet est garni de deux pointes, avec un petit rostre subulé, lisse et sans dents; l'œil est brillant; les antennes extérieures assez longues; les pièces latérales bi-épineuses; la première paire de pattes courte, la seconde noirâtre, pointillée de gris; les autres, annelées de blanc et de violet; l'abdomen terminé en pointe sur les côtés; les écailles caudales oblongues, bordées de poils; la plaque du milieu subarrondie, liséréc de blanc, terminée par quatre filets.

La femelle pond des œufs noirâtres au printemps. Long. 0,034, larg. 0,005. Séj. Régions des algues. App. Mars, mai.

98. A. MARGARITACEUS (N.), A. nacré.

*A. Margaritacea, cæruleo punctata; rostro subulato, supra levi, infra bidentato.*

Riss., *Hist. nat. des crust.*, 108, 8.

Son corps est nacré, transparent, parsemé de points bleus, à corselet lisse, marbré de brun et de rougeâtre, garni d'un aiguillon de chaque côté, avec un rostre subulé, plus long que les pièces latérales, uni en dessus, bidenté en dessous; les antennes intérieures courtes; les extérieures très longues; la première paire de pattes semblable à la seconde; le dernier segment de l'abdomen orné de deux épines; à écailles natatoires d'un rouge pâle, et la pièce du milieu marquée de quatre taches foncées.

La femelle est pleine d'œufs blanchâtres, sur la fin du printemps. Long. 0,040, larg. 0,006. Séj. Endroits rocailleux. App. Mai, juin.

99. A. OLIVIERI (N.), A. d'Olivier.

*A. Viridi cæruleo punctata; rostro parvo, recto, supra levi, infra tridentata.*

Riss., *Hist. nat. des crust.*, 107, 7.

C'est au savant auteur de l'Histoire des insectes que je dédie
cette espèce. Sa couleur est d'un beau vert de pré, parsemé de
points bleu céleste; le corselet est muni de deux pointes, terminé par un rostre droit, lisse, mais denté en dessus; tridenté
en dessous, de la longueur des pièces latérales; les antennes intérieures à filets courts; la première paire de pattes renflée, moins
longue que la seconde; l'abdomen à six segments comprimés; les
écailles caudales transparentes, ciliées de rouge; la plaque du
milieu en forme de triangle aigu, avec quatre pointes.

La femelle est pleine d'œufs verdâtres, au printemps. Long.
0,042, larg. 0,004. Séj. Dans les f̣cus. App. Avril, mai.

100. A. INSIFERUS (N.), A. porte-glaive.

*A. Rubro-carnea; rostro longiore, supra quinquedentato, infra quadridentato.*

Riss., Hist. nat. des crust., 106, 6.

Cette espèce est d'un rouge carmin luisant; son corselet est
garni sur le devant de quatre longues pointes; il est terminé par
un rostre recourbé, à cinq dents en dessus, quadridenté en dessous; l'œil est noirâtre, placé sur un pédicule aplati; les antennes
extérieures sont deux fois plus longues que le corps; les écailles
caudales sont unidentées au sommet; la plaque du milieu conique.

La femelle porte des œufs rougeâtres en été. Long. 0,115, larg.
0,020. Séj. Régions des coraux. App. Juillet, août.

101. A. COUGNETI (N.), A. Cougnet.

*A. Rubra, albo lineata; rostro parvo, supra septem-
dentato, infra bidentato.*

Riss., Hist. nat. des crust., 106, 5.

Le corps de cet alphée est d'un rouge corail pâle, traversé
dans toute sa longueur de bandes blanches; le corselet est muni
près des yeux d'une pointe aiguë; le rostre très court, à sept
dents en dessus, deux en dessous; les pièces latérales ont deux
aiguillons d'un côté, et ciliées de l'autre; les antennes intérieures
sont placées sur un pédicule renflé; la première paire de pattes
plus courte que la seconde; le dernier segment de l'abdomen

supporte deux épines, les écailles natatoires sont égales, ciliées, les deux latérales dentées.

La femelle est pleine d'œufs jaunâtres en été. Long. 0,054, larg. 0,010. Séj. Régions madréporiques. App. Juin, août.

102. A. AMETHYSTEA (N.), A. améthyste.

*A. Alba, amethystea, fasciata ; rostro lato, supra octodentato, infra quadridentato.*

Cet alphée est d'un blanc translucide, orné de plusieurs bandes de points améthyste, qui forment différents groupes ; le corselet est muni de deux taches et d'une bande transversale de petits points violâtres lisérés de jaune ; le rostre est large, blanc, à huit dents en dessus, quatre dents en dessous ; l'œil est petit, les antennes intérieures courtes ; les extérieures d'un rouge violet ; les pièces latérales ovales, armées de deux pointes ; la première paire de pattes courtes, annelées de violet ; la seconde plus longue ; l'abdomen traversé par quatre bandes de points améthyste et jaune, dont celle du milieu triangulaire ; les écailles caudales sont ovalaires, ciliées ; la plaque intermédiaire courte, dentelée, terminée par plusieurs pointes.

La femelle joint à la parure du mâle quatre bandes azurées ; elle est pleine d'œufs verdâtres au printemps. Long. 0,040, larg. 0,008. Séj. Rochers peu profonds. App. Toute l'année.

103. A. ELONGATUS (N.), A. effilé.

*A. Virescente, rubro punctata ; rostro elongato, supra unidentato, infra bidentato.*

Un corps mince, effilé, d'une couleur verdâtre, couvert régulièrement de petits points rouges, caractérise d'abord cette espèce, dont le corselet, muni de quatre pointes, présente un rostre alongé, subtil, unidenté en dessus, bidenté en dessous ; les antennes intérieures ont leurs filets égaux ; la première paire de pattes est courte, plus renflée que la seconde ; l'abdomen terminé par des écailles plus longues que la plaque intermédiaire, qui finit en pointe.

La femelle est pleine d'œufs verdâtres au printemps. Long. 0,028, larg. 0,003. Séj. Dans les fucus. App. Mars, avril.

104. A. SCRIPTUS (N.), A. écrit.

*A. Elongata, alba, ruberrimo punctata; rostro supra decemdentato, infra tridentato.*

Diffère des précédents par son corps alongé, d'un blanc mat, parsemé de points rouges; par son rostre à dix dents aiguës en dessus, tridenté en dessous; sa première paire de pattes courte, la seconde très épaisse, annelée de jaune et de violet; par son abdomen traversé en dessus par trois bandes de points rouges; celui du milieu forme la lettre V; par ses écailles caudales, oblongues, tachetées de rouge, et la plaque intermédiaire terminée par deux pointes.

La femelle a le ventre orné de chaque côté de traits en forme de lettres; ses œufs sont blanchâtres, peu nombreux. Long. 0,030, larg. 0,005. Séj. Rochers du rivage. App. Avril, mai.

### Remarques.

Les alphées sont les crustacés les plus nombreux en espèces, et qui paraissent répandus avec la plus grande profusion dans notre mer. Les caractères que ces animaux présentent sont plus que suffisants pour autoriser à les séparer de tous les genres que nous venons de décrire.

### HIPPOLYTES (LEACH.), Hippolyte.

Les quatre pattes antérieures didactyles; la première paire plus longue, fort épaisse, à main dont le doigt fixe est long, crochu et velu. et le doigt mobile très-court.

105. H. VARIEGATUS (N.), H. varié.

*H. Oblonga, rotundata, grisco-virescente, luteoque variegata; brachio sinistro majore. N.*

Riss., *Hist. nat. des crust.*, 85, 2.

Son corps est un peu renflé, arrondi, coloré de gris, de vert, de jaune rougeâtre, avec une petite ligne au milieu du dos; le corselet est lisse, terminé sur le devant par trois pointes, dont les deux latérales plus courtes; l'œil est placé sur un court pé-

dicule; les antennes intérieures sont verdâtres, les extérieures
fort longues; les écailles oblongues, courtes, ciliées; la première
paire de pattes inégale, épaisse, à quatrième articulation renflée,
aplatie, avec de fortes dents munies de poils rudes; la seconde
paire est très subtile; les autres sont minces, unidentées et poileuses; l'abdomen terminé de chaque côté par une longue pointe;
les écailles caudales sont oblongues, ciliées; la plaque du milieu
courte, aplatie, armée en dessus de six aiguillons, et terminée
par des soies roides.

La femelle dépose des œufs verdâtres au printemps et en été.
Long. 0,025, larg. 0,008. Séj. Trous des rochers du rivage sub-
mergé. App. Toute l'année.

## Remarques.

La singulière propriété que possède cet Hippolyte de
faire entendre un bruit semblable à un petit cri qu'il
produit par le frottement des doigts de sa première paire
de pattes lui a fait donner le nom vulgaire de *grillet*. Cet
animal habite les interstices des rochers du rivage, et,
quand la mer effectue son reflux, et qu'il reste à sec, on
entend de tous côtés son bruissement extraordinaire; mais
il est assez difficile de pouvoir l'atteindre. Sa chair est
peu estimée.

## PANDALUS (LEACH.), Pandale.

Les deux premières pattes faiblement didactyles; les
deux suivantes dentées en serre; pieds, mâchoires anguleux; derniers segments de l'abdomen carénés. N.

106. P. PELAGICUS (N.), P. pélagique.

*P. Arcuata, ruberrima; rostro canaliculato, supra
quinquedentato, infra bidentato.*

Cette singulière espèce présente un corps arqué, comprimé,
d'un rouge corail vif; son corselet est alongé, orné sur les côtés
d'une suture courbe, avec quatre aiguillons et un rostre cannelé,
quinquedenté en dessus, bidenté, et cilié en dessous; l'œil est

grand, bleu noirâtre; les antennes intérieures longues, placées sur un pédicule triarticulé; les pièces latérales striées, avec un aiguillon; les pieds mâchoires triangulaires; les deux premières paires de pattes courtes, minces; les autres un peu plus longues; l'abdomen a six segments comprimés, terminé par des écailles caudales ovales oblongues, ciliées; la plaque du milieu courte, solide bombée et aiguë.

La femelle pond des œufs d'un rouge vif en été. Long. 0,096, larg. 0,009. Séj. Abîmes rocailleux. App. Juillet, août

107. P. PUNCTULATUS (N.), P. pointillé.

*P. Albo livido, rubro fusco punctato; rostro supra decemdentato, infra unidentato.*

Son corps est d'un blanc livide, traversé sur le dos et les flancs de bandes rouge brun, formées d'une réunion de petits points; le rostre est court, à dix dents en dessus, unidenté en dessous, traversé à sa base d'un sillon profond; l'œil est gros; les antennes intérieures très courtes, de la longueur des pièces latérales, qui sont ovales oblongues; les extérieures fort longues, d'un blanc mat; les deux premières paires de pattes assez longues; l'abdomen terminé par des écailles caudales d'un bleu violet; la plaque du milieu munie de sept pointes à la sommité.

La femelle est pleine d'œufs incolores en été. Long. 0,130, larg. 0,025. Séj. Régions sablonneuses profondes. App. Août, septembre.

## Remarques.

Les pandales diffèrent des alphées, avec lesquels ils ont le plus de rapport, par un *fasciès* différent : un rostre plus court, les pattes antérieures peu fendues, les troisième et quatrième paires dentées en serre vers leur face postérieure; tels sont les traits qui les distinguent. Ces animaux se tiennent presque toujours dans les profondeurs les plus considérables, et ne s'approchent que fort rarement du rivage. Je suis presque certain qu'ils vivent solitaires, car on n'en prend jamais qu'un ou deux à la fois. Leur chair est fort bonne.

*Un appendice sétacé, fort long à la base postérieure des pattes ; les trois paires postérieures presque capillaires ou sétacées, uniquement natatoires.*

## Pasiphae (sav.), Pasiphaé.

Corps très comprimé ; pieds mâchoires inférieurs longs, tronqués au sommet ; antennes mitoyennes à deux filets ; les deux premières paires de pattes grandes, presque égales, didactyles ; carpe inarticulé.

### 108. P. sivado (n.), P. sivade.

Riss., *Hist. nat. des crust.*, 93, 4, 3, 4.

Le corps de ce crustacé est alongé, étroit, mou, arqué, d'un blanc un peu nacré, transparent, liséré de rouge dans toutes ses articulations ; à corselet lisse, terminé sur le devant par une pointe au milieu, et deux latérales plus avancées ; les yeux sont noirs, presque réunis, situés chacun sur un court pédicule ; les antennes inférieures très longues, rougeâtres, avec les écailles lancéolées, ciliées, épineuses au sommet ; les pieds mâchoires inférieurs rouges, poileux ; les deux premières paires de pattes épineuses, d'un rouge pâle, avec de longues pinces crochues ; les autres effilées, très minces ; l'abdomen composé de six segments ; le dernier terminé en pointe ; les écailles caudales sont oblongues, ciliées, pointillées de rouge ; la plaque du milieu courte, conique, sinuée, armée de petits aiguillons au sommet.

La femelle dépose ses œufs nacrés vers la fin du printemps. Long. 0,070, larg. 0,010. Séj. Plage de galets. App. Toute l'année.

### Remarques.

M. Savigny a publié avant moi ce genre, dont le type est l'Alphée sivade, que j'ai fait connaître anciennement dans mon histoire des crustacés. Le Pasiphaé est fort commun sur nos plages de galets, où il sert de proie à une infinité de poissons qui effectuent au printemps leur voyage ; sa chair est presque sans goût et de peu de valeur.

### QUATRIÈME SECTION.

Les schizopodes ont les pieds grêles, soyeux, uniquement propres à la natation, plus ou moins profondément bifides; un corps mou et des yeux presque sessiles.

### PRANIZA (LEACH.), Pranize.

Quatre antennes inégales, sétacées; corps alongé, bombé; tête prolongée au-devant en bec pointu; queue étendue, à plusieurs segments; dix pieds, très éloignés les uns des autres.

*Écailles caudales sans filets.*

109. P. **VENTRICOSA** (N.), P. ventrue.

*P. Corpore diaphano, abdomine magno, ovato rotundato; segmentis quinque in cauda.*

Son corps est oblong, diaphane, les yeux noirs, rapprochés; les antennes intérieures courtes, soyeuses; les extérieures longues, géniculées au milieu, filiformes au sommet; le corselet est lisse, comme divisé en trois anneaux, sous chacun desquels est implantée une paire de pattes; le ventre gros, ovale, arrondi, muni d'une paire de pattes vers le milieu des côtés latéraux, et d'une autre paire vers la commissure de l'abdomen et de la queue; celle-ci est étroite, alongée, composée de cinq segments, garnie en dessous de lames natatoires, et terminée par trois écailles caudales dilatées.

La femelle porte de petits œufs jaune transparent. Long. 0,008, larg. 0,003. Séj. Tufs madréporiques. App. Toute l'année.

*Écailles caudales avec des filets.*

110. P. **PLUMOSA** (N.), P. plumeuse.

*P. Corpore albo, abdomine parvo, segmentis septem in cauda.*

Cette espèce est alongée, lisse, comprimée latéralement, d'un blanc mat, à corselet convexe, large, épais, luisant, occupant plus de la moitié de la longueur du corps ; les yeux sont gros, rouges ; les antennes intérieures longues, inégalement bifides, situées sur un pédicule cylindrique ; les inférieures courtes, soyeuses et plumeuses ; la première paire de pattes est fort longue, les autres ciliées ; les trois paires inférieures, minces, subtiles ; l'abdomen petit ; la queue composée de sept segments égaux, garnis au sommet de deux écailles caudales triangulaires, terminées par de longs filets.

La femelle pond en été. Long. 0,008, larg. 0,003. Séj. Plantes du rivage. App. Mars, juillet.

### 111. P. mesasoma (n.), P. mesasome.

*P. Corpore flavescente, fusco punctulato ; abdomine maximo ; segmentis quinque in cauda.*

Diffère de l'espèce précédente par son corps plus effilé ; moins long, jaunâtre, pointillé de brun, muni d'un très gros ventre ; les yeux sont noirs, médiocres ; les antennes sont d'un jaune pâle et la queue composée de cinq segments presque égaux, munie au sommet d'écailles caudales aiguës, ornées de filets.

Je ne connais pas la femelle. Long. 0,005, larg. 0,002. Séj. Régions des algues. App. Au printemps.

### *Remarques.*

Ces crustacés sont très petits, et par conséquent d'aucune utilité pour l'habitant des côtes. La première espèce vit en famille dans les interstices des tufs madréporiques qui se forment journellement dans nos grandes profondeurs ; elle est fort agile, et s'attache quelquefois aux branchies du *Physis tinea,* qui fréquente ces régions : la seconde ne se plaît qu'à un mètre environ de profondeur, et choisit toujours les anses où les eaux calmes et tranquilles ne sont troublées par aucun vent. Ces crustacés restent pour l'ordinaire cramponnés sur les fucus et les corallines ; quand ils les quittent, ils nagent avec une extrême vivacité, et si on veut les saisir, ils s'échappent rapidement à travers les plantes avec une souplesse éton- nante. Je n'ai jamais pu saisir le moment de leur accou- plement, mais j'ai des motifs de croire qu'il a lieu en même temps que celui des Talitres. Leur ponte est de 24 à 36 petits œufs jaune aurore, que les femelles portent jusqu'à l'époque de leur développement; elles paraissent même ne pas abandonner les petits après leur naissance, car j'ai re- marqué plusieurs fois vers la fin du mois de juin ces ani- maux, très inégaux en grandeur, grimper ensemble par petites bandes autour des plantes marines. Les branchies des Pranizes semblent être attachées aux pattes, qui servent non seulement d'organes de natation, mais aussi de respi- ration.

### NEBALIA (LEACH.) , Nébalie.

Quatre antennes inégales, les intermédiaires courtes, insérées au-dessus des yeux, les extérieures longues, sim- ples, sétacées; corps en bouclier bombé, courbé; rostre aigu; queue à segments visibles, terminée par deux ap- pendices multiarticulés; huit à dix pieds fort rapprochés les uns des autres.

112. N. STRAUS (N.), N. de Straus.

*N. Corpore oblongo, glaberrimo, pellucido, lutescente succineo; segmentis quatuor in cauda appendiculata.*

Le corps de cette belle espèce, que M. Straus se propose de publier dans tous ses détails anatomiques, est alongé, très lisse, luisant, d'un jaune clair succin, composé de trois parties dis- tinctes : la première, ou le corselet, est un grand bouclier pres- que ovale, qui porte à son extrémité les deux paires d'antennes, les pieds mâchoires, les branchies et la première paire de pattes natatoires; la seconde partie du tronc, ou l'abdomen, est formée de trois segments mobiles, comme dans les cyclopes, munis cha- cun d'une paire de pattes natatoires; la troisième, qui est la queue, est garnie de quatre articles arrondis, mobiles, ornés de très petites fausses pattes natatoires, dont le dernier se termine par deux appendices ciliés ; la tête est distincte , immobile, triangulaire, recourbée en pointe sur la poitrine ; les antennes de la première paire sont placées immédiatement en arrière de la tête, et sous le bouclier; elles sont formées de deux grands articles, dont le second est cilié sur ses bords , et terminé par une longue soie multiarticulée et ciliée , seule visible à l'extérieur ; les antennes de la seconde paire, placées en dessous des premières, sont plus petites, composées de quatre articles, dont les trois derniers sont ciliés ; le troisième est muni vers sa partie postérieure d'un appendice filiforme, composé de six articles ; les pieds mâchoires portent de larges lames branchiales non digitées ; les yeux sont latéraux, réniformes, très grands. Les pattes, au nombre de quatre paires, sont composées chacune de deux pièces : la première ou la hanche est très courte ; la seconde ou la cuisse est fort grande, et dirigée obliquement en avant, terminée par deux branches ciliées, dont l'extérieure est plus large et plus courte que l'intérieure. Ces pattes ne peuvent servir qu'à la natation. Long. 0,006. Séj. Régions madréporiques. App. Presque toute l'année.

## ORDRE SECOND. — CRUSTACÉS, STOMAPODES.

Un palpe aux mandibules; yeux pédiculés; tête séparée du thorax; branchies en forme de panaches situées sous l'abdomen, attachées aux fausses pattes.

### PREMIÈRE SECTION.

Les squillares ont les antennes mitoyennes à trois filets.

#### SQUILLA ( FAB. ) , Squilles.

Tronc alongé; antennes extérieures longues, simples, munies d'une écaille foliacée oblongue à leur base. N.

113. S. MANTIS , S. mante.

*S. Corpore albo, supra lineis plurimis longitudinalibus elevatis; pollicibus sexdentatis.*

Lin., 2990, 76. Fab., 416. Herb., 33, 1. Latr., 1, 58. Riss., *Hist. nat. des crust.*, 115, 1. Lam., 5, 187. 1.

On distingue cette squille à son corps blanc nacré, nuancé de bleu, de violet et d'outremer; le corselet est terminé par deux pointes, les yeux d'un vert doré, les écailles ovales oblongues, ciliées; la première paire de pattes armée de six aiguillons crochus, disposés en dents de peigne, les autres courtes, d'un vert de mer, et poilues au sommet; six arêtes terminées en pointe sur chaque segment de l'abdomen, le dernier caréné, orné de deux taches bleu violet irisées de blanc, bordé d'aiguillons; les écailles caudales composées de trois pièces, l'extérieure ovale oblongue, épineuse à sa base, l'intermédiaire solide, à deux piquants, la dernière ciliée.

La femelle porte de longs appendices sur le ventre. Long. 0,190, larg. 0,030. Séj. Moyennes profondeurs. App. Printemps, automne.

### 114. S. Desmaresti (n.), S. de Desmarets.

*S. Corpore fulvo, dorso levi; lineis utrinque duabus lateralibus longitudinalibus elevatis; pollicibus quinque dentatis.*

Riss., *Hist. nat. des crust.*, 114, 2, 3, 8.

Un jaune fauve teint le corps de cette espèce; son corselet est sillonné, les yeux marbrés de gris, les écailles latérales linéaires ciliées de rose; la première paire de pattes armée de cinq aiguillons subtils, disposés en dent de peigne, les autres courtes, jaunâtres, poilues; les segments abdominaux munis de chaque côté de deux arêtes, le pénultième de quatre, et le dernier caréné au milieu, terminé en pointe aiguë, bordé sur son contour de six fortes dents et d'une dentelure solide; à écailles caudales médiocres, l'extérieure linéaire, l'intermédiaire à deux aiguillons, l'intérieure ciliée de rose.

La femelle est pleine d'œufs jaune brun, en mars et août. Long. 0,090, larg. 0,020. Séj. Rochers peu profonds. App. Toute l'année.

Var. I. Une variété d'un rouge et d'un rose tendre se trouve dans les rochers coralligènes.

Var. II. On trouve des individus d'un jaune foncé dans les algues près du rivage.

115. S. EUSEBIA (N.), S. pieuse.

*S. Corpore rubro, glaberrimo; pollicibus decemden-*
*tatis.*

Riss., *Hist. nat. des crust.*, 115, 3.

Dans cette espèce, la tête est terminée par une longue pointe; le corselet est presque aplati, oblong, glabre, pointillé de brun; les yeux sont verdâtres; les écailles latérales ovales, ciliées; la première paire de pattes assez longue, filiforme, armée de dix aiguillons fort subtils, disposés en dents de peigne, les autres pattes courtes, nacrées; les segments abdominaux glabres, arrondis, peu bombés, d'un rouge aurore, pointillés de brun, les trois premiers moins renflés que ceux du milieu, le dernier armé de six petites pointes de chaque côté et de huit à peine apparentes à la sommité; les écailles caudales ovales, ciliées; l'intermédiaire à deux pointes, la dernière fort petite.

La femelle porte des œufs transparents en juin. Long. 0,040, larg. 0,010. Séj. Plage des galets. App. Printemps, été.

## *Remarques.*

Les squilles ont un caractère commun qui les rend très remarquables; c'est que leur première paire de pattes est terminée par des pointes crochues disposées en forme de dents de peigne. Ces animaux se tiennent le plus communément dans les profondeurs de trente à soixante mètres, et choisissent les endroits fangeux, où ils trouvent une nourriture plus abondante et plus assurée. L'époque de leur réunion est le printemps; les femelles se cachent sous les rochers quand elles veulent se débarrasser de leurs œufs: aussi est-il très difficile alors de les prendre. La jolie espèce que j'ai dédiée à mon ami Desmarest est beaucoup plus répandue dans notre mer que la mante. Celle que je nomme pieuse, dont on pourrait à la rigueur former un genre, quitte rarement les profondeurs qu'elle a choisies pour demeure. Toutes les trois ont leur enveloppe mince, ferme et luisante; leur natation est à peu de chose près semblable à celle des homardiers, mais elles font moins usage que ceux-ci de leurs pattes pour se traîner. Leurs œufs sont disposés sous les appendices de l'abdomen, comme ceux des langoustes. Leur chair est fort bonne, et sert journellement de nourriture. Les squilles paraissent être fort craintives, et fuient au fond de l'eau quand on les poursuit; on les prend souvent, dans tout notre golfe, avec le filet dit *rasteo* et *savega.*

## DEUXIÈME SECTION.

Les phyllosomes ont les antennes mitoyennes à deux filets inégaux.

### Chrysoma (n.), Chrysome.

*Testa ellipsoïdea; antennæ exteriores breves, acumi-natæ, interiores filiformes; articulis quinque, ultimo setis duobus acuminatis instructo.*

Tronc ellipsoïde; antennes extérieures courtes, subu-lées, aiguës, sans écailles foliacées à leur base. Les in-térieures, filiformes, à cinq articles, le dernier divisé en deux.

### 116. R. mediterranea (n.), R. méditerranéenne.

*R. Testa glaberrima, pellucida; lineolis a centro usque ad marginem radiantibus.*

Son corps est ovale en travers, mince, très aplati, foliacé, transparent, lisse, traversé de lignes à peine apparentes, qui s'éten-dent de la circonférence au centre; les antennes extérieures sont so-lides, biarticulées, ornées d'une pointe en dehors; les intérieures, moins longues, ont chacune cinq articles inégaux; celui du sommet à deux filets inégaux; les yeux en massue sont facettés, noirâtres; situés sur un support étroit à six articulations presque égales; la bouche est arrondie, jaunâtre, située au bas du disque ellipsoïde avec un petit pied mâchoire bifide de chaque côté; la queue est subcordiforme, plus étroite que le corselet, diminuant insensible-ment vers l'extrémité réunie au corps, traversée vers son milieu de six segments dont le dernier terminé par cinq petites nageoi-res arrondies, les deux intermédiaires armés d'une pointe; elle

est munie en dessous de trois paires d'appendices latéraux, avec
cinq pointes aiguës de chaque côté ; les pattes, au nombre de
cinq paires, sont subtiles, translucides, tachées de rouge, composées chacune de cinq articles inégaux, les deux premiers garnis
d'un aiguillon ; entre le troisième et le quatrième article se trouvent de longs appendices plumeux, ciliés, très mobiles ; le dernier
article finit par un seul crochet ; la dernière paire de pattes seule
est bifide au sommet ; elle est suivie d'une fausse paire de pattes
courte, quadriarticulée. Long. 0,024, larg. 0,030. Séj. Surface
des eaux. App. Juin, juillet.

### Remarques.

Dès l'année 1815 j'avais trouvé dans nos mers ce crustacé extraordinaire, que j'avais consigné dans mon ma-
nuscrit sur l'histoire des crustacés, sous le nom de *Chry-
soma*. Quelques années après plusieurs de ces animaux
de la même tribu furent établis en genre sous le nom de
*phyllosomes* par M. Leach.

Le chrysome de la Méditerranée, aussi mince qu'une
lame de mica, transparent comme le cristal le plus pur,
est composé de deux parties principalement apparentes ;
la première, ellipsoïde, ne renferme que les antennes,
les yeux, des bulles d'air, et quelques vaisseaux intérieurs
transparents ; la seconde, subcordée, contient tous les
autres organes. La vivacité de ce petit animal est extraordinaire ; il vit long-temps hors de l'eau, en agitant continuellement les appendices plumeux de ses cuisses ; malgré
cette vivacité, sa natation est assez gracieuse ; il ne cesse
de remuer les appendices de ses pieds, et d'ouvrir de
temps en temps l'ouverture de sa bouche. Sa nourriture
consiste en molécules médusaires qu'on trouve si abon-
damment dans toutes nos eaux.

## ORDRE TROISIÈME. — CRUSTACÉS AMPHIPODES.

Mandibules palpigères ; yeux sessiles, immobiles ; tête distincte du tronc ; branchies en forme de filets attachées aux pattes.

### PREMIÈRE SECTION.

Les phronimes ont deux antennes simples.

### PHRONIMA (LATR.), Phronime.

Corps mou, demi-cylindrique ; tête grosse ; dix pattes, la troisième paire didactyle ; dernier article de la queue muni d'appendices en forme de stylets.

117. P. SEDENTARIA, P. sédentaire.

*P. Corpore maximo, margaritaceo, punctis rubris ornato; pedibus tertio pari longissimo, crasso.*

Latr., 1, 56, 1, 2. Forsch., 95. Herb., 36, 8, Riss., 120, 1.

Le corps de cette espèce est mou, transparent, nacré et ponctué de rouge ; le corselet est lisse, formé de plusieurs segments ; la tête est grosse, prosciforme, plane en devant, arrondie au sommet, pointillée de rouge sur les côtés ; l'œil noir, sessile, les pattes sont tachetées de rouge de laque, la troisième paire est fort longue, épaisse, à pinces arquées, inégales ; l'abdomen est convexe, composé de quatre segments terminés en pointe ; la pièce de l'extrémité de la queue sert de support aux appendices bifides qui la terminent. Long. 0,060, larg. 0,010. Séj. Dans les pyrosomes et les berroés. App. Printemps.

118. P. CUSTOS (N.), P. sentinelle.

*P. Corpore lineari, diaphaneo; pedibus tertio pari longiore, æqualibus didactylis.*

Riss., *Hist. nat. des crust.*, 121, 2, 2, 3.

Cette phronime a le corps linéaire, cylindrique, diaphane; le corselet est formé de très petits segments; sa tête est conique, plane sur le devant; l'œil noir, sessile; les pattes sont filiformes, la troisième paire est un peu plus longue que les autres, et armée de pinces égales, les postérieures sont courtes et grêles; l'abdomen est composé de quatre longs segments; la queue se termine par une petite plaque qui sert de support à des appendices bifurqués. Long. 0,040, larg. 0,004. Séj. Dans les équorées et les géronies. App. Printemps.

### Remarques.

Le nom donné à la première espèce de phronime a rapport à l'habitude qu'elle a de s'emparer des divers radiaires mollasses qu'elle rencontre pour fixer son domicile dans leur corps. Semblables aux argonautes et aux carinaires, ces crustacés viennent pendant le calme des eaux, dans la belle saison, voyager dans ces nacelles vivantes, sans se donner le soin de nager : néanmoins, lorsqu'ils veulent plonger, ils rentrent dans leur gîte, et se laissent tomber par le seul effet de la pesanteur. Ces animaux, qui se nourrissent d'animalcules, ne se montrent à la surface de la mer qu'à la fin du printemps, et restent dans les profondeurs un peu vaseuses pendant tout le reste de l'année; leur manière de se propager nous est encore inconnue, mais il est certain que les femelles ne portent pas leurs œufs sur un de leurs côtés, comme le font les pagures, quoiqu'elles aient, comme ceux-ci, l'habitude de se loger dans les dépouilles des corps vivants.

### Phrosina (n.), Phrosine.

*Testa subsolida, oblonga; caput mediocre; pedes decem monodactyli; abdomen articulo, ultimo rotundato.*

Corps assez solide, oblong; tête moyenne; dix pattes, toutes monodactyles; dernier article de la queue arrondi, sans appendices.

119. P. SEMILUNATA (N.), P. en croissant.

*P. Corpore lutescente, ruberrimo; capite cornuto; oculis minimis.*

Cette Phrosine a le corps renflé antérieurement, coloré de jaune, plus étroit en arrière, teinté de pourpre; sa tête est arrondie en dessus, ornée au milieu de deux pointes rouges en forme de croissant; le front est tronqué, sinué, le museau pointu, les yeux petits, sphériques, noirs, garnis en dessus d'une tache oblongue; le corselet se divise en cinq anneaux arrondis, lisses, luisants, à peine séparés par des lignes transversales, dont les deux des extrémités arquées; les pattes ont cinq articles aplatis; la première paire est courte, mince; la seconde un peu moins longue que la troisième; l'avant-dernier article armé d'aiguillons; toutes les trois sont implantées, et correspondent chacune à la base des trois premiers anneaux; la quatrième paire de pattes est fort grande, à articulation inférieure large, longue, ovalaire; les deux suivantes sont triangulaires, garnies d'une pointe sur leurs angles; le quatrième article est ovale, hérissé sur une des faces de quatre aiguillons disposés en dents de peigne, le dernier se prolonge en pointe subtile, aiguë, courbée, semblable à une faux; la cinquième paire de pattes est un peu plus courte, mais égale à la précédente; la queue est un peu convexe, à cinq segments subquadrangulaires, aigus en dessous, le dernier terminé en pointe, avec les écailles caudales oblongues, ciliées, et la plaque du milieu courte et aplatie.

La femelle est munie de cinq rangs d'appendices alongés, ciliés; ses œufs sont transparents. Long. 0,020, larg. 0,007. Séj. Profondeurs sablonneuses. App. Avril.

120. P. MACROPHTHALMA (N.), P. gros œil.

*P. Corpore rubro, violaceo; capite hyalino, inerme; oculis maximis.*

Son corps est également renflé en devant, aminci vers la queue, mais coloré d'un rouge violet pourpre; sa tête est transparente, lisse, unie; le front arrondi; le museau plus aigu; les yeux fort gros, ovalaires, noirs; le corselet divisé en cinq anneaux à peine séparés par de légers sinus transverses, droits; les pattes ont chacune cinq articles subarrondis, le dernier aigu et crochu; chaque paire est insérée à la base des anneaux; la queue est peu convexe, composée de cinq segments subquadrangulaires, aigus à leur extrémité inférieure, le dernier subarrondi; les écailles caudales sont oblongues, et la plaque du milieu arrondie.

La femelle est pleine de petits œufs globuleux, en juillet. Long. 0,010, larg. 0,003. Séj. Sur le pyrosome élégant. App. Février, juillet.

## *Remarques.*

Ces nouveaux crustacés se placent naturellement dans l'ordre des amphipodes. Les caractères qu'ils présentent n'ayant rien de commun avec ceux qui distinguent les genres compris dans cette famille, j'en établis un nouveau sous le nom de *Phrosine*, pour les y placer. Ces animaux offrent plusieurs traits de conformation, et même quelques habitudes analogues à ceux des phronimes et des typhis; il semble même, en examinant ces genres, que la nature a suivi les mêmes règles pour les façonner, et n'a fait ensuite que modifier leurs organes suivant le rôle qu'elle voulut que chacun jouât dans les abîmes des mers. Les Phrosines diffèrent des phronimes par leur tête moins grosse, leur corps plus ferme, leurs pieds sans serres, et leur queue sans appendices : on ne pourra pas les confondre avec les typhis, parceque toutes leurs pattes sont monodactyles, et que le dernier article de leur queue est arrondi. Les Phrosines n'ont aucune arme offensive dans leurs organes du mouvement, si ce n'est cette longue pointe courbe, en forme de faux, qui termine leurs pattes. Leur tête, courbée sur la poitrine, se termine en un long museau; leur queue, qu'ils courbent à volonté sous le corselet, rejetée avec force en arrière, appuie sur la colonne d'eau qui les entoure, et par ce moyen ils traversent avec assez de vitesse l'espace qu'ils veulent parcourir. Ces animaux paraissent avoir des mœurs et des habitudes paisibles; la fin du printemps est l'époque de leurs amours. J'ai imposé à la première espèce le nom de Phrosine en croissant, parceque son front est orné de deux prolongements solides qui présentent cette forme ; le nom que j'ai donné à la seconde indique assez la grandeur extraordinaire des organes de la vue dans un animal aussi petit. La chair des Phrosines est tendre, d'un bon goût, et pourrait servir de mets à l'habitant des côtes de la Méditerranée, où elles se trouvent communément.

## TYPHIS (N.), Typhis.

*Testa solida, ovoïdea ; caput latum ; pedes decem, par primum didactylum ; abdomen articulo ultimo conico, acuto.*

Corps solide, ovoïde ; tête large ; dix pattes, la première paire didactyle ; dernier article de la queue conique, aigu, sans appendices.

### 121. T. OVOÏDES (N.), T. ovoïde.

Riss., *Hist. nat. des crust.*, 122, 1, 2, 9.

Le corps de cette espèce est ovoïde, lisse, d'un beau jaune clair et luisant, parsemé de petits points rougeâtres ; sa tête est oblongue, très large et tronquée sur le devant, ses yeux sont petits ainsi que ses antennes ; son corselet est composé de segments très rapprochés, qui sont munis sur leurs bords de lamelles sur lesquelles les pattes s'articulent ; la première paire est petite, presque aplatie, à cinq articles, dont le dernier est didactyle ; la seconde et la troisième paire sont un peu plus longues et monodactyles ; les deux derniers consistent en deux grandes et larges lames terminées par un crochet ; l'abdomen est convexe, composé de cinq segments arrondis, à lignes un peu arquées ; les écailles caudales sont petites, ovalaires, ciliées, la plaque du milieu est conique et aiguë.

Je ne connais pas jusqu'à présent la femelle. Long. 0,024, larg. 0,012. Séj. Moyennes profondeurs. App. Juin, juillet.

### Remarques.

Les typhis forment avec les phronimes et les Phrosines

un petit groupe de crustacés fort singuliers, qui ont pour caractère commun un test mince, lisse et luisant; un corps divisé en deux parties, l'antérieure beaucoup plus grosse et plus considérable que la postérieure, laquelle se plie à la volonté de l'animal sous le corselet; des palpes courts, qui entourent de petites mâchoires solides. Ils diffèrent entre eux par la forme de leur corps, la dimension de leur tête et la forme de leurs organes du mouvement. La main créatrice a voulu distinguer les typhis des phronimes en leur accordant une tête oblongue, arrondie au sommet, large et tronquée sur le devant; elle les a séparés des Phrosines en faisant leur première paire de pattes didactyles, et en donnant aux deux dernières la forme de grandes lames aplaties qui recouvrent toutes les autres pattes quand l'animal se tient en repos.

Ce singulier crustacé quitte très rarement les fonds sablonneux, sur lesquels il fait sa résidence ordinaire; et quand il vient nager à la surface de l'eau, si l'on s'apprête à le saisir, il replie sa queue sous son corps, et au moyen des larges lames foliacées de ses pattes postérieures, il cache tous ses organes et se forme en boule : alors il se laisse tomber au fond de l'eau. Sa natation est assez facile; on le voit voguer auprès des petites équorées, dont il fait sans doute sa nourriture; il ne se montre sur nos bords que pendant l'été, et dans les journées où la mer est parfaitement calme et tranquille; il est assez rare, et on le prend fort difficilement.

### DEUXIÈME SECTION.

Les crevettes ont quatre antennes simples.

*Les antennes supérieures plus longues que les inférieures.*

GAMMARUS (FAB.) , Crevette.

Corps oblong, comprimé, arqué, à plusieurs segments,

le dernier muni d'appendices et de filets bifides ; antennes
insérées entre les yeux, les supérieures ornées vers leur
base d'un filet sétacé ; les quatre pattes antérieures terminées par une main à doigt crochu mobile.

122. G. PULEX, C. des ruisseaux.

*G. Corpore lineari, ovato, griseo, nigrescente punc-
tulato; antennis pedibusque griseis pallidioribus.*

Fab., 2, 516. Lin. 1055. Riss., 128, 1. Geof. , 2, 667, 21, 6.

Son corps est linéaire, ovale, grisâtre, pointillé de noir; les
pieds minces, grêles, les deux premières paires courtes, et sont,
ainsi que les antennes, d'un gris pâle.

La femelle est pleine d'œufs au printemps. Long. 0,016, larg.
0,007. Séj. Nos eaux vives. App. Presque toute l'année.

VAR. I. On trouve des individus colorés d'un rouge pâle au
vallon obscur.

123. G. MARINUS (N.), C. marine.

*G. Corpore subovato, intense griseo; punctulis satu-
rate griseis ornato; antennis pedibusque pallidioribus.*

Diffère de la précédente par son corps un peu plus ovalaire,
d'un gris foncé, orné de petits points d'un gris moins intense ; les
antennes et les pieds sont beaucoup plus pâles, presque blanchâtres.

La femelle pond plusieurs fois dans l'année. Long. 0,020, larg.
0,004. Séj. Rivage de la mer. App. Presque toute l'année.

*Les antennes supérieures presque aussi longues que les
inférieures.*

ENONE (N.), Énone.

*Corpus elongatum, compressum, articulatum; styli
caudales inferiores, superioribus longiores; oculi magni,*

*reniformes ; antennæ superiores articulo primo elon-*
*gato, secondo quintuplo longiore, articulis aliis minu-*
*tissimis; antennæ inferiores articulo primo breve, secundo*
*valde elongato, articulis aliis exiguissimis; pedes æqua-*
*les, monodactyles.*

Corps alongé, comprimé, peu arqué, à dix segments,
le dernier muni de filets, dont les inférieurs sont plus
longs que les supérieurs; yeux gros, réniformes; antennes
supérieures à premier article alongé, le second cinq fois
davantage; le premier des inférieures très court, le second fort alongé, et le reste très menus; tous les pieds
égaux, monodactyles.

124. E. PUNCTATA (N.), E. ponctuée.

*E. Corpore hyalino, lutescente, lateribus rubro punc-*
*tatis; chelis minimis; pedibus, secundo pari, longis-*
*simis, apice ovatis, acutis.*

Son corps, d'un jaune transparent, est ponctué de rouge sur les
bords inférieurs; la tête est presque triangulaire, l'œil noir,
réticulé, réniforme; la première paire de pattes grêle, courte;
la seconde fort longue, à dernier article ovale, tacheté de rouge,
terminé par un crochet; les autres sont longues et égales. J'en
connais d'autres espèces.

La femelle porte des œufs transparents, en avril. Long. 0,015,
larg. 0,004. Séj. Loin des côtes. App. Printemps.

*Les antennes supérieures plus courtes que les inférieures.*

TALITRU (LAT.), Talitre.

Corps à segments pourvus d'écailles latérales; tête obtuse; les deux pattes antérieures onguiculées, plus grandes
que les deux suivantes, terminées par deux articles très
comprimés, le dernier en forme d'onglet obtus, les trois
dernières paires à crochet simple.

7

125. **T. LOCUSTA**, T. locuste.

*T. Corpore glaberrimo, nitidissimo, hyalino, pallido, testaceo; oculis purpureo-nigris; antennis carneis; pedibus albidis; tibiis tarsisque carneis.*

Son corps est lisse, luisant, d'un jaune pâle transparent; l'œil noir pourpre; les antennes, les cuisses et les tarses couleur de chair, les pieds blancs.

La femelle varie dans ses teintes. Long. 0,020, larg. 0.004. Séj. Plage de gravier. App. Printemps.

126. **T. NICÆENSIS** (N.), T. de Nice.

*Corpore glaberrimo, hyalino, vitreo, pellucido; oculis purpureo-nigris; antennis, pedibus tarsisque violascentibus.*

La tête et le dos sont lisses, vitrés, translucides; l'œil est noirâtre; les antennes, cuisses et tarses violâtres, les pieds lavés de rougeâtre.

La femelle pond plusieurs fois. Long. 0,018, larg. 0,003. Séj. Rivage sablonneux. App. Printemps, été.

## ORCHESTIA (LEACH.), Orcheste.

Corps talitriforme; tête avancée; les quatre pattes antérieures terminées par une pince comprimée en griffe, celles de la seconde paire beaucoup plus grande.

127. **O. LITTOREA**, O. littorale.

*O. Corpore nitido, glaberrimo, virescente, rubro irrorato; oculis pellucidis; antennis rubescentibus; pedibus albidis.*

Son corps est d'un vert pâle, nuancé de rougeâtre; l'œil luisant; les antennes rougeâtres; les pattes blanchâtres; la queue composée de trois appendices bifides, celui du milieu fort court.

La femelle pond des œufs jaunâtres, plusieurs fois dans l'année. Long. 0,020, larg. 0,004. Séj. Sous les pierres et les plantes du rivage. App. Toute l'année.

VAR. I. On rencontre assez souvent une variété d'un jaune pâle qui habite dans le sable.

## ATYLUS (LEACH.), Atyle.

Corps à douze segments, les antérieurs arrondis, les postérieurs carénés, le dernier terminé par trois filets, l'intermédiaire bifide; tête prolongée en bec; yeux sphériques; antennes supérieures à second article alongé.

### 128. A. CORALLINUS (N.), A. corallin.

*A. Corpore nitido, corallino; oculis griseis; pedibus omnibus monodactylis, tertio pari longissimo.*

Son corps est d'une belle couleur corail, brillant; les yeux sont grands, d'un gris de perle; le premier article des antennes supérieures est poileux; les deux premières paires de pattes moins longues que la troisième, les autres plus courtes, toutes terminées par de longs crochets aigus.

La femelle a des dimensions plus fortes. Long. 0,012, larg. 0,003. Séj. Sur le *fucus spiralis*. App. Juin.

## EUPHEUS (N.), Euphée.

*Corpus elongatum, postice gradatim acuminatum; caput quadratum; oculi globosi; tentacula duo filiformia, multiarticulata; thorax quinquearticulatus, segmento anteriore majore, filamentis duobus corpore longioribus instructus.*

Corps alongé, s'amincissant graduellement vers sa partie postérieure; tête carrée; yeux globuleux; deux tentacules filiformes à plusieurs articles; corselet à cinq segments, l'antérieur fort grand; queue terminée par deux longs filets.

129. E. LIGIOÏDES (N.), E. ligioïde.

Riss., *Hist. nat. des crust.*, 124, 1, 3, 7.

Le corps de cette espèce est composé d'un segment assez large, rattaché à cinq autres plus étroits, qui sont suivis d'un même nombre plus petits, le dernier terminé par deux courts appendices garnis chacun d'un long filet très mince; la tête est tronquée au-devant; l'œil petit, noirâtre; les antennes inégales; les quatre paires de pattes sont ciliées; une belle teinte jaune, blanche et verdâtre le colore de toute part.

La femelle ne paraît présenter aucune différence. Long. 0,005, larg. 0,001. Séj. Au milieu des céramiums. App. Mars, avril.

### *Remarques.*

La crevette des ruisseaux se trouve toute l'année dans nos eaux douces, tandis que la crevette marine ne quitte jamais le rivage de la mer. Toutes les deux sont assez communes. Les enones, que j'ai cru devoir établir en genre nouveau parmi les crustacés de cette section, restent toujours en pleine mer, et on les voit souvent sautiller à la surface de l'eau pendant les fortes chaleurs. Les talitres et les orchesties se tiennent réunies en troupes, et se cachent sous les plantes que la mer amoncèle sur le rivage; leur nombre est toujours fort considérable dans les endroits qu'ils fréquentent, et le saut rapide qu'ils font au moment où ils se meuvent les fait facilement remarquer.

L'atyle que je viens de décrire présente comme l'*Atylus carinatus* décrit dans les *Transactions de la société linnéenne* de Londres, les cinq derniers segments carénés, mais il en diffère par plusieurs autres caractères. Les euphées enfin sont des animaux qui paraissent avoir beaucoup de rapports communs avec les ligies, mais ils restent presque toujours cachés au milieu des plantes, de manière qu'on ne peut rien observer sur leurs mœurs et leurs habitudes.

# *ORDRE QUATRIÈME.* — CRUSTACÉS LÉMODIPODES.

Mandibules sans palpes ; yeux lisses, joints quelquefois aux yeux composés ; tête unie au premier segment du corps ; branchies en forme de corps vésiculaires sétacés, tantôt sur les premiers segments du corps, ou attachés aux pattes.

### PREMIÈRE SECTION.

Les caprelides ont un corps linéaire très étroit, les yeux composés, sans yeux sessiles.

## CAPRELLA (LAM.), Chevrolle.

Dix pieds; la première paire petite, à main un peu renflée, annexée à la tête; la seconde longue, située sur le premier segment du corps; les trois autres paires sur les trois derniers, terminées chacune par un ongle long et crochu; queue courte.

130. C. LINEARIS, C. linéaire.

*C. Corpore albido, lutescente ; thorace segmentis sex instructo.* N.

Fab., 2, 517. Herb., 6, 9. Lat., 1, 89, 1. Riss., 130, 1.

Le corps de cette espèce est composé de six segments inégaux, d'un blanc jaunâtre ; la tête est petite, l'œil noir ; les antennes supérieures beaucoup plus longues et plus grosses que les inférieures ; les deux premières paires de pattes sont un peu épaisses, leur avant-dernier article est oblong, arrondi, et leur dernier est un ongle crochu ; les autres paires sont longues, grêles et inégales. Long. 0,025, larg. 0,002. Parmi les fucus. App. Avril.

131. C. PUNCTATA (N.), C. ponctuée.

*C. Corpore albescente, nigro punctato; thorace seg-*
*mentis novem instructo.*

Riss., *Hist. nat. des crust.*, 130, 2.

Cette espèce présente un corps d'un blanc salé, parsemé en
dessus de points noirâtres, composé de neuf segments presque
arrondis; la tête est petite, l'œil noir; les antennes supérieures
jaunâtres un peu plus longues que les inférieures; la première
paire de pattes est courte, la seconde et la troisième sont composées de cinq longs articles renflés; les deux dernières sont grêles,
égales et distantes l'une de l'autre. Long. 0,014, larg. 0,001. Séj.
Sur les zoophytes coralligènes. App. Mai, juin.

NYMPHON (LEACH.), Nymphon.

Huit pieds; la première et dernière paire plus courte
que les deux autres, et insérée sur chacun des segments
du corps, terminée par de petites ongles crochus; point
de queue.

132. N. ARACHNOÏDEUS (N.), N. arachnoïde.

*N. Corpore cylindrico, lutescente; pedibus octo elon-*
*gatis, glabris, ungulis acutis.*

Son corps est cylindrique, d'un jaune sale, demi-transparent,
composé de cinq segments, le dernier armé d'un petit tubercule;
la tête est oblongue, presque conique; l'œil très petit; les pattes
composées de sept articulations, les trois premières courtes, les
autres deux fois plus longues, la dernière petite, courbe, terminée par un ongle très crochu. Long. 0,004, larg. 0,001. Séj. Plantes du rivage. App. Avril. Il diffère, comme l'on voit, des *Pha-*
*langium spinosum et aculatum* de Montegu, décrits et figurés dans
le neuvième volume des *Transactions de la société linnéenne*
de Londres.

### DEUXIÈME SECTION.

Les pygnogonides ont un corps plus ou moins large, déprimé, les yeux composés, avec des yeux lisses.

### Pygnogonum (fab.), Ciame.

Corps large, orbiculaire; corselet composé de six segments séparés; antennes quadriarticulées, les supérieures deux fois plus longues que la tête, les inférieures à dernier article très petit; yeux distants; sept paires de pieds armés d'ongles crochus très aigus.

133. P. ceti, C. de la baleine.

*C. Pedum pari antico unituberculato, secundo bituberculato.* n.

Fab., 670. Mull., 119, 15, 17. Lat., 1, 60, 1. Leach, 7, 404.

Son corps est composé de six segments d'un blanc jaunâtre; la tête est petite, alongée, presque conique, l'œil très petit; la première paire de pieds courte, munie d'un tubercule, la seconde en a deux, la troisième et la quatrième sont longues, filiformes, arrondies à l'extrémité, toutes les autres semblables aux premières; le segment postérieur est terminé par un appendice obtus, subtriangulaire, avec deux pointes coniques en dessous. Long. 0,012, larg. 0,008. Séj. Sur les baleinoptères et les scombres. App. Eté.

### Hexona (n.), Hexone.

*Corpus ovatum, postice abrupte acuminatum; thorax sexarticulatus; cauda subtrigona, quinquearticulata; pedes sex æquales, unguibus curvatis, acutis, armati.*

Corps ovale, terminé en arrière brusquement en pointe; corselet à six segments; queue subtrigone, à cinq anneaux; six paires de pieds égaux, armés d'ongles courbes, aigus.

134. H. PARASITICA (N.), H. parasite.

*H. Corpore dorso rubro, fascia una longitudinali alba, lineis tribus angustioribus transversis picto; cauda albida.*

Son corps est d'un rouge laque, traversé au milieu par une petitebande longitudinale blanche et de trois lignes étroites transverses; la tête est triangulaire; les segments du corselet sont égaux, arrondis, séparés, et terminés en pointe obtuse sur leurs bords latéraux les pieds sont renflés à leur base, pointus au sommet; la queue est courte, blanchâtre. Long. 0,002, larg. 0,000 ¼. Séj. Sur le bopyre. App. Été.

## ZUPHEA (N.), Zuphée.

*Corpus oblongum, convexum; caput subtriangulare; oculi magni, convexi; thorax quinquearticulatus, articulis integris, approximatis; cauda sexarticulata, ultimo articulo elongato, triangulare; pedes sex equales.*

Corps oblong, convexe; tête subtriangulaire; yeux grands, convexes; corselet à cinq articles entiers, rapprochés; queue à six anneaux, le dernier alongé, triangulaire; six paires de pieds égaux.

135. Z. SPARICOLA (N.), Z. du spare.

*Z. Corpore dorso lutescente, fascia una transversa, nigro in medio picto; cauda articulo ultimo acuto.*

Son corps est jaunâtre, peint au milieu d'une bande transversale noire; l'œil est saillant, noir; la tête forme une espèce de triangle; les segments du corselet sont très rapprochés; la queue est fort longue, d'un jaune pâle, subtransparente, terminée par un long anneau aigu. Long. 0,008, larg. 0,001. Séj. Sur les spares. App. Été. Il y en a plusieurs espèces.

*Remarques.*

Par l'ensemble de leurs formes extérieures, les crustacés tiennent à deux classes des animaux invertébrés ; parmi eux les brachyures ont beaucoup de rapports communs avec les arachnides, tandis que les macroures se rapprochent davantage des insectes. Mais de tous les macroures que je viens de décrire, aucun ne ressemble plus aux insectes que les chevrolles. En effet elles présentent la vraie forme des chenilles arpenteuses, et exécutent au milieu des eaux des mouvements analogues à ceux de ces insectes. Le nymphon que je viens de décrire est presque le portrait vivant d'une lycose. Les cyames tourmentent les gros poissons, tandis que les hexones et les zuphées, qui forment deux nouveaux genres, et dont on distingue plusieurs espèces, vivent en parasite, les premiers sur des crustacés, et les seconds constamment placés dans le sillon des nageoires dorsales de quelques poissons.

## ORDRE CINQUIÈME. — CRUSTACÉS ISOPODES.

Corps plus ou moins déprimé, divisé en segments ; tête distincte ; yeux grenus ; quatre antennes ; des mandibules sans palpes, des mâchoires, dix à quatorze pieds simples.

### PREMIÈRE SECTION.

Les ancéides ont le corps à cinq segments ; l'abdomen terminé par deux lames latérales ; cinq paires de pattes ; quatre antennes inégales.

#### ANCEUS (N.), Ancée.

*Thorax quadratus ; mandibulæ valde elongatæ, falciformes, denticulatæ ; cauda triloba, lobis rotundatis, centrali longiore, lamellis duabus natatoriis instructo.*

Corselet carré; mandibules très longues, falciformes, denticulées; queue à trois lobes arrondis, l'intermédiaire un peu plus long; deux appendices natatoires.

136. A. FORFICULARIUS (N.), A. forficulaire.

*A. Corpore elongato, depresso, albido; fronte medio sinuata; sinu unituberculato.*

Riss., *Hist. nat. des crust.*, 52, 1, 11, 10.

Son corps est alongé, déprimé, blanchâtre; le corselet carré, tronqué sur le devant, sinué au milieu, avec une petite pointe émoussée; l'œil est presque sessile, réticulé; les antennes extérieures sont longues, les articles supérieurs déliés en soie; les intérieures sont plus grosses et poileuses; la bouche est armée de deux mandibules terminées en pointe; l'abdomen est presque aplati, formé de cinq segments, les deux premiers très larges, sillonnés et soudés ensemble; les trois premières paires de pattes sont courtes, situées en devant; les deux dernières, placées sur le dernier segment, sont dirigées en arrière; la queue est composée de quatre segments, terminée à son extrémité par trois lames natatoires, dont celle du milieu est la plus aiguë. Long. 0,006, larg. 0,002. Séj. Régions madréporiques. App. Printemps.

### Remarques.

Ce genre que j'ai établi et que j'ai cru devoir placer dans la première section des isopodes, ne comprend qu'une espèce, qui se tient constamment dans les régions coralligènes, où elle se cache dans les interstices des madrépores qu'elle parcourt avec vélocité; sa natation est assez vive; les forts organes de manducation dont elle est pourvue doivent déterminer en elle des mœurs particulières que les circonstances n'ont pas encore soumises à mes observations.

## DEUXIÈME SECTION.

Les idotiadées ont le corps à sept segments ; les branchies placées sous la queue, protégées en dessous par deux lames cornées, annexées aux segments de l'abdomen, qui s'ouvrent comme les battants d'une porte.

### LEPTOSOMA (LEACH.), Leptosome.

Corps linéaire ; abdomen à un seul segment très long ; antennes extérieures plus courtes que le corps.

137. L. APPENDICULATA (N.), L. appendiculée.

*L. Corpore hyalino, pellucido, viridissimo ; segmentis omnibus appendiculo laterali subtetragono instructis ; abdomine hastiformi ; thorace abdomineque rugulosis, punctulis violascentibus ornatis.*

Le corps de cette espèce est hyalin, translucide, d'un beau vert, à segments terminés sur les côtés par des appendices presque carrés ; l'abdomen se prolonge en longue pointe lancéolée ; il est ruguleux et orné de très petits points violâtres, ainsi que le corselet ; l'œil est petit, d'un rouge brun ; les antennes intérieures sont minces, à quatre articles, les extérieures en ont trente, les quatre premiers aussi longs que tous les autres ; les pattes sont petites, à sept articulations, l'avant-dernière armée d'une pointe. Long. 0,030, larg. 0,007. Séj. Rochers coralligènes. App. Hiver, printemps.

138. L. LANCEOLATA (N.), L. lancéolée.

*L. Corpore pellucido, nigro fusco, linea una centrali albo aurata ornato ; segmentis omnibus lateraliter rotundatis ; abdomine carinato, summitate abrupte acuminato.*

Riss.,*Hist. nat. des crust.*, 136, 3, 111, 11.

On reconnaîtra cette espèce à son corps luisant, d'un noir obscur, orné au milieu du dos d'une ligne longitudinale d'un blanc doré; les segments sont arrondis sur les côtés; l'abdomen est fort long, caréné, terminé brusquement en pointe; le corselet est peu échancré, l'œil médiocre, les antennes intérieures courtes, les extérieures verdâtres, les quatre premiers articles forment à peu près le tiers de leur longueur totale; les pattes sont égales, glabres et crochues. Long. 0,013, larg. 0,002. Séj. Parmi les fucus. App. Printemps, été.

## HEBE (N.), Hébé.

*Corpus elongatum, gibbosulum; thorax decemarticulatus, articulis tribus posterioribus minutissimis; abdomen uniarticulatum; caput parvum, rotundatum; antennæ fere æquales, quinquearticulatæ; oculi magni, convexi; lamellæ natatoriæ subulatæ.*

Corps alongé, un peu convexe; corselet à dix articles, les trois postérieurs très petits; l'abdomen à un seul segment, court; tête petite. arrondie; antennes souvent égales, à cinq articles; yeux grands, convexes; appendices natatoires subulées.

### 139. H. PUNCTATA (N.), H. ponctuée.

*H. Corpore griseo-fulvo, nigro punctato; antennæ albescentes, nigro annulatæ; oculi nigri; cauda rotundata.*

Son corps est alongé, bombé, d'un gris fauve, confusément pointillé de noir; la tête est petite, arrondie; les antennes fort courtes, presque égales, blanchâtres, annelées de noir; l'œil fort gros, d'un noir d'ébène; la troisième paire de pattes trois fois plus longues que les autres, toutes armées de crochets aigus. La queue est arrondie; les appendices extérieurs subulés, les intérieurs dilatés en nageoires. Long. 0,012, larg. 0,003. Séj. Régions des fucus. App. Avril, mai.

## ARMIDA (N.), Armide.

*Corpus lincare; abdomen quadriarticulatus, articulis tribus primis brevissimis, ultimo elongato, sinuato; antennis corporis dimidii longitudine; pedibus unguibus simplicibus.*

Corps linéaire; abdomen à quatre segments, les trois premiers très courts, le dernier alongé, sinué; antennes extérieures moins longues que le corps; pattes à ongles simples.

140. A. VIRIDISSIMA (N.), A. verte.

*A. Corpore viridissimo, glaberrimo, nitido; segmentis omnibus punctulis numerosissimis impressis sculptis; oculi plumbei; antennis, abdomine pedibusque pallidioribus.*

Pall., 9, 4, 10? Riss., *Hist. nat des crust.*, 136, 2, 111, 8.

Son corps est très lisse, luisant, d'un beau vert, à segments sculptés par un nombre infini de très petits points; la tête est échancrée sur le devant; l'œil bleuâtre, les antennes, l'abdomen et les pieds d'un vert pâle.

La femelle est beaucoup plus grande. Long. 0,050, larg. 0,009. Séj. Moyennes profondeurs. App. Hiver et printemps.

141. A. BIMARGINATA (N.), A. bimarginée.

*A. Corpore griseo, cinereo, fusco; segmentis rugosis; oculi nigri; abdomine articulo ultimo bimarginato.*

Son corps est d'un gris cendré obscur, composé de segments rugueux, le dernier terminé par deux échancrures profondes; la tête est arrondie, un peu échancrée sur le devant; l'œil noir, réticulé; les deux premiers articles des antennes extérieures courts, renflés, les deux suivants très longs; les pattes postérieures beau-

coup plus longues que les antérieures. Long. 0,014 , larg. 0,005.
Séj. Parmi les zostères. App. Avril, mai.

142. A. PUSTULATA (N.), A. pustulée.

*A. Corpore griseo, intense cœruleo; capite pustulato;
segmentis omnibus lateralibus acutis; oculi nigri; abdomine articulo ultimo subtruncato.*

Son corps est d'un cendré bleuâtre foncé, à segments terminés
en pointe de chaque côté; la tête est pustulée; l'œil noir; les quatre premiers articles des antennes extérieures alongés , le cinquième plus long , les autres fort courts; les quatre articles des
intermédiaires de la longueur des deux premiers des antennes
extérieures; les palpes pectinés ; les pattes comme rabougries;
les segments de l'abdomen étroits, le dernier caréné, presque
tronqué au sommet. Long. 0,025 , larg. 0,007. Séj. Régions des
algues. App. Printemps.

## ZENOBIA (N.), Zenobie.

*Corpus lineare, angustum; abdomen quinquearti-
culatum, articulis quatuor primis brevissimis; ultimo
elongato, consequente coalito, valde convexo, truncato;
antennæ exteriores breves, quinquearticulatæ, interiores
brevissimæ quatuorarticulatæ; pedes valde inæquales,
par anticum mediocre, monodactylum, secundum et
tertium longissima, quartum, quintum et sextum
brevia.*

Corps étroit, linéaire; abdomen à cinq segments, les
quatre premiers fort courts, le dernier alongé, très convexe,
tronqué; antennes extérieures courtes, à cinq articles;
les intérieures, plus courtes, en ont quatre; pieds très inégaux, la première paire médiocre, monodactyle, la seconde et troisième très longues, les autres courtes.

143. Z. PRISMATICA (N.), Z. prismatique.

*T. Thorace glaberrimo, nitidissimo, pellucido, oli-*

*vacco virescente, linea una centrali, duabus lateralibus*
*nigrescentibus longitudinalibus picto; segmentis omnibus*
*punctulis impressis, sparsis sculptis; abdomine griseo*
*opaco, segmento ultimo integro; pedibus testaceis.*

Son corps est très lisse, luisant, translucide, d'un vert olivâtre, peint d'une ligne longitudinale et de deux latérales noirâtres, et sculpté de petits points espacés. Les antennes extérieures sont annelées de blanc et de brun ; l'abdomen est d'un
gris opaque, à dernier segment entier ; les pattes sont jaunâtres ;
la première paire est courte, les deux suivantes longues, les
quatre dernières fort petites. Long. 0,009, larg. 0,002. Séj. Interstices des polypiers corticaux. App. Avril, mai.

## 144. Z. Mediterranea (N.), Z. de la Méditerranée.

*Z. Thorace glaberrimo, nitidissimo, olivaceo viridi,*
*lineis quinque olivaceo-brunneis longitudinalibus picto;*
*segmentis omnibus punctatis, impressis, sparsis, sculptis;*
*abdomine segmento ultimo postice supra tenuiter emar-*
*ginato; antennis pedibusque griseis.*

Diffère de la précédente par son corps plus lisse, plus luisant,
d'un vert olive, peint par cinq lignes longitudinales de brun
olivâtre, et sculptés par des points largement éparpillés ; les antennes et les pieds sont d'un gris clair, et le dernier segment de
l'abdomen est faiblement émarginé. Long. 0,012, larg. 0,002. Séj.
Régions des algues. App. Février, mars.

### TROISIÈME SECTION.

Les asellides ont le corps ovale, convexe ou linéaire ;
les segments pédigères ; deux ou quatre antennes insérées
sur la même ligne ; une queue stylifère, ou point de
styles.

#### LIGIA (FAB.), Ligie.

Corps ovale, convexe, pointu en arrière ; tête semi-circulaire ; yeux grands, ovales, convexes ; antennes com-

posées de plusieurs articles, les deux premiers et le quatrième égaux, coniques, le troisième deux fois plus long
le cinquième court, et le dernier très long, divisé; corselet
composé de huit segments transverses, pédigères ; ventre
à six anneaux, les cinq antérieurs égaux, le dernier semi-
unaire, muni de deux styles et de deux filaments inégaux.

### 145. L. ITALICA, L. italique.

*Dorso nitente, glaberrimo, glauco, nigro punctato;
antennis corpore longioribus; stylis caudalis equalibus.* N.

Fabr., 502. Lat., 167, 1. Riss., 152, 1.

Son corps est glabre, luisant, glauque, finement pointillé de
noirâtre; l'œil verdâtre ; les antennes longues, les pattes poilues,
variées de vert, de gris, de noirâtre, et les styles caudigères
égaux. Long. 0,012, larg. 0,004. Séj. Rochers et algues du littoral. App. Toute l'année.

### ASELLUS (GEOF.), Aselle.

Corps ovale alongé; tête semi-circulaire ; yeux petits,
réniformes, mamelonnés ; antennes composées de plusieurs articles, les deux premiers égaux, le troisième fort
court, le quatrième deux fois plus long, les deux suivants
égaux, et celui du sommet brusquement acuminé; corselet composé de sept segments pédigères ; ventre à six anneaux, le dernier triangulaire, fort aigu, muni de quatre
styles, les supérieurs coniques, les inférieurs aigus.

### 146. A. VULGARIS, A. vulgaire.

*Capite, thorace dorsoque griseis, nigro punctulatis;
antennis, pedibus abdomineque pallidioribus.* N.

Geof., 2, 672, XXII, 2. Leach, *Enc. br.*, suppl. Riss., 133, 1.

La tête, le corselet, le dos d'un beau gris, pointillé de noir ;
les antennes, les pieds, les styles d'un gris pâle. Long. 0,008,
larg. 0,003. Séj. Nos fossés aquatiques. App. Presque toute l'année.

147. A. VARIEGATUS (N.), A. varié.

*Capite, thorace, dorsoque ochraceis; segmentis omnibus
rufescente marginatis, purpureo nigro, fulvo albidoque
commixtis variegatis; antennis, pedibus stylisque violascentibus; abdomine albido.*

La tête, le corselet, le dos, jaune ocracé; chaque segment
liséré de roussâtre et varié d'un mélange de pourpre, de noir, de
fauve et de blanc; les antennes, les pieds et les styles violâtres; le
ventre blanc. Long. 0,012, larg. 0,004. Séj. Fossés marécageux
de Camp. Long. App. Hiver, printemps.

## OLISKA (N.), Oliske.

*Corpus lineare, depressum; caput acutum; oculi ro-
tundati, convexi; antennæ breves, subæquales; thorax
segmentis septem compositus pedigeris; abdomen segmento ultimo triangulari, obtuso, stylis duobus parvis,
filamentis inæqualibus instructis.*

Corps linéaire, déprimé; tête pointue; yeux ronds,
convexes; antennes courtes, presque égales; corselet composé de sept segments pédigères; ventre à dernier anneau
triangulaire, obtus au sommet, terminé par deux petits
styles, hérissés de poils rudes.

148. O. PENICELLATA (N.), O. pinceau.

*Dorso glaberrimo, nitido, virescente griseo, fusco
punctulato; pedibus anterioribus et posterioribus elongatis; cauda penicellata.*

Riss., *Hist. nat. des crust.* 137, 4, 111, 10.

Son corps est linéaire, extrêmement aplati, composé de neuf
segments égaux quadrangulaires; les sept premiers pédigères,
d'un vert grisâtre, finement pointillé de brun; la tête se prolonge en pointe, les antennes sont courtes, presque égales; la

queue est triangulaire, terminée par deux courts filets, hérissée à sa base de faisceaux de poils rudes; les pattes antérieures et postérieures sont plus longues que celles du milieu. Long. 0,014, larg. 0,002. Séj. Régions des fucus. App. Eté.

## ONISCUS (LIN.), Cloporte.

Corps ovale oblong, convexe; tête ovale, bilobée, à lobes arrondis, réfléchis; yeux convexes, réniformes; les trois premiers articles des antennes coniques, presque égaux, les trois autres un peu plus longs, et celui du sommet acuminé; corselet composé de sept segments pédigères; ventre à six anneaux, le dernier triangulaire, graduellement acuminé vers sa partie postérieure.

### Corps étroit.

### 149. O. MARMORATUS (N.), C. marbrée.

*Dorso glaberrimo, nitido; segmentis omnibus purpureo-brunneo albidoque commixtis marmoratis.*

Son dos est glabre, luisant, à segment marbré par un mélange de teintes pourpres, brunes et blanches. Long. 0,010. Séj. Sous les pierres. App. Presque toute l'année.

### Corps plus ou moins large.

### 150. O. ASELLUS, C. aselle.

*Dorso glabro, cinereo, scabriusculo, flavido maculato, maculis irregularibus in lineas digestis.* N.

Latr., 1, 70, 1. Riss., 154, 1.

Le dos de cette espèce est glabre, cendré, un peu rude, tacheté de jaunâtre, à taches irrégulières, disposées en lignes longitudinales. Long. 0,012. Séj. Pied des vieux murs. App. Toute l'année.

### 151. O. COLLINUS (N.), C. des collines.

*Dorso glaberrimo, nitido, punctulis impressis punc-
tisque excavatis sculpto; segmentis plumbeis, sex anticis
maculis parallelipipedis cinereo-griseis transversim dispositis, septimo toto, et nono medio maculis transversis
cinereo-griseis ornatis.*

L'on reconnaît cette espèce à son dos très glabre, luisant,
ponctulé et sculpté par des points creux; ses segments sont couleur de plomb; les six antérieurs ornés de taches parallélipipèdes,
gris cendré, disposées en travers; le septième et le milieu
des deux suivants peints de taches transversales d'un cendré grisâtre. Long. 0,020. Séj. Sur nos collines. App. Printemps, automne.

### 152. O. BICOLOR (N.), C. bicolore.

*Dorso glaberrimo, nitido, scabriusculo; segmentis om-
nibus flavido-albis, postice purpureo-nigris; marginibus maculis elongatis, triangulatis, purpureo-nigris.*

Son dos est très lisse, luisant, un peu rude, à segments blanc
jaunâtre, et noir pourpré postérieurement, liséré par des taches
alongées triangulaires, de pourpre noirâtre. Long. 0,018. Séj.
Sous l'écorce des arbres. App. Presque toute l'année.

### 153. O. MAMILLATUS (N.), C. mamelonnée.

*Dorso glaberrimo, nitido, pellucido; segmentis omni-
bus mamillatis, cinereo-griseis, maculis irregularibus
violascente nigris ornatis.*

Le dos très luisant, translucide; les segments mamelonnés,
d'un gris cendré, ornés de taches irrégulières d'un noir violâtre,
distinguent cette espèce. Long. 0,012. Séj. Sous les cailloux. App.
Printemps, automne.

154. O. LATUS (N.), C. large.

*Dorso glabro, nitido, lato; segmentis omnibus scabris, punctulis minutissimis impressis, sparsis sculptis, croceo et nigro commixtis ornatis; antennis plumbeis; abdomine pedibusque sordide griseis.*

Cette espèce, plus large que les précédentes, présente un dos lisse, luisant, avec des segments rudes, imprimés de très petits points, colorés de jaune mêlé de noir; les antennes sont couleur de plomb, le ventre et les pieds d'un gris sale. Long. 0,020. Séj. Vieux murs. App. Presque toute l'année.

## ARMADILLO (LAT.), Armadille.

Corps ovale, peu convexe, contractile; tête large, trilobée, à lobes réfléchis; yeux petits, granulés; antennes insérées au-dessous du chaperon, à premier article très large, les trois qui le suivent égaux, coniques, le cinquième cylindrique, un peu plus long, les deux suivants semblables, et celui du sommet brusquement acuminé; corselet composé de sept segments pédigères; ventre à six anneaux, le dernier triangulaire, à angles arrondis, muni de deux styles courts, cylindriques, obtus. N.

155. A. VULGARIS, A. vulgaire.

*Dorso glabro, nitido, plumbeo, punctis numerosissimis impressis sculpto; marginibus postice et lateraliter griseo-pallidis; antennis, pedibus abdomineque griseis.* N.

Cuv., 2, 23, XXVI, 14, 15. Lat., 1, 71, 1. Riss., 157, 1.

Son dos est lisse, luisant, couleur de plomb, finement pointillé, avec les bords des segments d'un gris pâle; les antennes, les pieds et le ventre d'un beau gris. Long. 0,014. Séj. Sous les pierres. App. Toute l'année.

156. A. MARMORATUS (N.), A. marbrée.

*Dorso glaberrimo, nitido; segmentis omnibus pellu-*

*cidis, azureis, eburneo opaco marginalis, punctulis
numerosissimis minutissimis sculptis, maculisque irregularibus purpureo-atris marmoralis.*

Diffère de la précédente par son dos très glabre, luisant, à segments translucides, azurés, lisérés de bleu opaque, avec les bords
postérieurs sculptés par un très grand nombre de petits points et
de taches irrégulières d'un pourpre noirâtre ; les antennes sont
d'un noir pourpré, les pieds et les styles couleur de cendre. Long.
0,016. Séj. Vieux murs. App. Presque toute l'année.

157. A. RUPESTRIS (N.), A. rupestre.

*Dorso glaberrimo, nitido; segmentis omnibus pur-
pureo-nigris, punctis numerosissimis, minutissimis,
impressis sculptis, maculisque irregularibus pictis ;
antennis, pedibus stylisque plumbeis.*

Le dos très glabre, luisant, à segments noir pourpré, sculptés
par de petits points très nombreux et peints de taches irrégulières;
les antennes, les pieds et les styles couleur de plomb, distinguent
cette espèce. Long. 0,017. Séj. Rochers des collines. App. Printemps, automne.

158. A. PULCHELRIMUS (N.), A. élégante.

*Dorso glaberrimo, nitidissimo; segmentis omnibus
atris, postice pellucidis, punctulis minutissimis numerosissimis sculptis, maculisque irregularibus, eburneis
et sordide croceis ornatis; antennis griseis; pedibus stylisque cinerascentibus.*

Son dos est fort glabre, luisant, à segments noirs, dont les
bords inférieurs sont transparents; il est sculpté d'un nombre
considérable de petits points et de taches irrégulières blanches et
jaunâtres; les antennes sont grises; les pieds et les styles couleur
de cendre. Long. 0,018. Séj. Vieilles murailles. App. Automne,
printemps.

159. A. GUTTATUS (N.), A. tachetée.

*Dorso glaberrimo, nitidissimo; segmentis aterrimis,*

*punctulis numerosissimis, minutissimis sculptis, macu-
lisque irregularibus lacteis ornatis, omnibus postice et
lateraliter plumbeis pallidis; antennis violascente nigris;
pedibus plumbeis.*

Le dos est très lisse, luisant, à segments très noirs, liserés sur
les côtés, et postérieurement de gris de plomb, sculptés d'une
grande quantité de petits points et de taches irrégulières blanches;
les antennes sont d'un noir violâtre, et les pieds couleur de
plomb. Long. 0,016. Séj. Sous les cailloux. App. Toute l'année.

160. A. PUNCTATISSIMUS (N.), A. très ponctuée.

*Dorso glabro, nitido, punctulis minutis, numerosis-
simis sculpto: segmentis omnibus croceis, nigro irroratis, postice et lateraliter palidioribus; antennis pedibusque plumbeis; abdomine cinereo.*

Son dos est glabre, luisant, sculpté d'un nombre considérable
de très petits points; les segments sont jaune safran mêlé de noir,
à bords postérieurs et latéraux d'une teinte pâle; les antennes
et les pieds couleur de plomb, et le ventre gris cendré. Long.
0,017. Séj. Vieux murs. App. Printemps, automne.

PHILOSCIA (LAT.), Philoscie.

Corps ovale oblong, convexe, contractile; queue brusquement plus étroite; antennes acuminées, découvertes à
leur base; à huit articles, insérées sur la marge latérale
de la tête.

161. P. MUSCORUM, P. des mousses.

*P. Corpore cinereo grisco, punctulis et punctis fla-
vis albisque ornato; pedibus punctulis griseis obscuris
pictis. N.*

Son corps est d'un gris cendré, parsemé de petits points jaunes

et blancs; les pieds sont ponctués de gris obscur. Long. 0,020.
Séj. Bois un peu humides. App. Printemps, été.

Var. I. Des individus marqués longitudinalement de deux
bandes de points blanchâtres se trouvent dans les endroits élevés.

Var. II. On en voit aussi qui sont marbrés de gris, de blanc,
de jaune et de brun; leurs dimensions sont plus petites.

## Porcellio (lat.), Porcellion.

Corps ovale oblong, convexe; queue plus rétrécie;
antennes à sept articles, insérés sur le bord antérieur de
la tête.

### 162. P. scaber, P. rude.

*P. Corpore cinereo nigrescente, granulato; antennæ
articulo quarto et quinto longitudinaliter striatis.* N.

Fab., suppl., *Ent. syst.*, 300. Panz., 9, 9, 21. Cuvier, 2, 23, xxvi, 9.
Riss., 155, 1.

Son corps est d'un cendré noirâtre, sculpté par des granula-
tions nombreuses, à quatrième et cinquième article des antennes
extérieures striés longitudinalement. Long. 0,018. Séj. Dans les
mousses. App. Printemps.

### 163. P. lævis, P. lisse.

*P. Corpore glaberrimo, cinereo nigrescente, lutescente
variegato; appendicibus elongatis.*

Latr., *Gen. crust. et ins.*, 1, 71, 2. Geoff., *Hist. nat. des insect.*, 2, 46.
Var. B.

Cette espèce ne diffère de la précédente que par son corps parfaitement glabre, d'un cendré noirâtre, plus ou moins nuancé de
gris jaunâtre; les appendices de la queue sont comparativement
plus longues que dans la précédente. Long. 0,016. Séj. Sous les
pierres. App. Printemps.

Var. I. On trouve des individus où le jaune domine sur le gris
cendré.

### QUATRIÈME SECTION.

Les cimothoades ont les appendices postérieures lamelliformes, insérées sur l'abdomen, qui est formé de quatre à six anneaux ; quatre antennes, les antérieures supérieures insérées sur deux lignes.

*Corps convexe; abdomen composé de cinq anneaux,
le dernier le plus grand.*

SPHEROMA (LAT.), Sphérome.

Corps ovalaire, se roulant en boule ; les quatre premiers anneaux de l'abdomen soudés ensemble ; le cinquième le plus grand.

164. S. CINEREA, S. cendrée.

*Corpore albido-cinereo, nigrescente punctato; segmentis æqualibus, ultimo rotundato; appendicibus denticulatis.* N.

Pallas, 9, IV, 18. Lat., 1, 65, 1. Riss., 146, 1.

Son corps, composé de huit segments égaux, est d'un blanc cendré, finement pointillé de noirâtre ; la tête sinuolée sur le devant ; l'œil noir ; les antennes intérieures de la longueur des trois premiers articles des extérieures ; la queue semi-circulaire ; les appendices ovales, lancéolées, les deux extérieures dentelées.

La femelle dépose ses œufs à la fin du printemps. Long. 0,009. Séj. Sur le rivage. App. Toute l'année.

165. S. LESUEURI (N.), S. de Lesueur.

*Corpore grisescente, fusco punctato; segmentis inæqualibus, ultimo acuto, unidentato; appendicibus integris.*

Riss., *Hist. nat. des crust.*, 147, 4.

Le corps de cette nouvelle espèce est un peu plus oblong, d'un gris sale, finement pointillé de brun, composé de huit segments inégaux, les premiers assez gros, ceux du milieu fort étroits et le dernier fort large, terminés en pointe sur les bords latéraux ; la tête est avancée, traversée par des sinus cordiformes profonds, les antennes intérieures de la longueur du premier article des extérieures ; la queue lisérée de rouge, terminée en pointe obtuse, avec une petite dent de chaque côté ; les appendices sont entières, aiguës.

La femelle est un peu plus large. Long. 0,009. Séj. Sous les galets. App. Avril, mai.

## NELOCIRA (LEACH.), Nélocire.

Corps ovale alongé, convexe, diminuant graduellement vers sa partie postérieure, ne se roulant point en boule ; les deux premiers articles des antennes inférieures subcylindriques ; yeux lisses ; seize pieds.

### 166. N. NAVICULARIS (N.), N. naviculaire.

*Corpore luteo, pedibus anterioribus brevibus, posterioribus longissimis.*

Riss., *Hist. nat. des crust.*, 142, 6.

Un beau jaune succin colore son corps ; la tête est fort petite, l'œil très gros ; les antennes intérieures de moitié moins longues que les extérieures ; les trois premières paires de pattes fort courtes, les quatre postérieures très longues ; le dernier anneau de l'abdomen presque hémisphérique ; les appendices arrondies. Long. 0,012. Séj. Plage des galets. App. Mars, avril.

### 167. N. BRONGNIARTII (N.), N. de Brongniart.

*Corpore albescente, rubro punctato ; pedibus anterioribus longissimis, posterioribus brevibus.*

Riss., *Hist. nat. des crust.*, 141, 5.

Son corps est d'un blanc sale, bordé et pointillé de rouge ; la tête est arrondie, les antennes courtes, presque égales; l'œil noirâtre; les trois premières paires de pattes sont longues, les quatre postérieures courtes; le dernier anneau de l'abdomen traversé latéralement par quatre légères sutures, arrondi et cilié au sommet. Long. 0,012. Séj. Régions profondes. App. Mai, juin.

*Corps convexe; abdomen composé de six anneaux; yeux souvent réticulés; antennes longues, inégales.*

## Cirolana (leach.), Cirolane.

Corps ovale oblong, bombé; tête arrondie en devant; corselet à sept articles; antennes inférieures plus longues que la moitié du corps, à premiers articles fort longs; les huit dernières pattes armées d'épines.

### 168. C. rosacea (n.), C. rosacée.

*Corpore rosaceo, nitidissimo, pellucido, punctulato; abdomine articulo ultimo semilunato.*

Riss., *Hist. nat. des crust.*, 140, 3, 111, 9.

Le corps de cette belle espèce est d'un rose tendre, luisant, translucide, varié de fauve, composé de sept grands segments, suivis de six anneaux plus petits, finement ponctués, le dernier subtriangulaire, traversé par deux rayons, échancré au sommet en demi-lune; la tête est arrondie; l'œil noir; les trois premiers articles des antennes extérieures aussi longs que les douze autres qui les terminent; les appendices sont courtes, ovales oblongues, ciliées; les pattes antérieures courtes, les postérieures longues, épineuses.

La femelle est deux fois plus grande. Long. 0,034. Séj. Rochers profonds. App. Été.

### 169. C. ferruginosa (n.), C. ferrugineuse.

*Corpore albido ferrugineo, glaberrimo, nitidissimo; abdomine articulo ultimo subrotundato.*

Son corps est beaucoup plus long que celui de la précédente;

il est coloré de blanc ferrugineux, à segments du corselet, terminé de chaque côté en pointe ; le dernier article de l'abdomen presque arrondi ; la tête est petite, l'œil brillant ; les pattes inégales, les postérieures épineuses.

Je ne connais point la femelle. Long. 0,020. Séj. Sur la leiche. App. Août, septembre.

## CANOLIRA (LEACH.), Canolire.

Corps alongé ; tête trigone, à angles postérieurs arrondis ; yeux convexes, granulés ; les deux premiers articles des antennes supérieures subcylindriques ; quatorze pieds presque égaux ; appendices égales, spiniformes. N.

### 170. C. ŒSTROÏDES (N.), C. œstroïde.

*C. Corpore dorso subdepresso, glaberrimo, nitidissimo, pellucido, sordide crocco ; punctulis numerosissimis purpureo-nigris ornato ; oculis nigris ; antennis pedibusque testaceis.*

Riss., *Hist. nat. des crust.*, 139, 1.

Son corps est presque aplati, d'un jaune sale, luisant, très lisse, translucide, orné d'un grand nombre de petits points pourpre noirâtre ; l'œil noir ; les antennes jaunâtres, les extérieures un peu plus longues que la tête ; les pattes sont petites, larges, crochues, couleur de brique ; le dernier anneau de l'abdomen presque quadrangulaire ; les appendices courtes.

La femelle est un peu plus grosse. Long. 0,020. Séj. Régions fangeuses. App. Presque toute l'année.

### 171. C. OTTO (N.), C. Otto.

*C. Corpore dorso convexo, glaberrimo, pellucido, florescente, punctis nigris antice ornato ; oculis ovalibus ; antennis pedibusque brevibus, nitidis.*

Riss., mt. Ott., 14, 22.

Cette espèce a le corps très long, convexe, étroit, coloré de

jaunâtre, pointillé de noir vers sa partie antérieure, qui est
un peu plus renflée que la postérieure; la tête déprimée, les antennes courtes, épaisses, réfléchies, les deux intermédiaires fort
rapprochées; l'œil grand, ovale, noir; les pattes égales, courtes,
transparentes, armées de gros ongles; le dernier anneau de
l'abdomen est grand, presque ovale; à appendices latérales aiguës.
Long. 0,012. Séj. Sur divers poissons. App. Chaque saison.

### ANILOCRA (LEACH.), Anilocre.

Corps ovalaire, tête ovale, à angles postérieurs trilobés;
yeux petits, convexes, granulés; les antennes supérieures
épaisses, à six articles obtus, les inférieures soyeuses;
quatorze pieds, les postérieurs plus longs que les antérieurs; appendices inégales, les extérieures longues, sé-
curiformes, les intérieures foliacées. N.

### 172. A. BIVITTATA (N.), A. à deux raies.

*Corpore dorso glaberrimo, nitidissimo, pellucido,
plumbeo nigro, lineis duabus albidis, longitudinalibus
picto; antennis pedibusque eburneis; unguibus apicibus
ferrugineis; lamellis caudalibus violascente-nigris.*

Riss., *Hist. nat. des crust.*, 145, 8.

J'ai donné ce nom à cette anilocre, à cause de deux larges raies
blanches qui traversent son dos; le corps est ovale oblong, bombé,
d'un bleu ardoisé, luisant, très lisse; la tête est petite, l'œil transparent; les antennes extérieures courtes, blanches, les intérieures
longues, rougeâtres; le dernier anneau de l'abdomen large, presque carré, muni de deux sinus au sommet; les appendices sont
d'un noir violâtre, les pattes blanches, les ongles ferrugineux.

La femelle est beaucoup plus grosse. Long. 0,038. Séj. Rochers
coralligènes. App. Toute l'année.

VAR. I. On trouve des individus d'une belle couleur de laque.
VAR. II. D'autres chamarrés de diverses couleurs.

## Campecopea (leach.), Campécopée.

Corps ovale, convexe; l'avant-dernier article du corselet plus grand que le dernier; antennes filiformes, les supérieures un peu plus longues que les inférieures; appendices longues et courbées; anneaux postérieurs de l'abdomen prolongés extérieurement en pointe.

173. C. spinosa (n.), C. épineuse.

*Corpore glabro, nitido; thorace segmentis omnibus testaceo marginatis; abdomine fusco; spinulis tribus inæqualibus croceis hispidis, in lineis duabus longitudinalibus digestis; segmento ultimo spinis tribus æqualibus armato.*

Riss., *Hist. nat. des crust.*, 147, 3.

Son corps est lisse, luisant, finement pointillé à segments lisérés de jaunâtre; l'œil est grisâtre, les antennes rougeâtres; l'abdomen brun, muni de trois petites pointes jaunes, hérissées de cils, disposées en deux lignes longitudinales, à dernier segment armé de trois épines égales.

La femelle en diffère très peu. Long. 0,011. Séj. Parmi les zostères. App. Toute l'année.

174. C. vulgaris (n.), C. vulgaire.

*Corpore glabro, nitido, glauco; thorace segmentis omnibus croceo albido commixtis, marginatis; abdomine mamillis duabus instructo, segmento ultimo profunde bisinuato, bituberculato; tuberculis obsoletis.*

On distingue cette espèce à son corps lisse, luisant, de couleur glauque; l'œil d'un noir brunâtre; tous les segments du corselet lisérés de jaune mêlé de blanchâtre; l'abdomen est muni de deux mamelons; le dernier anneau profondément bisinué. Long. 0,012. Séj. Parmi les fucus. App. Toute l'année.

### 175. C. CORALLINA (N.), C. coralline.

*Corpore convexo, glabro, nitido, corallino; thorace abdomineque maculis irregularibus albidis marmoratis; lamellis caudalibus albidis, exteriore corallino maculato, mamillis duabus convexis approximatis instructo; segmento ultimo tenuiter bisinuato.*

Le corps de cette espèce est convexe, lisse, luisant, d'un rouge corail; l'œil blanc; le corselet et le ventre marbrés par des taches irrégulières, blanchâtres; le dernier anneau muni de deux mamelons convexes, rapprochés, faiblement bisinué sur son contour; les appendices latérales sont blanches, tachetées extérieurement de rouge. Long. 0,012. Séj. Régions des algues. App. Presque toute l'année.

### 176. C. TRIGONA (N.), C. trigone.

*Corpore glabro, nitido; thorace abdomineque fusco pallido, nigrescente punctato; lamellis caudalibus lanceolatis; segmento ultimo subrotundato, apice trigono.*

Riss., *Hist. nat. des crust.*, 147, 2.

Cette espèce est peu convexe, luisante, d'un marron clair pointillé de noirâtre; l'œil est obscur; les lamelles caudales lancéolées, à dernier anneau subarrondi, terminé au sommet par trois pointes; les pattes sont longues. Long. 0,008. Séj. Régions des fucus. App. Juin, juillet.

### 177. C. BITUBERCULATA (N.), C. bituberculée.

*Corpore toto, antennis pedibusque glaucis, nigro punctulatis; abdomine segmento ultimo bituberculato et profunde sinuato.*

Tout le corps, antennes et pieds glauques, pointillés de noir, dernier anneau de l'abdomen muni de deux tubercules, et profondément sinué. Long. 0,010. Séj. Régions des algues. App. Été, hiver.

## Olympia (n.), Olympie.

*Corpus elongatum ovatum, convexum, postice sub-*
*abrupte attenuatum; caput in thoracis articulo primo*
*sepultum; oculi magni, parallelipipedi; thorax septem-*
*articulatus, articulo primo majore; abdomen sexarti-*
*culatum, articulo ultimo triangulari, angulis rotunda-*
*tis; lamellæ foliaceæ inæquales, exteriores ovatæ, acu-*
*minatæ, interiores latæ; pedes quatuordecim, quatuor*
*anteriores breves, posteriores elongati, ungues omnium*
*acuti, curvati; antennæ superiores quatuor articulæ, ar-*
*ticuli tres basilares, æquales, ultimus longissimus,*
*articulorum plurimorum (primus longior) compositus;*
*inferiores quinquearticulatæ, articuli duo basilares bre-*
*ves, crassi, tertius et quartus elongati, cylindrici, ulti-*
*mus longissimus, articulorum plurimorum compositus.*

Corps alongé, ovale, convexe, atténué un peu brusquement en arrière; tête confondue avec le premier segment;
yeux grands, parallélipipèdes; corselet à sept segments, le
premier fort grand; abdomen à six anneaux, le dernier triangulaire, à angles arrondis; appendices foliacées inégales,
les extérieures ovales, acuminées, les intérieures larges;
quatorze pieds, les quatre antérieurs courts, les postérieurs
alongés, munis d'ongles courbes, aigus; les antennes supérieures à quatre articles, les trois premiers égaux, le
dernier très long, multiarticulé: les inférieures en ont
cinq, les deux premiers courts, épais, les deux suivants
alongés, cylindriques, le dernier très long, à plusieurs
articles.

### 178. O. vulgaris (n.), O. vulgaire.

*Corpore angusto, dorso glaberrimo, nitido, ferru-*
*gineo, albido sordide irrorato; capite profundiorè ma-*

*culis irregularibus lacteis picto; oculi nigro-cærulei; antennis pedibusque albidis; unguibus apicibus nigris.*

Son corps est étroit, le dos très lisse, luisant, ferrugineux, légèrement nuancé de blanc sale; la tête est peinte de taches irrégulières blanches; l'œil est d'un noir bleuâtre; les antennes et les pieds blanchâtres; les ongles noirs. Long. 0,018. Séj. Régions des algues. App. Hiver, printemps.

### 179. O. MOYONIA (N.), O. de Moyon.

*Corpore lato, dorso glaberrimo, nitido, glauco, saturatiore irrorato; capite concolore; oculi cærulescentes; antennis, pedibusque testaceo-pallidis; unguibus apicibus nigris.*

Cette belle espèce a le corps plus large, le dos fort lisse, luisant, d'un glauque plus ou moins foncé; la tête est incolore; l'œil bleuâtre; les antennes et les pieds jaunâtre pâle; les ongles noirs. Long. 0,018. Séj. Régions des algues. App. Printemps, été.

### 180. O. RUGLLOSA (N.), O. ruguleuse.

*Corpore angusto; dorso ruguloso, glauco, glaberrimo, nitido, punctulis cæruleo-nigris ornato; antennis, pedibusque glaucis, pallidis; unguibus apicibus nigris.*

Son corps est étroit; le dos ruguleux, très lisse, luisant, d'une teinte glauque, orné de petits points noir bleuâtre; les antennes et les pieds sont d'un glauque pâle, l'extrémité des ongles noire. Long. 0,020. Séj. Régions des algues. App. Hiver, Printemps.

### 181. O. RICINOÏDES (N.), O. ricinoïde.

*Corpore nitidissimo, glaberrimo, pellucido, fuscescente; segmentis omnibus glauco marginatis, et punctis numerosissimis irregularibus fusco-nigris ornatis; antennis pedibusque fuscis; oculis cærulescente-nigris.*

Riss., *Hist. nat. des crust.*, 145, 7.

Son corps est ovale oblong, très glabre, luisant, translucide, brunâtre, à segments lisérés de glauque, ornés d'un nombre infini de points irréguliers brun noirâtre; les antennes et les pieds sont bruns, les yeux d'un noir bleuâtre. Long. 0,020. Séj. Profondeurs rocailleuses. App. Printemps, été.

## 182. O. Viviania (n.), O. de Viviani.

*Corpore lato; dorso nitido, intense glauco, punctulis minutissimis purpurascentibus picto; oculi nigrescentes; antennis pedibusque testaceis; unguibus concoloribus.*

Son corps est assez large ; le dos luisant, d'un glauque intense, peint par une infinité de très petits points pourpres ; l'œil est noirâtre ; les antennes et les pieds jaunâtres, ainsi que les ongles. Long. 0,013. Séj. Régions des fucus. App. Printemps, été.

## Helena (n.), Hélène.

*Corpus elongatum, convexum, postice abrupte angustius; caput subtrigonum, porrectum, postice trilobatum, angulis rotundatis; oculi magni, ovati, reticulati, prominentes; antennæ superiores octoarticulatæ, breves, crassæ; inferiores setaceæ, multiarticulatæ, articuli obsoleti; thorax septemarticulatus; pedes quatuordecim æquales, posteriores paululum longiores; ungues acuti, valde curvati; abdomen sex articulatum, articulo ultimo ovato, postice valde abrupte acuminato; lamellis inæqualibus foliaceis, exteriores interioribus duplo longiores.*

Corps alongé, convexe, brusquement rétréci en arrière ; tête subtrigone, prolongée, trilobée postérieurement, à angles arrondis ; yeux grands, ovales, réticulés, proéminents ; antennes supérieures à huit articles, courts, épais ; les inférieures soyeuses, multiarticulées, à articles peu apparents ; corselet à sept segments ; quatorze pieds égaux,

les postérieurs un peu plus longs ; ongles aigus, très courbes ;
abdomen à six anneaux, le dernier ovale, très brusquement
acuminé au sommet; appendices inégales , foliacées , les
extérieures deux fois plus longues que les intérieures.

183. E. Spinola (n.), E. de Spinola.

*Corpore glaberrimo, nitidissimo, hyalino, fusces-*
*cente; segmentis omnibus fulvo pallido marginatis; an-*
*tennis pedibusque concoloribus; oculis nigris.*

Son corps est très glabre, fort lisse, hyalin, brunâtre, à segments lisérés de fauve pâle; les antennes et les pieds sont de
même couleur; les yeux noirs. Long. 0,014. Séj. Régions des algues. App. Hiver , printemps.

*Corps convexe, abdomen à six anneaux distincts; yeux*
*granulés; antennes courtes, égales ou presque égales.*

Limnoria (leach.), Limnorie.

Corps ovale oblong; tête alongée , obtuse; yeux distincts; antennes extérieures à huit articles presque égaux;
sept paires de pattes; le dernier anneau de l'abdomen fort
grand.

184. L. gibbosa (n.), L. bossue.

*Corpore glabro, subpustulato, nitido, castaneo fusco*
*rubroque commixtis ornato; capite castaneo, rubro va-*
*riegato.*

Riss., *Hist. nat. des crust.,* 144, 9.

Un brun châtain luisant, varié de rougeâtre, colore la surface
supérieure de cette espèce, qui est un peu pustulée; les cinq premiers segments se divisent en deux sur les bords latéraux; les appendices sont foliacées, l'une est aiguillonnée, l'intermédiaire
ovale, celle du sommet oblongue; les pattes ont des ongles crochus.

La femelle est pleine d'œufs transparents pointillés de brun.
Long. 0,028. Séj. Dans les rochers. App. Printemps, étc.

## Sophone (n.), Sophone.

*Corpus ovatum, abdomen thorace abrupte angustius ;
caput semicirculare ; oculi maximi, rotundati, approximati, granulati ; antennæ multiarticulatæ, superiores
inferioribus paululum breviores ; thorax septemarticulatus, articulo primo majore ; pedes duodecim æquales,
unguis valde curvatis, acutis ; abdomen ultimo segmento
semicirculari ; lamellæ foliaceæ, æquales.*

Corps ovale ; abdomen plus étroit que le corselet ; tête
semi-circulaire ; yeux grands, arrondis, rapprochés, granulés ; antennes à plusieurs articles, les supérieures un peu
plus courtes que les inférieures ; corselet à sept segments,
le premier fort grand ; douze pieds égaux ; ongles très
courbes, aigus ; le dernier segment de l'abdomen semi-
circulaire ; appendices foliacées, égales.

### 185. S. Nicæensis (n.), S. de Nice.

*Corpore toto corneo; antennis, pedibus, abdominis articulo ultimo, lamellisque testaceis ; oculi purpureo-nigri.*

Son corps est couleur de corne ; les antennes, les pieds, le dernier article de l'abdomen et les appendices jaunâtres ; les yeux
d'un noir pourpre. Long. 0,011. Séj. Régions des algues. App.
Hiver, printemps.

## Osirusa (n.), Osiruse.

*Corpus elongatum, antice posticeque angustatum,
rotundatum; caput pentagonum, antice acuminatum ;
oculi maximi, rotundati, convexi, distantes, reticulati ; antennæ conicæ, æquales, articulorum plurimorum
compositæ; thorax septemarticulatus ; pedes quatuorde-*

*cim, paria tria anteriora brevia, quatuor posteriora
longiora, æqualia ; abdomen ultimo segmento trigono,
apice rotundato; lamellæ foliaceæ, acuminatæ, exteriores
paululum latiores.*

Corps alongé, rétréci en avant et en arrière, arrondi ;
tête pentagone, aiguë sur le devant; yeux grands, arrondis, convexes, distants, réticulés; antennes coniques,
égales, composées de plusieurs articles; corselet à sept
segments; quatorze pieds, les trois paires antérieures
courtes, les quatre postérieures longues, égales; ventre à
dernier article trigone, arrondi; appendices foliacées, aiguës, les extérieures un peu plus larges.

### 186. O. PETAGNIANA (N.), O. de Pétagna.

*Corpore toto griseo, glabro, nitidissimo, opaco; thorace
segmentis omnibus lateratim exaratis, marginem efformantibus; oculis griseis; antennis pedibusque concoloribus.*

Son corps est lisse, luisant, opaque, d'un beau gris; tous les
segments du corselet sillonnés latéralement, formant marge; les
yeux gris; les antennes et les pieds de même couleur. Long. 0,019.
Séj. Régions des algues. App. Printemps, été.

### *Remarques.*

Les idotiadés ne sont pas aussi voraces que les cymothoadés, et la plupart des crustacés qui composent cette
première section ne sont point aussi multipliés dans nos
mers; leur mouvement consiste à plier leur corps en dessous, et à le redresser aussitôt en ouvrant les deux plaques
solides qui sont au-dessous de leur queue pour donner un
libre essor aux lames foliacées que l'animal dirige d'avant
en arrière pour repousser l'eau, et c'est uniquement à l'u-
sage de ces organes que l'on doit attribuer le mouvement
des idotiadés.

Les asellides sont extrêmement communs sur nos rivages. Les ligies courent sur les rochers avec une vitesse étonnante, et sautent avec légèreté quand on va pour les saisir; chaque ponte des femelles est de 30 à 40 petits, qu'elles déposent au milieu des plantes accumulées par les flots sur le rivage. Les aselles vivifient par leur présence les eaux de nos fossés; l'oliska ne courbe jamais son corps comme les cloportes, dont j'ai distingué cinq espèces nouvelles. Les armadilles, les phyloscies et les porcellions habitent sous les cailloux et la mousse, et dans tous les endroits où l'humidité est accompagnée de peu de lumière.

Parmi les cymothoadés, dont on a formé dernièrement plusieurs nouveaux genres, j'ai trouvé quelques crustacés qui par leurs caractères n'ont pu entrer dans les cadres déjà tracés, et je me suis vu, par conséquent, dans la nécessité d'établir quatre nouvelles coupes génériques, lesquelles paraissent remplir plusieurs lacunes qui existaient dans la série de ces animaux.

## SECONDE SOUS-CLASSE.

### ENTOMOSTRACÉS, ENTOMOSTRACA.

Bouche en forme de bec, ou composée de mandibules palpigères et de deux paires de mâchoires en feuillets, auxquels sont parfois annexées les branchies; corps recouvert d'un test corné ou membraneux en forme de bouclier, ou divisé en valves latérales; tête rarement distincte du tronc; yeux sessiles, ou manquants; pieds garnis d'appendices branchiales, de petits feuillets ou des cils propres à la natation; une métamorphose incomplète; des mues nombreuses.

## ORDRE SIXIÈME. — POECILOPODES, POECILOPODA.

Tête et tronc confondus, recouverts sur la partie antérieure d'une espèce de bouclier.

### Iʳᵉ Famille. *LES CALIGIDES.*

Deux antennes; quatre à douze pattes; bouche en forme
de bec; queue munie d'appendices.

### Caligus (mull.), Calige.

Corps déprimé, ayant sa partie antérieure recouverte
d'un test en forme de bouclier, rétréci postérieurement, et
terminé par deux soies ou tubes ovifères, alongés, cylindriques et simples; deux yeux distants à la base interne
de deux petites antennes coniques; rostre obtus, placé en
dessous du test.

187. C. Lessonius (n.), C. de Lesson.

*C. Corpore luteo ; testa cordata pedum septem paria.*

Riss., *Hist. nat. des crust.*, 161, 1. Ott., 15, 24.

Son corps est oblong, d'un beau jaune brillant, traversé d'une
ligne brune au milieu; le test est en forme de cœur, convexe,
traversé de deux sutures longitudinales, orné de deux points dorés
réunis; les yeux sont rapprochés; les antennes petites, à trois articles; le rostre long, aigu; les pieds au nombre de sept paires,
les premiers courts, armés d'un ongle crochu, les troisièmes épais,
les postérieurs garnis de deux ongles; l'abdomen est composé de
quatre segments, les deux premiers munis de lames foliacées, le
dernier très long, divisé en deux parties, chacune ayant une appendice canaliculée, à la base desquelles sont deux pièces entourées d'aiguillons.

La femelle est un peu différente. Long. 0,032. Séj. Sur le squale griset. App. Chaque saison.

188. C. MINIMUS, C. petit.

*C. Corpore subfusco; testa orbiculata, antice emar-ginata, postice lunata; pedum octo paria.*

Ott., 14, 23.

Cette espèce a le test convexe, d'un brun plus ou moins clair, échancré sur le devant, coupé en demi-lune sur la partie postérieure; à bords ciliés; les antennes sont courtes, triarticulées, aiguës; les yeux sont proéminents; le rostre est très petit; les pieds au nombre de huit paires, les deux premiers courts, onguiculés; les seconds très longs, terminés en filament; les autres plus courts et les derniers assez longs; l'abdomen est presque carré, terminé par des appendices garnies de soies. Long. 0,010. Séj. Sur le centropome. App. Automne, printemps.

## NEMESIS (N.), Némésis.

*Corpus elongatum; thorax ovatus, gibbus, postice paululum attenuatus; abdomen octoarticulatum, segmento ultimo setis quatuor instructo, duabus brevissimis, acuminatis, aliis longissimis, articulatis; antennæ articulo primo longiori, latiore; rostrum biarticulatum, gradatim acuminatum, articulo primo secundo multo breviore; pedes quatuor, unguibus valde elongatis armati; par primum secundo multo breviore.*

Corps alongé, corselet ovale, relevé en bosse, un peu aminci postérieurement; abdomen à huit segments, le dernier muni de quatre soies, deux très courtes, aiguës, les autres fort longues, articulées; antennes aiguës, à premier article long et large; rostre biarticulé, graduellement acuminé, à premier article plus court que le second; quatre pieds armés d'ongles très longs, la première paire plus courte que la seconde; point d'yeux.

189. N. LAMNA (N.), N. lamne.

*N. Corpore flavescente brunneo; unguibus apice in-
tense ferrugineis; setis caudalibus ferrugineo-fuscis.*

Son corps est alongé, d'un jaune brun; le corselet un peu
aminci par-derrière; les quatre premiers segments de l'abdomen
un peu bossus, décroissant par gradation; le premier est circulaire, le quatrième émarginé, le cinquième un peu moins large,
les trois derniers plus courts et plus étroits les uns que les autres,
se terminant par quatre soies, les deux supérieures linéaires, articulées, fort longues; les inférieures courtes, brusquement aiguës au sommet; les antennes sont pointues, à premier article
alongé, assez large; le rostre est composé de deux articles aigus,
le premier beaucoup plus court que le second; les quatre pieds
sont armés d'ongles fort longs, la première paire est infiniment
plus courte que la seconde. Long. 0,010. Séj. Sur le lamie long
nez. App. Printemps, été.

## OTROPHESA (LEACH.), Otrophèse.

Test oblong, arrondi, atténué sur le devant, plus large
en arrière; antennes à six articles; abdomen étroit, couvert
de lames foliacées; queue terminée par deux filets très
courts.

190. O. IMBRICATA (N.), O. imbriquée.

*O. Corpore oblongo, virescente luteo; abdomine im-
bricato; unguibus ferrugineis.*

Riss., *Hist. nat. des crust.*, 162, 2.

Je donne le nom d'imbriquée à cette espèce par rapport aux
écailles en forme d'élytres qui sont placées à la base de son test,
et qui recouvrent entièrement son ventre; son corps est coriace,
glabre, d'un vert jaunâtre; son test forme un écusson alongé,
conique, tronqué en devant, large et arrondi en arrière, finement
dentelé sur son contour et marqué sur son milieu d'une ligne brune;

ses antennes sont formées de deux articles ; ses deux pattes antérieures sont courtes , et les deux postérieures larges et aplaties ;
toutes sont terminées par deux ongles crochus ferrugineux ; son
abdomen est étroit, composé de quatre segments presque arrondis, garni de chaque côté par trois lames foliacées ; le dernier est terminé par deux courts filets aplatis. Long. 0,014. Séj.
Sur le squale féroce. App. Printemps, automne.

### CHONDROCANTHUS (CUV.) , Chondrocanthe.

Test oblong, assez déprimé, pourvu de chaque côté
d'appendices rudimentaires aplaties , digitées et cartilagi-
neuses ; la tête séparée du thorax par un sillon , et portant
de chaque côté un rudiment d'antennes ; bouche inférieure,
accompagnée d'une paire de mâchoires et de palpes ; les
sacs ovifères plus ou moins longs et aplatis.

191. C. LOPHIUS (N.), C. baudroie.

*C. Corpore elongato , viridescente fusco , antice paulu-
lum angustiore ; antennæ conicæ, breves, segmento primo
postice appendicibus quatuor subæqualibus , secundo appendicibus tribus æqualibus instructo ; filamentis cylindricis , longissimis , apice rotundatis.*

Le corps de cette espèce est alongé, un peu aminci en devant,
coloré d'une légère teinte vert sale brunâtre ; ses antennes sont
courtes, coniques ; le premier segment est muni postérieurement
de quatre appendices presque égales, le second n'en a que trois ; les
filaments de l'extrémité de l'abdomen sont très longs, cylindriques, arrondis au sommet. Long. 0,038. Séj. Sur le lophie baudroie. App. Mars, juin.

### IIᵉ FAMILLE. *LES BOPYRIDES.*

Des antennes ; des yeux ou point ; pattes du devant propres à marcher et à saisir ; rostre prolongé ; queue sans appendices.

## Cecrops (leach.), Cécrops.

Test coriace, à deux pièces aplaties sur le devant, en forme de cœur renversé; celle de derrière fort large; antennes simples; yeux sphériques; sept paires de pieds.

### 192. C. Desmaresti (n.), C. de Desmarest.

*C. Corpore hyalino, glauco, et testaceo albido; pedum par primum monodactylum, secundum didactyle, digitis inæqualibus ciliatis; tertium crassiusculum, elongatum, monodactylum, unguibus castaneis, apice ferrugineis; abdomine cæruleo viridescente.*

Cette espèce diffère du cécrops Latreille, par son corps moins large, sans pointes sur la partie antérieure du corselet et ses lobes postérieurs ainsi que l'abdomen entiers; sa partie antérieure est unie, cordiforme, d'une couleur glauque et blanc jaunâtre, avec quelques taches brunes sur son pourtour inférieur; elle en diffère également par son facies différent, l'ensemble de son test, l'abdomen d'un vert bleuâtre, ainsi que par ses habitudes.

La femelle est un peu plus grosse. Long. 0,026. Séj. Surface de la mer, loin des côtes. App. Printemps.

## Agenor (n.), Agénor.

*Corpus ovale oblongum, in medium paululum elevatum, postice acute emarginatum; caput rotundatum, complanatum; antennæ duæ carnosæ, tubulis parvis sex instructæ; oculi reniformes, granulati; rostrum mobile, extremitate obtusa, ad rostri latera antliæ duæ; abdomen quadriarticulatus, segmento posteriore lamellis natatoriis instructo; pedes decem æquales, par primum simplice, paria altera filamentis duobus æqualibus brevibus terminata.*

Test coriace, ovale oblong, à une seule pièce un peu

bombée au milieu, émarginé en angle aigu vers sa partie
postérieure; tête arrondie, déprimée; antennes charnues,
garnies de six petits tubes; yeux réniformes, granulés;
rostre mobile, à sommet obtus, muni d'un suçoir de chaque côté; abdomen à quatre segments, le dernier orné
de lames natatoires; dix pieds égaux, la première paire
simple, les autres terminés par deux courts filaments
égaux.

193. A. PURPUREUS (N.), A. pourpré.

Riss., *Hist. nat. des crust.*, 170, 1.

Son corps est d'un pourpre violâtre, traversé par six lignes
longitudinales parallèles, blanchâtres, sa tête est ovalaire, finement pointillée vers sa partie postérieure; les antennes sont charnues, amincies à l'extrémité, munies chacune de six petits tubes
jaunes placés sur trois rangs; ses yeux sont situés sur les côtés,
paraissant réniformes en dessus; ils sont à facettes et noirâtres;
on les voit aussi en dessous, mais sous cet aspect leur forme est
ronde; le rostre est mobile, susceptible de s'alonger, de se rac-
courcir, de se porter dans tous les sens; il est obtus à l'extrémité,
avec son orifice arrondi; à droite et à gauche du rostre sont deux
ventouses sessiles, conico-arrondies, entourées sur leurs bords
d'un cercle doré et d'une membrane très fine et frangée; l'abdomen est blanc, paraît formé de quatre segments, dont le dernier
donne attache à des lames natatoires, foliacées, très minces, finement pointillées de violâtre; la première paire de pattes est courte,
coudée, composée de cinq articles, dont le premier est fort petit,
le second renflé, les autres plus longs et cylindriques, et le dernier crochu; ces pattes ont sur une de leurs faces des espèces de
capsules coniques au nombre de sept, jaunâtres, servant proba-
blement de suçoir pour s'attacher; les autres quatre paires sont
d'un bleu cendré, composées de quatre articles, dont le dernier
est terminé par deux filets très fins, poilus et transparents.

La femelle m'est inconnue. Long. 0,016, larg. 0,010. Séj. Sur
le citule banks. App. Mai.

## ERGYNE (N.), Ergyne.

*Corpus ovale, depressum, coriaceum; caput subrotun-*
*datum; thorax multiarticulatus; antennæ elongatæ, plu-*
*mosæ; oculi paululum visibiles; pedibus duodecim acutis.*

Test coriace, ovalaire, aplati; tête subarrondie; corselet à plusieurs articles; antennes longues, plumeuses;
yeux peu apparents; pattes courtes, au nombre de douze,
à sommets aigus.

### 194. E. CORNU CERVIS (N.), E. corne de cerf.

Riss., *Hist. nat. des crust.,* 190, 1, 111, 12.

Le corps de cet ergyne est ovale, aplati, lisse, d'un beau rouge
au milieu, bordé de blanc; il est formé de cinq segments chacun
traversé d'un filet blanchâtre; la tête est surmontée par quatre
antennes ramifiées et plumeuses, les deux intermédiaires étant
presque aussi longues que le corps; les yeux sont peu apparents;
la bouche est inférieure; le ventre un peu bombé; la queue à
une seule pièce arrondie; les pattes, au nombre de six de chaque côté, sont composées d'articles courts, et terminées par des
aiguillons très crochus.
La femelle porte avec soi des petits vivants. Long. 0,008, larg.
0,006. Séj. Sur le portune rondelet. App. Printemps, automne.

## BOPYRUS (LAT.), Bopyre.

Test cartilagineux, partie antérieure plus large que la
postérieure; point d'antennes et d'yeux; sept paires de
pattes.

### 195. B. PALEMONIS (N.), B. des palémons.

*B. Ovato luteo, virescente variegato : cauda rotunda;*
*pedibus brevissimis.*

Riss., *Hist. nat. des crust.,* 148, 1.

Ce bopyre est différent de celui que MM. Bosc et Latreille ont décrit; son corps est ovale, aplati, composé de sept petits segments, à peine apparents, et terminés par une queue obtuse; sa couleur est jaunâtre, mêlée de vert clair, avec deux lignes longitudinales brunes, dentelées; sa tête est surmontée par deux petits rudiments qu'on serait tenté de prendre pour des antennes; ses yeux ne sont point visibles; huit feuillets inégaux, membraneux, superposés les uns aux autres, sont placés sur les bords de l'abdomen, qui est d'un gris sale et marqué de dix lignes transversales; sa queue est courte, blanche, arrondie, formée de six segments; ses pattes sont petites, recourbées, aplaties et crochues. Long. 0,009, larg. 0,007. Séj. Sur les palémons et les alphées. App. Eté, automne.

### Remarques.

Les cécrops de nos bords flottent par milliers sur la surface de l'eau, loin des côtes, et servent de nourriture à divers poissons voyageurs, principalement au céphale lune, dont l'estomac est toujours rempli d'une quantité étonnante de ces bopyrides. L'Agénor doit vivre solitaire dans les rochers profonds, et ne s'élancer sur les poissons subpélagiens, qu'il choisit de préférence pour sucer sa nourriture, que pendant le solstice d'été. L'ergyne doré a à peu près les mêmes mœurs que les bopyres, et ne poursuit que les cancérides. Le ventre de la femelle est recouvert de plaques superposées, comme celles que présentent les cymothoades; elles se dilatent pour donner passage à vingt ou trente petits individus vivants, qu'elle dépose dans les endroits fréquentés par les portunes. Les bopyres sont parasites sur les palémons et les alphées. La femelle de l'espèce que j'ai observée dans notre mer porte sur son ventre de huit à neufs cents petits individus, très apparents à la loupe, de couleur blanc grisâtre, qu'elle a toujours soin de déposer parmi les palémons et les alphées. Dès que les petits sont libres, ils s'attachent sur leur proie, se glissent peu à peu au-dessous de la partie latérale du corselet, et la soulèvent pour se fixer près des branchies;

les salicoques qui en sont attaqués se déforment, et présentent une tumeur fort remarquable sur les côtés de leur
corselet.

### IIIᵉ Famille. *LES CYPRIADÉES.*

Ont un corps renfermé entre deux valves latérales; la
tête saillante; des yeux et des antennes.

### Lynceus (mull.), Lyncée.

Quatre antennes ramifiées, deux yeux.

196. L. brachyurus, L. brachyure.

*L. Testa globosa, pellucida; cauda deflexa, extremi-*
*tate subbifida.*

Mull., 69, 8, 1, 12. Fab., 2, 427, 36. Lat., 4, 204.

Son test est sphérique, transparent, translucide; la tête prolongée en bec, la queue garnie de deux filets courbés, presque
bifides à leur pointe. Long. 0,002. Séj. Eaux stagnantes. App.
Printemps.

### Cypris (mull.), Cypris.

Antennes terminées en houppe; un œil.

197. C. reniformis (n.), C. réniforme.

*C. Testa reniformi, viridi, antice et postice ciliata.*

Riss., *Hist. nat. des crust.,* 164, 1.

Le test de ce Cypris est oblong, réniforme, un peu velu aux
extrémités; les deux pattes du devant sont grosses, coudées en
dessous, et les postérieures sont alongées, terminées en faux. Long.
0,001. Séj. Eaux vives. App. Printemps, été.

Var. I. On voit des individus couverts de très petits points
transparents.

198. C. LUTEA (N.), C. jaune.

*C. Testa subreniformi , glaberrima , nitidissima , pellucida , lutea.*

Riss., *Hist. nat. des crust.*, 165, 2.

Cette espèce présente un test brillant, presque réniforme , très lisse, d'un jaune d'écaille luisant; les antennes sont terminées par cinq soies très minces; ses pattes sont égales et courbées en arc. Long. 0,001. Séj. Eaux stagnantes. App. Printemps, été.

### IV⁴ FAMILLE. *LES OSTRAPODES.*

Corps renfermé entre deux valves latérales; point de tête distincte; pieds ambulatoires; mandibules palpifères; branchies tenant aux organes de la bouche.

### CYTHEREA (MULL.), Cythérée.

Antennes seulement couvertes de poils; œil unique.

199. C. SPINOSA (N.), C. épineuse.

*C. Testa ovato-oblonga, hyalina, pellucida, albo margaritacea , lateraliter spinosa , fasciis longitudinalibus virescentibus ornata.*

Riss., *Hist. nat. des crust.*, 165, 3.

Cette belle espèce est ovale oblongue, d'un blanc nacré translucide, marquée de lignes longitudinales verdâtres, et munie d'une longue épine sur les côtés latéraux de chaque valve. Ses pattes antérieures sont un peu plus longues que les postérieures. Long. 0,004. Séj. Mares et eaux stagnantes. App. Hiver et printemps.

## V<sup>e</sup> Famille. *LES BRANCHIOPODES.*

Deux yeux pédonculés; pattes servant à la natation.

### Eulimène (lat.), Eulimène.

Corps ovale oblong, linéaire; tête transverse; deux antennes filiformes; vingt-deux pattes.

200. E. albida, E. blanche.

*E. Corpore antice sordide albido, postice nigrescente.*

Son corps est d'un blanc sale sur sa partie antérieure, et noirâtre vers son extrémité postérieure. Long. 0,010. Séj. Moyennes profondeurs. App. Été.

### *Remarques.*

Tels sont les crustacés que j'ai observés jusqu'à présent sur nos rivages, et je ne doute point qu'il n'en reste encore autant à découvrir dans le midi. Dans la description des genres et des espèces que je viens de donner, je n'ai pas cru devoir négliger l'étude des mœurs et des habitudes propres à ces espèces, j'ai indiqué pour chacune la profondeur de la mer à laquelle elle se tient ordinairement, la nature des régions qu'elle fréquente le plus volontiers; enfin, j'ai fait connaître, outre les différences de conformation qu'on remarque entre les mâles et les femelles, l'époque de la ponte de ces dernières, et, autant que je l'ai pu, le nombre approximatif des œufs qu'elles déposent.

Je n'ai perdu de vue, pour aucune espèce, les différentes considérations que je viens d'exposer rapidement; je me trouverais heureux si les véritables naturalistes, ceux auxquels les progrès de la science sont plus chers que les vues particulières qui dirigent tant d'autres, apprécient mes efforts, et s'ils ont pu trouver dans cet ouvrage des faits nouveaux, ou, au moins, s'ils reconnaissent que j'ai pu approcher du but que je m'étais proposé, d'ajouter quelques pages au grand livre de la nature.

# DESCRIPTION

## DE QUELQUES

# MYRIAPODES, SCORPIONIDES,

## ARACHNIDES ET ACARIDES,

### HABITANT

## LES ALPES MARITIMES.

~~~~~~~~~~~~~~~~~~~~~~~~~~~~~~~~~~~~~~~~~~~~~~~~~~~~~~

## LES MYRIAPODES.

Animaux multiarticulés, à test semi-dur, dont le corps à plusieurs segments, munis chacun d'une paire de pieds, porte une tête surmontée de deux antennes ; une bouche armée de deux mandibules, avec quatre mâchoires réunies, transformées en lèvres ; les trois premiers segments représentent le corselet des insectes.

### I<sup>re</sup> FAMILLE. — *LES CHILOGNATES.*

Corps souvent crustacé ; antennes de six à sept articles ; pieds courts.

#### GLOMERIS (LAT.), Glomeris.

Corps alongé, ovale, convexe, se contractant en boule ; seize paires de pieds ; yeux distincts, lentiformes, réticulés ; antennes insérées sur le devant de la tête, à second article plus court que le troisième.

10.

1. G. MARGINATUS, G. marginé.

G. *Corpore glaberrimo, nitido, nigro; segmentis marginibus luteis aut croceis.* N.

Vill., 4, 187, 11, 15. Panz., 9, 25. Leach, z, m, 5, 52. Riss., 158, 1

Tout le corps est d'un beau noir, lisse, luisant, avec les bords des segments jaunes. Long. 0,016. Séj. Sous les pierres. App. Toute l'année.

2. G. CASTANEUS (N.), G. châtain.

G. *Corpore glaberrimo, nitido, castaneo; segmentis marginibus postice dilatioribus.*

Riss., *Hist. nat. des crust.*, 159, var. A.

Son corps est très lisse, luisant, châtain, avec les bords des segments beaucoup plus pâles et moins foncés. Long. 0,015. Séj. Sous les pierres. App. Toute l'année.

3. G. GUTTATUS (N.), G. tacheté.

G. *Corpore glaberrimo, nitidissimo, aterrimo, guttis croceis in lineis quatuor longitudinalibus digestis ornato; segmento posteriore guttis duabus ovalibus croceis picto; antennis pedibusque violascentibus, guttatis.*

Cette espèce est très lisse, fort luisante, d'un beau noir, ornée de quatre lignes longitudinales de taches jaune foncé régulièrement disposées; le dernier segment est peint de deux taches ovales jaune safran; les antennes et les pieds tachetés de violâtre. Long. 0,016. Séj. Sous les cailloux. App. Presque toute l'année.

### JULUS (LIN.), Jules.

Corps cylindrique, alongé, à dernier article brusquement acuminé, se roulant en spirale; pieds médiocres; yeux distincts, lentiformes, réticulés; antennes à six articles, le premier petit, le second alongé, subconique, le troisième large, un peu plus court, le quatrième clavi-

forme, le cinquième conique, et le sixième très petit,
cylindrique, à sommet tronqué. N.

4. J. sabulosus (lin.), J. des sables.

*J. Corpore nigro, cinereo; dorso lineis longitudina-*
*libus subundulatis sculpto, et lineis duabus longitudi-*
*nalibus rufescentibus ornato; segmento ultimo mucro-*
*nato; pedibus luteis; facie flava, nigro punctata. N.*

Linn., 1065. Degeer., 7, 928, 36, 9, 10. Cuv., 154. Leac., 33, 1.

Son corps est d'un noir cendré, orné sur le dos de lignes longitudinales subondulées et de deux bandes roussâtres; front
jaunâtre, pointillé de noir; pieds jaunes, dernier segment aigu.
Long. 0,030. Séj. Sous les cailloux. App. Printemps, automne.

5. J. aimatopodus (n.), J. incarnat.

*J. Corpore cærulescente nigro, segmentis lineolis*
*longitudinalibus sculptis; dorso linea una angusta azu-*
*rea, lateribus linea eadem, lineisque duabus nigris*
*punctulato; segmentis infra lineam lateralem postice*
*cæruleis; tentaculis carneis; pedibus carneis pallidissi-*
*mis, tertio saturatiore.*

Corps d'un noir bleuâtre, sculpté par de petites lignes longitudinales; dos orné d'une étroite bande d'azur, ainsi que les côtés
qui sont accompagnés de deux lignes noires ponctulées; segments
en dessous de la ligne latérale bleuâtres; tentacules couleur de
chair; pieds d'un incarnat pâle, le troisième plus foncé. Long,
0,040. Séj. sous les pierres. App. Toute l'année.

6. J. annulatus (n.), J. annelé.

*J. Corpore purpurascente, segmentis postice luteis,*
*lineolis longitudinalibus impressis sculptis; pedibus vio-*
*lascentibus.*

Corps teinté d'une légère couche pourpre, sculpté par de petites lignes longitudinales, à segments postérieurs jaunes; pieds violâtres. Long. 0,042. Séj. Sous les cailloux. App. Toute l'année.

7. J. MODESTUS (N.), J. modeste.

*J. Corpore hyalino, dorso purpurascente; segmentis duobus antepenultimis griscis, lineolis longitudinalibus rectis sculptis, et lineis tribus punctorum atrorum, una dorsali, aliis lateralibus compositis; lateribus griscis; capite glauco; oculis atris; antennis violascentibus, griseo annulatis.*

Cette belle espèce a le corps hyalin, le dos teint de pourpre, et les deux segments antérieurs au pénultième gris, sculptés par de fines lignes longitudinales droites, et trois un peu plus larges, formées de points noirs, l'une située sur le dos, et les deux autres latérales, placées sur un fond gris; la tête est glauque, les yeux noirs, les antennes violâtres, annelées de gris. Long. 0,015. Séj. Sous les pierres. App. Presque toute l'année.

8. J. PICEUS (N.), J. noirâtre.

*J. Corpore piceo, glaberrimo, nitidissimo; segmentis striolis tenuissimis longitudinalibus sculptis, ultimo acute acuminato; tentaculis nigrescentibus; unguibus fuscis.*

VAR. I. *Segmentis lateraliter maculis ochraceis, palidissimis, irregularibus, pictis.*

Son corps est noirâtre, très lisse et fort luisant, sculpté par de très petites stries longitudinales, à dernier segment très aigu; les tentacules sont noirâtres, les ongles bruns. Long. 0,050. Séj. Sous les pierres de carabasel. App. Printemps, automne.

CALLIPUS ( N. ), Callipe.

*Corpus elongatum, cylindricum, articulo ultimo integro obtuso; pedes longissimi; oculi distincti, lentiformes, reticulati; antennæ septemarticulatæ, articulo*

*primo minimo, lato; articulis secundo, tertio, quarto
et quinto fœre qualibus, gradatim elevatis; sexto cla-
vato, clava conica, apice truncato; septimo minutissimo
conico.*

Corps alongé, cylindrique, le dernier article entier,
obtus; pieds très longs; yeux distincts, lentiformes, réticulés; antennes à sept articles, le premier large, très petit, les quatre suivants, graduellement élevés, souvent
égaux; le sixième en massue cónique, tronquée au sommet; le septième très petit et conique.

### 9. C. RISSONIUS (LEACH.), C. de Risso.

*E. Corpore glaberrima, pellucido, carneo - pallido;
segmentis omnibus oblique striolatis, et postice intense
ferrugineis; antennis fuscis; oculis intense ferrugineis;
pedibus griseo fuscis; appendiculis masculinis ferrugineo
atris, glaberrimis, politis.* N.
*Callipus longipes.* N.

Le corps de cette espèce est très lisse, brillant, d'une légère
teinte incarnate passant au ferrugineux inférieurement, sculpté
par de fines stries obliques qui s'élèvent graduellement vers la
partie postérieure; les antennes sont brunes, les yeux d'un rouge
ferrugineux intense, les pieds d'un gris brun; les appendices du
mâle très lisses, unies, d'un noir ocracé. Long. 0,050. Séj. Sous les
pierres du Lazaret et de Baus-Rous. App. Presque toute l'année.

### CRASPEDOSOMA (LEACH.), Craspedosome.

Corps alongé, linéaire, déprimé, à segments marginés
et comprimés latéralement; plusieurs pieds; yeux distincts,
lentiformes, réticulés; antennes insérées sur la partie antérieure de la tête; second article plus court que le troisième.

### 10. C. POLYDERMOÏDES, C. Polydermoïde.

*C. Corpore glabro; dorso rufo - griseo; abdomine*

*pallido; pedibus rufescentibus, basi pallidis; angulis seg-*
*mentorum postice setigeris.*

Leach, *Zool. misc.*, 3, 36, 2, 134, 6, 9.

Corps glabre; dos d'un gris roussâtre; ventre pâle; pieds roussâtres, moins colorés à leur base; les angles postérieurs des segments sétigères. Long. 0,020. Séj. Sous les cailloux et vases des
jardins. App. Presque toute l'année.

## POLYDESMUS (LAT.), Polydesme.

Corps alongé, linéaire, déprimé, à segments marginés
sur les côtés, comprimés inférieurement, avec une saillie
en forme d'arête en dessus; plusieurs pieds; yeux non
apparents; antennes insérées sur la partie antérieure de la
tête, à second article plus court que le troisième.

11. P. COMPLANATUS, P. lisse.

*P. Corpore glabro, griseo; antennis, palpis, pedi-*
*busque pallidioribus.* N.

Fab., 3, 393. Lat., 1, 76, 1, Leach, 3, 37, 135.

Son corps est glabre, d'un beau gris; les antennes, les palpes
et les pieds très pâles. Long. 0,036. Séj. Lieux ombragés. App.
Presque toute l'année.

## POLYXENUS (LAT.), Polyxène.

Corps alongé, linéaire, déprimé, à segments terminés
par des faisceaux d'écailles, le dernier en pinceau; douze
paires de pieds; antennes insérées sous la marge antérieure
de la tête.

12. P. LAGURUS, P. en pinceau.

*P. Corpore fusco; capite nigro; penicello caudali*
*albo.* N.

Fab., 2, 389. Geoff., 2, 677, XXII, 4. Lat., 1, 77, 1.

Son corps est brun, la tête noire, le pinceau de l'extrémité postérieure blanc. Long. 0,007. Séj. Sous l'écorce des arbres. App. Presque toute l'année.

## IIe FAMILLE. — *LES SYNGNATHES.*

Corps déprimé, coriace ou membraneux; antennes de quatorze articles et plus; pieds alongés.

### CERMATIA (ILL.), Scutigère.

Corps alongé, subdéprimé, à segments couverts par-dessus de petits écussons; trente-quatre pieds très longs, à tarses multiarticulés, les deux derniers très alongés; seconde paire de cuisses munie d'une expansion lamelli-forme, entière en devant, non denticulée; les quatre tarses antérieurs uniarticulés; yeux gros, ovales, réticulés; antennes filiformes, plus longues que le corps.

13. C. VARIEGATA (N.), S. variée.

*C. Corpore flavescente, glauco; dorso lineis tribus longitudinalibus purpureo nigris, una centrali, duabus lateralibus maculorum compositis; antennis croceis pallidis; pedibus flavescente-glaucis, violascente annulatis; oculis atris.*

Cette nouvelle espèce est d'un glauque jaunâtre, ornée sur le dos de trois lignes longitudinales d'un pourpre noirâtre, une au milieu et deux latérales tachetées; tous les segments sont immarginés postérieurement, le dernier est armé de deux petites pointes divergentes; les antennes sont d'un jaune safran pâle; les pieds glauques, jaunâtres, annelés de violâtre; les yeux noirs. Long. 0,026. Séj. Maisons peu habitées de nos campagnes. App. Toute l'année.

### LITHOBIUS (LAM.), Lithobie.

Corps alongé, déprimé, un peu convexe en dessus;

trente-quatre pieds peu longs ; seconde paire de cuisses munie d'une expansion lamelliforme émarginée et denticulée; yeux ovales, granulés; antennes coniques, soyeuses, à quarante-cinq articles environ, les deux inférieurs très grands.

14. L. FORFICATUS, L. fourchu.

*L. Corpore lato, glabro, nitido, corneo; pedibus testaceo-flavescentibus; femoribus secundis expansione lamelliformi, tota profunde impressa, punctata.* N.

Leach, *Trans. lin. soc.*, 11, 381.

Son corps est large, lisse, luisant, couleur de corne; les pieds d'un jaune de brique; la seconde paire de cuisses munie d'une expansion lamelliforme, profondément ponctuée. Long.0,028. Séj. Sous les pierres. App. Toute l'année.

15. L. LONGICORNIS (N.), L. à longues cornes.

*L. Capite, antennis, dorso, ventre pedibusque croceoluteis; mandibulis ferrugineis, apice atris; antennis longissimis.*

Cette espèce a la tête, les antennes, le dos, le ventre et les pieds d'un jaune safran; les mandibules ferrugineuses, noires au sommet, et les antennes toujours presque aussi longues que le corps. Long. 0,025. Séj. Sous les pierres en montant à Raus. App. Juin, juillet.

GEOPHILUS (LEACH.), Géophile.

Corps très alongé, étroit, mince; pieds très nombreux, la seconde paire munie aux cuisses d'une expansion lamelliforme à peine divisée, la dernière paire un peu plus longue que les autres; yeux à peine apparents; antennes à quatorze articles cylindriques, amincis au sommet.

16. G. LONGISSIMUS (N.), G. très long.

G. *Corpore longissimo, croceo, capite saturatiore; antennis pedibusque pallidis.*

Corps extrêmement alongé, d'un jaune safran, à tête d'une couleur plus intense; les antennes et les pieds d'une teinte pâle. Long. 0,130, larg. ⦁,004. Séj. Sous les pierres. App. Presque toute l'année.

# LES SCORPIONIDES.

Animaux à corps alongé; corselet à quatre articles, le premier grand, carré, un peu étroit sur le devant, les autres transverses, étroits, un peu plus larges que l'antérieur; l'abdomen à quatre articles, les postérieurs décroissant insensiblement, et le dernier arrondi en pointe; dix pieds, les antérieurs très grands, chélifères; deux mâchoires rongeantes.

## Iʳᵉ Famille. — *LES SCORPIONES.*

Corps alongé, déprimé; queue mince, étroite, alongée, à six articles, les quatre antérieurs décroissant graduellement, le cinquième plus long que les autres, le dernier ovale, terminé en pointe courbe très aiguë.

### Scorpio (LIN.), Scorpion.

Corps alongé, déprimé; dix pieds, les antérieurs très grands, fort longs, chélifères; queue à dernier article ovale, terminé par une pointe très aiguë; six yeux.

17. S. EUROPEUS, S. d'Europe.

S. *Manibus, mandibulis, thorace, dorso, abdomine, caudaque olivaceo intense fusco; pedibus olivaceo-viri-*

*descentibus; brachiis antice mamillis parvis instructis;*
*carpo ad basim interne unidenticulato; cauda articulo*
*ultimo pallidiore, spina apice ferruginea.* N.

Vill., 4, 131, 11, 11. Séb., 1, 70, ix, 10. Lat., 1, 131, 1.

Mains, mandibules, corselet, dos, abdomen et queue d'un
brun olivâtre intense; pieds d'un vert pâle olivâtre; mains garnies au devant de petits mamelons; carpe muni à sa base interne d'une dent; dernier article de la queue pâle, avec la pointe
du sommet ferrugineux. Long. 0,036. Séj. Sous les pierres. App.
Toute l'année.

18. S. PALLIPES (N.), S. pied pâle.

*S. Manibus, mandibulis, thorace, dorsoque intense*
*ferrugineo-brunneis; cauda brevissima, pallidiora; pec-*
*tore pedibusque testaceis, pellucidis; abdomine glauco,*
*lateribus atris punctis, utrinque quatuor eburneis picto.*

Mains, mandibules, corselet et dos d'un brun ferrugineux intense; queue très courte, pâle; poitrine et pieds couleur de
brique luisante; abdomen glauque, à bords latéraux pointillés
de noir, et peint de chaque côté de quatre points blancs. Long.
0,050. Séj. Nos montagnes subalpines. App. Printemps, été.

BUTHUS (LAT.), Buthe.

Corps alongé, déprimé; dix pieds, les antérieurs très
grands, fort longs, chélifères; queue à dernier article
ovalaire, terminé par une pointe fort aiguë; huit yeux.

19. B. OCCITANUS, B. d'Occitanie.

*B. Manibus, thorace, dorsoque flavescentibus; cauda*
*corpore longiore, lineis elevatis granulosis; mucrone*
*nullo subaculeo.*

Latr., 1, 132, 3. Amour., *Journ. de phys.*, 1789. Herb., III, 3. Leach,
53, 145.

Corps d'un blanc jaunâtre sale; corselet et queue munis de plusieurs arêtes granuleuses; bras terminé par une main ovale, avec les doigts longs; les peignes à vingt-sept dents, et la queue un peu plus longue que le corps, à dernier article simple. Long. 0,054. Séj. Sous des écorces. App. Été.

## II<sup>e</sup> FAMILLE. — *LES CHELIFERIDES.*

Corps alongé, déprimé ou cylindrique; dix pieds; point de queue.

### CHELIFER (LAT.), Pince.

Corps déprimé; deux yeux; les huit pieds postérieurs à cinq articles. •

#### 20. C. HERMANNI, P. de Hermann.

*C. Corpore ferrugineo, testaceo; abdomine segmentis margine pallidis; pedibus secundis ad apicem gradatim crassioribus, articulo quinto elongato, tenui; digitis longis.* N.

Leach, *Zool. misc.*, 3, 50, 5.

Le corps de cette espèce est jaune de brique, ferrugineux; les segments de bords du ventre pâles; la seconde paire de pieds augmentant graduellement vers le sommet, le cinquième article mince, alongé; les doigts longs. Long. 0,013. Séj. Sous l'écorce des arbres. App. Printemps.

#### 21. C. MUSCORUM, P. des mousses.

*C. Corpore ferrugineo; pedibus secundis articulo tertio elongato, cylindraceo, articulo quinto ovato; digitis mediis.* N.

Leach, *Zool. misc.*, 3, 50, 5.

Son corps est ferrugineux; la seconde paire de pieds à troisième article alongé, cylindrique, le cinquième ovale; les doigts médiocres. Long. 0,007. Séj. Dans les maisons. App. Toute l'année.

**22. C. BICOLOR (N.), P. bicolore.**

*C. Thorace dorsoque olivaceo-nigris; segmentis pos-
tice olivaceo-viridibus pallidis; abdomine pallidiore; pectore, mandibulis, manubus intense ferrugineis; pedibus
posterioribus ferrugineis pallidis.*

Dos et corselet d'un noir olivâtre; segments colorés de vert
olive pâle postérieurement; l'abdomen presque incolore; poitrine,
mandibules et mains d'un ferrugineux intense; pieds postérieurs
couleur de rouille pâle. Long. 0,005. Séj. Sous les pierres. App.
Mars, avril.

OBISIUM (LEACH.), Obisie.

Corps subcylindrique; quatre yeux; les huit pieds postérieurs à six articles.

**23. O. MARITIMUM, O. maritime.**

*O. Corpore livido, fusco; pedibus quatuor anticis
pallide ferrugineis, aliis pallidis; pedibus articulo secundo cylindrico, tertio ovato, attenuato, quarto ovato,
digitis brevibus subcurvatis; thorax antice nonnunquam
ferrugineus. N.*

Leach, *Zool. misc.*, 3, 52.

Son corps est d'un brun livide, les quatres pieds du devant d'un
ferrugineux pâle, les postérieurs presque incolores; les pieds
ont leur second article cylindrique, le troisième ovale, atténué;
le quatrième ovale, avec les doigts courts, un peu courbés; le
corselet est quelquefois ferrugineux sur le devant. Long. 0,027.
Séj. Rochers et cailloux du Lazaret. App. Hiver, printemps.

# LES ARACHNIDES.

Animaux ovipares; à pieds articulés; sans ailes, ni élytres; des ouvertures stigmatiformes pour respirer.

## *ORDRE PREMIER.* — ARAIGNÉES, ARACHNEÆ.

Point de pattes propres pour sauter; corselet ovoïde, tronqué en devant, aplati; yeux postérieurs ne dépassant pas son extrémité antérieure, et ne formant point par leur ensemble un carré.

### PREMIÈRE SECTION.

Deux des filières extérieures plus longues et cylindriques; lèvre presque aussi longue que large; mandibules avancées, ne tombant point perpendiculairement.

### Iʳᵉ FAMILLE. — *LES ARAIGNÉES MINEUSES.*

Ont les mandibules avancées, arquées en dessus ou arrondies, et dont le corselet est replié sur leur côté antérieur et inférieur; mâchoires très divergentes; lèvre étroite, linéaire; yeux groupés sur une élévation, et dessinant une espèce de X ou de H.

### MYGALE, Mygale.

Palpes insérés à l'extrémité des mâchoires.

24. M. SOLITARIA (N.), M. solitaire.

*M. Corpore thoraceque violascentibus, lanuginosis; pedibus fuscescentibus, pellucidis.*

Cette espèce présente un corselet brun violet; l'abdomen ovale arrondi, violâtre, plus clair sur les côtés, couvert d'un petit duvet; les pattes luisantes, d'un brun clair; les quatre yeux supérieurs géminés de chaque côté. Long. 0,010, larg. 0,003. Séj. Argile tertiaire du vallon obscur. App. Juillet.

## ATYPUS, Atype.

Palpes insérées vers le bas de mâchoires; lèvre point saillante, presque carrée.

### 25. A. LIMBATUS (N.), A. bordé.

*A. Thorace nigerrimo, albo limbato; abdomine rotundato, brunneo, lineis duabus transversis albis.*

Son corselet est noir, bordé de blanc, avec une ligne de la même couleur dans son milieu; les yeux peu proéminents; l'abdomen d'un noir brunâtre, arrondi, liséré de blanc, avec deux lignes transversales blanches vers sa base; les pattes sont noires, les deux derniers articles de la première et de la seconde paire, qui sont plus longues que les autres, blanchâtres, les autres paires sont marquées de lignes longitudinales blanches et noires. Long. 0,006. larg. 0,003. Séj. Col de Bellet. App. Octobre.

## IIᵉ FAMILLE. — *LES ARAIGNÉES TAPISSIÈRES.*

Ont les mandibules penchées, droites en dessus, et dont le corselet est replié obliquement sur leur côté interne; mâchoires droites ou inclinées; lèvre saillante entre les mâchoires, triangulaire ou carrée, point linéaire.

### *Six yeux.*

## SEGESTRIA, Ségestrie.

Yeux disposés sur une ligne transversale, courbée en arrière, à chaque extrémité.

### 26. S. PULCHRA, S. jolie.

*S. Thorace ovato oblongo, argenteo, vellutino tecto;*

*abdomine oblongo, rotundato, albo, pellucido, supra li-
neis rectis aut curvatis atris, fasciis luteis ornato.*

Le corselet est ovale oblong, soyeux, d'un argent nacré; l'abdomen est arrondi, oblong, blanc, luisant, traversé en dessus de
lignes droites et courbes noires, avec des bandes jaunes au milieu;
les pieds sont annelés de noir et de jaune. Long. 0,018, larg.
0,006. Séj. Bords des ruisseaux. App. Juille'.

### 27. S. DENTATA (N.), S. dentée.

*S. Thorace ovato oblongo, margaritaceo; abdomine
rotundato (marginibus obtuse dentatis), argentato, nigro
guttato.*

Cette espéce a un corselet ovale oblong, soyeux, d'un nacré
luisant; l'abdomen est arrondi, entouré de neuf dentelures profondes, d'un brun fauve, avec une bande trausversale argentée
à son origine, tachetée de noir, suivie d'une seconde bande sinuée avec deux points noirs, et de quatre taches blanches, et une
petite croix de la même couleur au milieu; les pattes sont annelées de fauve et de noir. Long. 0,022, larg. 0,015. Séj. Sur les
plantes, au centre d'une toile verticale, à Bellet. App. Octobre.

### DYSDERA, Dysdère.

Yeux formant presque un ovale ouvert en devant.

### 28. D. CORALLINA (N.), D. coralline.

*D. Thorace ovato rotundato; mandibulis elongatis,
sanguineis; abdomine sericeo, nitido, molli, elongato,
griseo flavescente, infra pallidiore; pedibus flavescentibus, rubro variegatis.*

Corselet ovale arrondi; mandibules longues, d'un rouge sanguin; abdomen soyeux, luisant, très mou, d'un gris jaunâtre,
pâle en dessous; pattes jaunâtres, variées de rouge. Long. 0,010,
larg. 0,003. Séj. Sous les pierres. App. Presque toute l'année.

29. D. LUTEA (N.), D. jaune.

*D. Thorace pedibusque luteis ; abdomine rotundato, crasso, aurantio, super anum nigro maculato.*

Corselet ovale, d'un jaune foncé; abdomen épais, arrondi, chagriné, couleur orange, orné près l'anus d'une belle tache noire; pattes d'un jaune pâle luisant, plus foncé sur les articulations. Long. 0,005, larg. 0,003. Séj. Sur les plantes. App. Été.

30. D. FASCIATA (N.), D. fasciée.

*D. Thorace rotundato, pellucido, nigro fasciato; abdomine albo, argentato; pedibus virescentibus.*

Cette espèce diffère, comme l'on voit, de l'*Atranea argentea* des déserts d'Aral : son corselet est arrondi, transparent, traversé au milieu d'une bande noirâtre, orné sur son contour d'une petite ligne noire; l'abdomen est ovale, d'un blanc argenté, zoné de noir; les pattes verdâtres cerclées de brun à chaque articulation. Long. 0,006, larg. 0,003. Séj. nos collines. App. Juin, juillet, août.

### Huit yeux.

### DRASSUS, Drasse.

Mâchoires très inclinées sur la lèvre, sans sinus à l'origine des palpes; lèvre plus longue que large; les quatrièmes pattes et les premières ensuite plus longues; yeux groupés sur une élévation, placés sur deux lignes transverses, presque droites ou peu arquées; ceux de la ligne postérieure point géminés.

31. D. RELUCENS, D. reluisant.

*D. Thorace purpureo-rufo, sericeo, nitidissimo; abdomine nigro, lineis duabus transversis flavo-aureis ornato. N.*

Lat., 1, 88, 4.

Le corselet pourpre, soyeux, très luisant ; l'abdomen noir, traversé par deux lignes jaune d'or, distinguent cette espèce. Long.
0,012, larg. 0,005. Séj. Collines. App. Eté.

### FILISTATA, Filistate.

Mâchoires très inclinées sur la lèvre, sans sinus à l'origine des palpes ; lèvre plus longue que large ; les quatrièmes
pattes et les premières ensuite plus longues ; yeux groupés sur une élévation, sensiblement inégaux ; les quatre
antérieurs formant un demi-cercle, et les quatre postérieurs placés par paires sur une ligne presque droite.

32. F. TRUNCATA (N.), F. tronquée.

*F. Corpore toto sulfureo ; thorace parvo, ovali ; ab-
domine lato, subquadrangulari, postice truncato ; pedibus
interne pilosis.*

Son corselet est petit, ovale, le ventre large ; subquadrangulaire, tronqué au sommet ; les pattes poileuses intérieurement ;
le tout d'une couleur uniforme, d'un jaune de soufre. Long. 0,011,
larg. 0,008. Séj. Sur la lavande. App. Été.

### CLUBIONA, Clubione.

Mâchoires presque droites, ayant un sinus près l'origine
des palpes, un peu dilatées en dessous, sensiblement plus
longues que la lèvre, dont la hauteur excède la largeur ;
yeux placés quatre par quatre sur deux lignes transverses,
dont l'antérieure droite et la postérieure plus longue, arquée.

33. C. ATRA (N.), C. noire.

*C. Thorace ovato oblongo, atro, nitido ; abdomine
ventricoso, postice acuminato, aterrimo, nitidissimo,*

*utrinque fasciis duabus flavis undulatis ornato; pedibus atris, articulis primis flavo maculatis.*

Corselet ovale oblong, d'un noir luisant; abdomen bombé, arrondi, pointu à l'extrémité, d'un noir brillant, avec une bande jaune qui descend en festons de chaque côté; pattes noires, premier article tacheté de fauve. Long. 0,007, larg. 0,003. Séj. Lieux incultes de nos collines. App. Été, automne.

### 34. C. VIRIDIS (N.), C. verte.

*C. Thorace ovato rotundato, viridi-flavescente; abdomine oblongo, viridescente; pedibus viridibus, articulis ultimis rufis.*

Corselet ovale arrondi, d'un vert jaunâtre; abdomen oblong, d'un vert tendre; les pattes vertes, à derniers articles roussâtres. Long. 0,010, larg. 0,003. Séj. Au milieu des pierres. App. Printemps.

### 35. C. GLAUCA (N.), C. glauque.

*C. Thorace, tentaculis pedibusque glaucis, pellucidis, nitidis; abdomine sordide testaceo, villoso.*

Corselet, tentacules et pieds d'un glauque translucide, luisant; l'abdomen velu, d'un jaune brique sale. Long. 0,012, larg. 0,004. Séj. Nos campagnes. App. Été.

### ARANEA, Araignée.

Mâchoires presque droites, ayant un sinus près l'origine des palpes, un peu dilatées en dessous, plus longues que la lèvre, dont la hauteur ne surpasse pas sensiblement la largeur; yeux placés quatre par quatre, sur deux lignes arquées concentriquement en arrière.

### 36. A. BIVITTATA (N.), A. à deux bandes.

*A. Thorace albo rufescente, fasciis duabus brunneis*

*transversis ornato ; abdomine elongato, viridescente , li-*
*neis duabus transversis atris ; pedibus pilosis, posterio-*
*ribus valde elongatis.*

Corselet blanc roussâtre, orné de deux bandes transverses obscures ; abdomen alongé, verdâtre, peint de deux lignes transverses noires ; pieds poileux, les postérieurs très alongés. Long.
0,014, larg. 0,006. Séj. Sur nos collines. App. Printemps.

## ARGYRONETA , Argyronète.

Mâchoires presque droites , ayant un sinus près l'origine
des palpes , dilatées au-dessous , guère plus longues que la
lèvre ; les quatre yeux du milieu formant un carré , les
autres géminés ; une paire de chaque côté et sur une élévation.

### 37. A. TRILINEATA , A. à trois lignes.

*A. Thorace brunneo, griseo variegato ; abdomine ovato
oblongo, viridescente, lineis tribus punctorum albis, nigro
marginatis ornato ; pedibus viridescente pilosis.* N.

Fab., 2, 418. Deg., 303, 19, 5. Lat., 1, 94. Lam., 98, 9.

Corselet brun varié de gris ; abdomen ovale oblong , d'un vert
obscur avec trois lignes de points blancs cerclés de noir ; les pattes
sont d'un vert terne , parsemées de poils. Long. 0,016, larg. 0,004.
Séj. Fossés aquatiques. App. Toute l'année.

### 38. A. PALUSTRIS , A. palustre.

*A. Thorace abdomineque nigrescentibus , illo flavo
albido marginato, et linea longitudinali centrali flavescente ornato ; pedibus pilosis, fuscis.* N.

Corselet et abdomen noirâtres , ce dernier garni sur ses bords
d'une bande jaune blanchâtre, et orné au milieu d'une ligne longitudinale jaunâtre ; pieds bruns, poileux. Long. 0,014, larg.
0,004. Séj. Fossés aquatiques. App. Eté , automne.

39. A. BICOLOR (N.), A. bicolore.

*A. Corpore, palpis, abdomine pedibusque hyalinis, olivaceo-viridibus; thorace fusco, lineis duabus olivaceis lateralibus viridescente maculatis; pedibus spinis nigrescentibus.*

Tout l'animal est velouté, hyalin, d'un vert olivâtre; le corselet est brun, marqué de deux lignes latérales olivâtres, tachetées de vert; pattes garnies d'épines noirâtres. Long. 0,020, larg. 0,006. Séj. Fossés aquatiques. App. Printemps, été, automne.

### DEUXIÈME SECTION.

Filières toutes très courtes, presque égales, en forme de mamelons coniques, couchées en rosette rayonnée; lèvre toujours saillante, plus large que longue, et plus ou moins demi-circulaire; mandibules tombant perpendiculairement.

### I<sup>re</sup> FAMILLE. — *LES ARAIGNÉES FILANDIÈRES.*

Ont les mâchoires rétrécies peu à peu vers l'extrémité; les yeux ne formant point un segment de cercle; la seconde paire de pattes n'étant jamais plus longue que la première, et la troisième n'étant jamais très courte.

### SCYTODES, Scytode.

Les premières pattes et les quatrièmes ensuite plus longues; six yeux.

40. S. BIZONATA (N.), S. à deux zones.

*S. Thorace rotundato, rubro, nitente; abdomine globoso, fusco lutescente; fasciis duabus angulatis, griseis, atro commixtis; pedibus flavescentibus, brunneo annulatis.*

Le corselet est arrondi, rouge, luisant; l'abdomen globuleux, d'un brun jaunâtre, traversé de deux bandes en zig-zag grises, mêlées de noirâtre ; les pattes sont jaunâtres, annelées de brun sur leurs articulations. Long. 0,018, larg. 0,007. Séj. Endroits humides. App. Été.

## THERIDION, Théridion.

Les premières pattes et les quatrièmes ensuite plus longues ; huit yeux ; quatre au milieu, formant un carré, et dont les inférieurs placés sur une élévation commune ; deux autres géminés, et situés également sur une éminence de chaque côté.

### 41. T. VENENOSUM (N.), T. vénéneux.

*T. Thorace ovato, oblongo, flavo, nitido; abdomine subquadrangulari flavescente, plicis duobus antice arcuatis; pedum pari primo brevi, lutescente, apice crasso aterrimo, secundo longissimo.*

Cette espèce, qu'on croit ici vénéneuse, présente un corselet ovale oblong, d'un fauve luisant ; l'abdomen subquadrangulaire, jaunâtre, relevé en deux plis festonnés à son origine ; la première paire de pattes est courte, jaune, à extrémité renflée, d'un beau noir, la seconde paire très longues, les autres beaucoup plus courtes ; les mandibules sont longues, épaisses, terminées par de longues dents falciformes noires. Long. 0,022, larg. 0,008. Séj. Nos campagnes. App. Septembre.

## PHOLCUS, Pholcus.

Les premières pattes et les secondes ensuite plus longues ; huit yeux disposés sur un tubercule, trois de chaque côté, rapprochés en triangle, et deux au milieu en avant.

### 42. P. PHALANGIOIDES, P. à longues pattes.

*P. Thorace lutescente livido; abdomine flavescente, nigro variegato; pedibus pilosis, longissimis.* N.

Scop., 404, 1120. Walck, 5, x. Geof., 2, 651, 17.

Corselet d'un jaunâtre sale livide ; abdomen jaune pâle, avec des taches noirâtres, disposées en ligne longitudinale ; pattes très longues, hérissées de petits poils, annelées de blanchâtre à l'extrémité des cuisses et des jambes. Long. 0,008, larg. 0,002. Séj. Dans les maisons. App. Toute l'année.

## IIᵉ Famille. — *LES ARAIGNÉES TENDEUSES.*

Ont les mâchoires dilatées à leurs extrémités, et droites.

### Tetragnatha, Tétragnathe.

Les premières pattes et les secondes ensuite plus longues ; mâchoires fort longues ; yeux presque égaux, placés quatre par quatre, et presque à égale distance, sur deux lignes transverses, presque droites et parallèles.

### 43. T. extensa, T. étendue.

*T. Thorace rubescente ; abdomine elongato, aureo viridescente, linea atra irregulari ornato.*

Lat. 1, 89, 1.

Corselet ovale, rougeâtre ; abdomen alongé, d'un vert doré, coupé en divers sens au milieu par une petite ligne irrégulière noire, traversé sur les côtés d'une bande d'un jaune doré, et noirâtre en dessous ; pattes fort minces, d'un vert rubigineux. Long. 0,016, larg. 0,002. Séj. Dans les ruisseaux. App. Été.

### 44. T. rubra (n.), T. rouge.

*T. Thorace abdomineque rubro pallido, illo pilis rufescentibus vestito ; pedibus rubescentibus, brunneo nigro punctatis.*

Corselet arrondi, d'un rouge pâle, abdomen de la même couleur, couvert d'un duvet roussâtre ; pattes rougeâtres, pointillées de brun noirâtre au sommet. La femelle construit un cocon d'un blanc de soie, qu'elle place entre plusieurs feuilles pour envelopper ses œufs. Long. 0,015, larg 0,007. Séj. Sur le Citre chinois. App. Été, automne.

## Lyniphia, Lyniphie.

Les premières pattes et les secondes ensuite plus longues; mâchoires peu alongées; les quatre yeux du milieu, dont les deux postérieurs beaucoup plus gros et plus écartés, forment un carré rétréci en avant; les quatre autres placés par paires de chaque côté.

### 45. L. walkenaria (n.), L. de Walkenaer.

*L. Thorace rotundato, viridescente, linea alba circumdato; abdomine viridi, punctis albis in seriebus plurimis dispositis ornato.*

Corselet arrondi, verdâtre, entouré sur ses bords d'une ligne blanchâtre; abdomen vert, rayé de plusieurs rangées de points blancs en dessus, d'un blanc verdâtre sur ses bords et sous le ventre. On voit qu'elle diffère de la lyniphie triangulaire des auteurs. Long. 0,008, larg. 0,002. Séj. Sur la fleur du daucus carotta. App. Juillet, août.

## Epeira, Epeire.

Les premières pattes et les secondes ensuite très longues; mâchoires dilatées de la base, orbiculaires ou obovoïdes; les quatre yeux du milieu formant un carré presque parfait; les quatre autres placés par paires de chaque côté.

### 46. E. marmorata (n.), E. marbrée.

*E. Thorace rubro pallido, piloso; abdomine ovato oblongo, albo, nigro marmorato; pedibus rubro albido annulatis.*

Corselet subcordé, d'un rouge pâle, couvert d'un duvet blan-

châtre; abdomen ovale oblong, épais, blanc, marbré et varié de
noir; pattes annelées de roux et de blanchâtre. Long. 0,015,
larg. 0,008. Séj. Ruisseaux des prairies. App. Juillet, août.

### 47. E. VARIEGATA (N.), E. variée.

*E. Thorace albo nitido; abdomine brunneo, flavo
atroque variegato; pedibus rubris, nigro annulatis.*

Corselet subcordé, couvert d'un duvet soyeux; abdomen agréablement varié de jaune, de brun, de noir, formant une espèce
d'arabesque; pattes rougeâtres, annelées de noir. Long. 0,012,
larg. 0,006. Séj. Entre deux plantes. App. Juillet, août.

### 48. L. MARGARITACEA (N.), L. nacrée.

*L. Thorace ovato, rotundato, glabro, margaritaceo;
abdomine denticulato, latere plicato, rubro pallido, nigro punctato.*

Corselet ovale, arrondi, lisse, nacré, luisant; abdomen subarrondi, denticulé, plissé sur ses bords, tronqué au sommet, couleur de chair pâle, avec des points enfoncés, noirs, fort réguliers
au milieu; tout le dessous est couleur de chair, bariolé de lignes
noires. Long. 0,012, larg. 0,005. Séj. Nos campagnes. App.
Août, septembre.

### IIIᵉ Famille. — *LES ARACHNIDES CRABES.*

Ont les yeux qui forment un segment de cercle; la
seconde paire de pattes ordinairement la plus longue de
toutes, la troisième souvent très courte.

### Micromata, Micromate.

Mâchoires droites; lèvre plus large que longue; les secondes pattes et les premières ensuite plus longues.

### 49. M. BELLETANA (N.), M. de Bellet.

*M. Thorace rotundato, viridi, flavo lucido circum-*

*dato, linea centrali atra ornato; abdomine oblongo'vi-*
*ridescente, medio saturatiore, infra linea longitudinali*
*nigerrima picto; pedibus viridibus, apice atris.*

Corselet arrondi, vert, bordé sur son pourtour de jaune clair,
avec une petite ligne noire au milieu ; abdomen oblong, verdâtre, plus foncé au centre, orné d'une raie longitudinale noirâtre
en dessous; pattes vertes, noires au sommet. Long. 0,010, larg.
0,003 1/2. Séj. Parmi les plantes. App. Octobre.

## Thomisus, Thomise.

Mâchoires inclinées ; lèvres plus longues que larges ; les
secondes et les premières pattes ou réciproquement plus
longues.

### 50. T. triangularis (n.), T. triangulaire.

*T. Thorace subrotundo, tumido, rubescente, pilis*
*nigris vestito; abdomine subtriangulari, rubro pallido,*
*lateraliter plicis duobus albidis, infra lineis tribus cur-*
*vatis ornato; pedibus rubescentibus.*

Corselet subarrondi, bombé, rougeâtre, garni de poils noirs;
abdomen subtriangulaire, d'un rouge pâle, muni de chaque côté
de deux plis froncés, relevés, blanchâtres, et de trois lignes
courbes en dessous; pattes rougeâtres. Long. 0,008, larg. 0,004.
Séj. Sur les fleurs. App. Juillet.

### 51. T. cordiformis (n.), T. cordiforme.

*T. Thorace cordiformi, rufo pellucido; oculis lineæ*
*anticæ nigerrimis, majoribus; mandibulis pilosis nigris;*
*abdomine proeminente, piloso, sordidâ rufo; pedibus*
*rufescentibus, nigro maculatis, summitate nigrescen-*
*tibus.*

Le corps de cette espèce est d'un roux plus ou moins intense;
le corselet est translucide, en forme de cœur renversé, avec les

yeux de la première ligne fort gros, d'un noir brillant ; les mandibules sont poileuses et noires ; l'abdomen oblong, proéminent
à sa base, enfoncé au milieu, poileux, d'un roux sale ; les pieds
sont roussâtres, pointillés de noir, à extrémités noirâtres. Long.
0,012, larg. 0,006. Séj. Nos champs. App. Eté, automne.

52. T. PILOSUS (N.), T. poileux.

*T. Thorace quadrato, depresso, viridescente, linea
longitudinali alba ornato ; abdomine rotundato, viridi,
plicato ; pedibus anterioribus elongatis.*

Corselet carré, déprimé, d'un vert tendre, traversé au milieu d'une ligne longitudinale blanche ; yeux situés sur une petite
proéminence, les latéraux plus gros ; l'abdomen arrondi, verdâtre, marqué de plis ; pattes antérieures longues. Long. 0,009,
larg. 0,004. Séj. Sur les rosiers. App. Eté, automne.

## IVᵉ FAMILLE. — *LES ARACHNIDES LOUPS.*

Ont les yeux formant un hexagone ou un angle curvili-
gne alongé, très ouvert postérieurement ; les premières
pattes plus longues, et les secondes ensuite.

### LYCOSA, Lycose.

Lèvre plus longue que large ; les quatrièmes pattes,
ensuite les premières plus longues ; yeux de la seconde
ligne transverse, qui est égale à celle du devant, plus gros
que les autres.

53. L. MONSCALVANA (N.), L. de Mont-Chauve.

*L. Thorace atro, lateraliter albo notato ; abdomine
rufescente ; pedibus griseis, pileis atris ornatis.*

Corselet noir, feutré de blanc sur les côtés ; abdomen roussâtre ; les pattes d'un gris sale, avec des poils noirs. Long. 0,016,
larg. 0,005. Séj. Sur le sommet de Mont-Chauve. App. Automne.

## 54. L. GRISEA (N.), L. grise.

*L. Thorace subrotundato, antice producto; abdomine
ovali, griseo nigroque commixtis picto; pedibus elongatis, pilis nigrescentibus vestitis.*

Corselet presque arrondi, prolongé sur le devant; abdomen
ovalaire d'un gris uniforme mêlé de noir; pattes longues, parsemées de poils noirâtres. Long. 0,012, larg. 0,005. Séj. Terrains
cultivés. App. Été.

### DOLOMEDA, Dolomède.

Lèvre pas plus longue que large; les quatrièmes pattes
et ensuite les secondes plus longues; yeux de la seconde
ligne transverse, qui est plus courte que celle du devant,
rentrés dans le quadrilatère. _

## 55. D. PRATENSIS (N.), D. des prairies.

*D. Thorace rotundato, glabro, flavo pallido, et ma-
culis duabus aurantiis, pone oculis locatis; abdomine subquadrangulari, plicato, lateraliter elevato, postice acute
acuminato.*

Corselet arrondi, lisse, d'un jaune pâle, avec des poils noirs,
et deux taches orange qui entourent les deux yeux postérieurs;
l'abdomen subquadrangulaire, plissé, orné à son origine d'une
espèce d'écharpe, relevée en relief, qui descend en ondulant de
chaque côté et se termine en pointe; les pattes jaunâtres, très longues. Long. 0,006, larg. 0,003. Séj. Nos prairies. App. Eté.

## 56. D. MONTANA (N.), D. de montagne.

*D. Corpore oblongo, toto griseo, lateribus fascia lon-
gitudinali nigra instructis; pedibus anterioribus brevissimis, pilis atris vestitis.*

Cette espèce tisse une grande toile, avec un large labyrinthe, au fond duquel elle loge; son corps est oblong, gris, traversé de chaque côté, depuis les yeux, d'une bande longitudinale noire, qui s'étend en tache jusqu'à l'anus; les deux pattes antérieures sont fort courtes, les autres longues, à peu près égales, couvertes de poils noirs. Long. 0,012, larg. 0,006. Séj. Montagnes environnantes. App. Été.

## ORDRE SECOND. — PHALANGIÉES, PHALANGIÆ.

Des pattes propres pour sauter; corselet demi-ovoïde ou triangulaire, presque aussi large en devant que vers son milieu; yeux postérieurs placés vers le milieu de sa longueur, formant un carré.

### Salticus, Saltique.

Yeux formant une parabole ou un fer à cheval, dont l'ouverture est postérieure.

57. S. Sloani, S. de Sloane.

*S. Thorace subrotundato, nigro, piloso, maculis duabus albidis ornato; abdomine rubro, linea longitudinali atra picto; pedibus anticis flavis, aliis griseis.* N.

Corselet presque arrondi, noir, poilcux, orné en dessus de deux taches blanches; adbomen suborbiculé, rouge, traversé au milieu d'une bande longitudinale noire; mandibules blanchâtres; les deux pattes antérieures jaunâtres, les autres grises. Long. 0,008, larg. 0,003. Séj. Rochers du château. App. Eté.

58. S. scenicus, S. à chevron.

*S. Thorace subquadrato, nigro, macula alba, pone oculos locata; abdomine parvo, ovali, piloso, nigro griseo, fasciis tribus albidis, interruptis; pedibus nigris.*

Fab., 2, 422. Geof., 2, 650. Lat., 1, 123.

Corselet presque carré, noir, avec une tache blanche au-dessus des yeux; l'abdomen petit, ovale, poileux, d'un noir grisâtre, traversé par trois bandes interrompues, blanches; pattes noires. Long. 0,006, larg. 0,002. Séj. Vieux murs. App. Printemps.

59. S. UNIFASCIATUS (N.), S. unifascié.

*S. Thorace quadrato, rubro, griseo nigroque varie-gato; abdomine, ovali, nigrescente, fascia una albida centrali ornato.*

Corselet carré, poileux, rouge en devant, gris sur les côtés et noir ensuite; ventre ovale, noirâtre, avec une bande blanchâtre au milieu; yeux émeraude; pattes grises et rouges. Long. 0,004, larg. 0,003. Séj. Dans les maisons. App. Printemps.

60. S. ATER (N.), S. noir.

*S. Thorace subquadrato, atro, nitido, antice macula alba notato; abdomine spherico, nigerrimo, fascia una longitudinali albida ornato; pedibus atris.*

Corselet presque carré, poileux, d'un noir lustré, avec une tache blanche prés la bouche; abdomen sphérique, d'un noir foncé, avec une bande longitudinale blanche au milieu; pattes d'un noir luisant. Long. 0,006, larg. 0,002 1/2. Séj. Plage de gra-viers. App. Été.

61. S. VARIEGATUS (N.), S. varié.

*S. Thorace quadrangulari, nigrescente, fascia flava centrali ornato; abdomine rotundato, violascente, nigro guttato; pedibus rubro flavidoque pallido annulatis.*

Corselet quadrangulaire, noirâtre en dessus, traversé au mi-lieu de la partie inférieure d'une bande jaune, et d'un rouge jaunâtre sur les côtés; abdomen arrondi, poileux, violet, taché de noir, terminé en pointe; pattes annelées de jaune pâle et de rougeâtre. Long. 0,008, larg. 0,003. Séj. Vieilles maisons. App. Été.

62. S. NIGRIPES (N.), S. pattes noires.

*S. Thorace subquadrato, atro, nitido, piloso, latera-*
*liter utrinque fascia alba ornato; abdomine flavo, albo*
*nigroque variegato; pedibus atris, apice rubescentibus.*

Corselet presque carré, aplati, d'un noir d'ébène luisant, parsemé de poil, avec une bande blanche de chaque côté des bords
de la partie inférieure; abdomen marbré et varié de jaune, de
noir et de blanc; pattes noires, rougeâtres au sommet. Long. 0,007,
larg. 0,003. Séj. Rochers des collines. App. Juin.

63. S. FLAVIPALPUS (N.), P. palpes jaunes.

*S. Thorace abdomineque griseis, illo postice maculis*
*duabus croceis; pedibus flavescentibus; palpis flavis.*

Corselet et abdomen d'un gris clair, celui-ci orné de deux taches jaunes vers sa partie postérieure; pieds jaunâtres; palpes
d'un jaune foncé. Long. 0,012, larg. 0,004. Séj. Nos campagnes.
App. Mai.

*Yeux portés sur un tubercule commun, très rapprochés.*

## PHALANGIUM, Faucheur.

Corps ovale ou suborbiculaire, semi-coriace; mâchoires
distinctes; mandibules en pince; huit pieds très longs.

64. P. OPILIO, F. des murailles.

*P. Corpore ovato, rufescente cinereo; abdomine ro-*
*tundato; palpis simplicibus; pedibus setaceis, longis-*
*simis.*

Linn., S. N., 11. Degeer., VII, 156, x, 1. Lister., 1, 35. Herm., 98, 1.
Lat., 1, 37, 1.

Corps ovale d'un roux cendré en dessus, plus pâle en dessous;

à palpes simples et pieds sétacés , très longs ; la femelle est ornée sur le dos de traits noirs. Séj. Murs ombragés. App. Presque toute l'année.

65. P. QUADRIDENTATUM, F. à quatre dents.

*P. Corpore ovali, depresso, obscure cinereo; abdomine tuberculorum serie quadruplici ornato.*

Fab., suppl., 293. Cuv., m. *Enc.* Latr., 1, 140, 4.

Corps ovale, dur, coriace, très aplati, d'un cendré obscur, à ventre muni d'une série de quatre tubercules. Séj. Sous les pierres. App. Printemps.

66. P. RUFUM, F. roux.

*P. Corpore glabro, rufo; abdomine rotundato; pedibus elongatis, gracilibus.*

Herm., 103, 10, VIII, 1.

Corps lisse, d'un roux foncé, à ventre arrondi, avec les pieds longs et fort grêles. Séj. Nos bois. App. Été.

*Yeux portés sur un tubercule commun, assez écartés.*

### TROGULUS, Trogule.

Corps ovale, elliptique, très aplati, recouvert d'une peau très ferme, prolongé en devant en forme de chaperon; palpes simples, filiformes, mandibules terminées en pinces; huit pattes.

67. T. NEPOEFORMIS, T. népiforme.

*T. Corpore obscuro-cinereo; abdominis dorsi medio lateribusque obsoletis subcarinatis.*

Fab., 2, 431. Latr., 1, 142, 1, VI, 1.

Corps d'un brun cendré, un peu rude; le milieu de l'abdomen

5.                                                              12

ainsi que les bords latéraux presque carénés ; les pattes de devant plus grosses que les autres. Séj. Sous les pierres des collines de Bellet et de Valgorbella. App. Eté.

### Siro, Ciron.

Corps ovale, abdomen annelé de chaque côté ; mandibules saillantes, à deux articles ; pieds alongés, filiformes.

### 68. S. coccineus, C. commun.

*S. Corpore coccineo ; rostro, thorace longiore ; antennis quadriarticulatis, articulo ultimo breviore.*

Herm., 61, 1, 111, 9, ix, 8.

Son corps est couleur d'écarlate, à bec plus long que le corselet ; antennes à quatre articles, celui du sommet fort court. Séj. Pied des arbres. App. Printemps.

# LES ACARIDES.

Animaux ovipares, à palpes saillantes ; mandibules didactyles ; abdomen sessile, n'ayant point de filières.

I^re Famille. — *ACARIDES proprement dites*, Acaridiæ.

### Trombidion, Trombide.

Corps subcarré, déprimé, mou, marqué de plusieurs enfoncements ; divisé en deux parties, l'antérieure très petite, portant deux yeux pédiculés, et les deux premières paires de pattes.

### 69. T. tinctorium, T. colorant.

*T. Abdomine rubro, postice obtuso, hirsutissimo ; tibiis anterioribus pallidioribus.*

Fab., 398. Herm., *Mém. apter.*, 20, 1, pl. 1, fig. 1. Lat., 1, 145, 1.

Son corps est couvert de poils; l'abdomen est rouge, obtus au sommet; à jambes des pieds antérieurs d'un jaune pâle. Séj. Sous les pierres. App. Hiver, printemps.

### 70. T. HOLOSERICEUM, T. satiné.

*T. Abdomine sanguineo, subquadrato, postice retuso, emarginato; dorsi papillis apice globosis.*

Linn. Gm., 1025. Herm., 21. 2, 1, 2, 2, 1. Lat., 1, 145, 2.

Corps couvert de papilles; celles du dos globuleuses au sommet, et velues à leur base; ventre presque carré, couleur de sang, rétréci postérieurement. Séj. Sous les pierres. App. Printemps.

### GAMASUS, Gamase.

Corps mou, revêtu en dessus d'une peau écailleuse; palpes saillantes et très distinctes; huit pieds.

### 71. G. COLEOPTERATÓRUM, G. des coléoptères.

*G. Corpore ovato, pallido; dorso maculis duabus fuscis ornato.*

Degeer, VII, 112, VI, 15. Schr., 1, 13. Herm., 74, 2.

Corps ovale, d'un jaunâtre pâle, orné sur le dos de deux taches rousses distantes. Séj. Sur les coléoptères. App. Printemps.

### 72. G. CELLARIS, G. des caves.

*G. Corpore castaneo, nitido; abdomine obovato, depressiusculo; rostro acuminato.*

Herm., 86, 12.

Corps d'un châtain clair, luisant; ventre presque ovale, un peu déprimé; à bec acuminé. Séj. Dans les caves. App. Été, automne.

## Acarus, Mite.

Corps très mou; palpes nues; tarses terminés par une pelote vésiculeuse.

73. A. DOMESTICUS, M. domestique.

*A. Corpore ovato, medio coarctato, albo, maculis binis fuscis ornato; pedibus æqualibus.*

Linn. Gm., 1024. Degeer, vii, 97, v, 15. Latr., 1, 151, 2.

Corps ovale, rétréci au milieu, blanc, orné de deux doubles taches brunes, couvert de poils fort longs; pieds égaux. Séj. Attachés aux comestibles. App. Printemps, été.

74. A. FARINÆ, A. de la farine.

*A. Corpore oblongo, albo; capite rufescente; pedibus conicis, crassioribus, æqualibus.*

Degeer, vii, 97, v, 15. Latr., 1, 151, 2.

Corps oblong, blanc, à tête roussâtre; pieds coniques, assez épais, égaux. Séj. Dans la farine. App. Presque toute l'année.

## IIᵉ FAMILLE. — *TIQUES,* RICINIÆ.

## Sarcoptes, Sarcopte.

Corps très mou, assez épais, à épiderme dorsal, coriacé; yeux comprimés, à peine apparents.

75. S. PASSERINUS, S. des moineaux.

*S. Pedibus tertiis crassissimis.*

Latr., 1, 151, 1. Fab., 429. Degeer, iv, 429. Herm., 82, 3, 7.

La troisième paire des pieds fort épaisse. Séj. Sur les moineaux. App. Eté, automne.

76. S. SCABIEI, S. de la gale.

*S. Subrotundus; pedibus brevibus, rufescentibus, posticis quatuor seta longissima.*

Latr., 1, 152, 2. Degeer, 7, 94, v, 12, 13, Fab. 4, 450.

Corps subarrondi, blanchâtre; à pieds courts, roussâtres, les quatre postérieurs munis d'une très longue soie. Séj. Sur l'homme galeux. App. Toute l'année.

### CHEILETE, Cheilète.

Mandibules en pinces, palpes épaisses, en forme de bras, et terminées en faux.

77. C. ERUDITUS, C. érudit.

Schrank., 1058, 2, 1. Latr., 1, 153, 1.

Cette tique fait beaucoup de dégât dans les librairies, principalement pendant l'été.

### BDELLA, Bdelle.

Corps ovale; quatre yeux; palpes alongées, coudées, avec des soies au bout; suçoir en bec alongé, conique; pieds postérieurs les plus longs.

78. B. RUBRA, B. rouge.

*B. Corpore coccineo; antennis geniculatis; rostro subulato; pedibus pallidioribus.*

Latr., 8, 53, LXVII, 7. Herm., 61, 3, 618, xx, 5.

Corps d'un rouge vif; antennes brisées, à premier et dernier article alongés; le second et le troisième très courts; rostre subulé; pieds d'une couleur pâle. Séj. Sous les cailloux. App. Hiver, printemps.

## Argas, Argas.

Corps ovale, membraneux; bouche inférieure; palpes coniques, quadriarticulées, courtes, n'engaînant point le suçoir.

79. A. REFLEXUS, A. bordé.

*A. Corpore pallido flavescente, lineis rubris anasto-mosantibus picto.*

Fab., 427. Herm., 69, 4, 10, 11. Latr. 1, 155, 1, vi, 3.

Corps d'un jaunâtre pâle, avec des lignes d'un rouge vif ou obscur et anastomosées. Séj. Sur les pigeons. App. Printemps.

## Ixodes, Ixode.

Corps ovale, orbiculé, membraneux en devant, coriace en arrière; palpes à trois articles engaînant le suçoir, et formant avec lui un bec avancé, court, tronqué, un peu dilaté au sommet.

80. I. MEGATHYREUS, I. mégathyre.

*I. Corpore obovato, complanato; dorso fusco, punc-tulato; abdomine rufescente; pedibus fuscis.*

Leach, *Linn. trans.*, 11, 398, 4.

Son corps est presque ovale, déprimé, brun et pointillé sur le dos, un peu émarginé sur le devant; l'abdomen est rous-sâtre et les pieds obscurs, à sommet pâle. Séj. Sur quelques chiens. App. Été.

81. I. MARMORATUS (N.), I. marbré.

*I. Corpore ovato, complanato; dorso violascente-ni-gro, griseoque commixtis marmoratis, punctulisque vio-*

*lascente-nigris ornato ; abdomine sanguineo ; rostro griseo marginato ; pedibus rubris.*

Son corps est ovale, déprimé, d'un noir violâtre, mêlé et marbré de gris sur le dos, avec des points noirs violâtres ; le ventre est d'un rouge sanguin ; le rostre bordé de gris, et les pieds rouges. Long. 0,005. Séj. Sous les pierres. App. Printemps.

82. I. BIPUNCTATUS (N.), I. biponctué.

*I. Corpore ovato, complanato; thorace hyalino, viridescente, punctis duobus antice, punctulisque plurimis impressis sculpto; dorso, abdomine pedibusque rubris; rostro viridescente, rubro punctato.*

Diffère de l'espèce précédente par son corselet transparent, verdâtre, marqué de deux points en devant, et sculpté d'un grand nombre de petits points ; le dos, le ventre et les pieds sont d'un rouge vif ; le rostre est verdâtre, pointillé de rouge. Long. 0,006. Séj. Sous les cailloux. App. Hiver, printemps.

CYNORHÆSTES (HERM.), Cynorheste.

*Corpus oviforme, inflatum ; thorax maximus, ovatus, coriaceus, durus; rostrum brevissimum, bilobatum, lobis ovatis; palpi brevissimi, conici; pedes brevissimi; ungues conici.* N.

Corps oviforme, renflé ; corselet ovale, petit, coriace, dur ; rostre fort court, bilobé, à lobes ovales ; palpes coniques, à peine apparentes ; pieds très courts ; ongles coniques.

83. C. HERMANI (N.), C. d'Herman.'

*C. Corpore plumbeo; thorace, rostro pedibusque intense rubris.*

Je dédie cette nouvelle espèce au célèbre Herman, qui a si

bien fait connaître ces animaux. Son corps est couleur de plomb; le corselet, le rostre et les pattes d'un rouge intense. Long. 0,012. Séj. Sous les pierres. App. Hiver, printemps.

## OCYPETES (LEACH), Ocypète.

Corps presque séparé en deux par une ligne transverse; six pieds, la partie antérieure en renfermant quatre, ainsi que la bouche, et deux yeux pédiculés.

### 84. O. RUBRA, O. rouge.

*O. Corpore rufo; dorso pilis longis sparsis; pedibus brevibus plurimis rubro cinerascentibus; oculis nigro-fuscis.*

Son corps est roux, le dos parsemé de longs poils; les pieds sont très courts, d'un rouge cendré, et ses yeux d'un brun noir. Long. 0,004. Séj. Sur la tipule. App. Printemps.

## UROPODA, Uropode.

Corps ovale, orbiculé, recouvert d'une peau écailleuse; pieds très courts, et un fil à l'anus.

### 85. U. VEGETANS, U. végétante.

*U. Corpore brunneo, glaberrimo, nitidissimo.*

Degeer, vII, 123, 7, 5. Lat., 8, LXVII, 8.

Corps très lisse, luisant, d'un brun plus ou moins clair. Séj. Sur les pattes des histers. App. Printemps.

### III<sup>e</sup> Famille. — *HYDRACHNELLES*, Hydrachnellæ.

### Hydrachna, Hydrachne.

Corps globuleux; bouche en suçoir avancé; palpes sub-cylindriques, quadriarticulées; point de mandibules.

86. H. geographica, H. géographique.

*H. Corpore nigro, maculis punctisque coccineis ornato.*

Mull., 59, viii, 3, 4, 5 Latr., 8, 33, lxvii, 2, 3. Fab., 2, 405.

Corps noir, orné de taches et de points d'un rouge vif. Séj. Eaux des réservoirs. App. Printemps.

87. H. cruenta, H. ensanglantée.

*H. Corpore toto sanguineo; pedibus æqualibus.*

Mull., 63, ix, 1. Degeer, vii, 146, ix, 11. Herm., 56, vi, 10.

Corps d'un rouge sanguin uniforme; pieds égaux. Séj. Eaux stagnantes. App. Hiver, printemps.

### Lymnocharis, Lymnocharis.

Corps déprimé; bouche en suçoir; palpes simples; six pieds, les quatre postérieurs éloignés.

88. L. holosericea, L. satinée.

*L. Corpore ovato, rugoso, molli; oculis duobus nigris.*

Latr., 1, 160. 1, t. viii, 36, lxvii, 4. Fab., 2, 399.

Son corps est mou, ovale, rugueux, avec les yeux noirs. Séj. Eaux stagnantes. App. Hiver, printemps.

## IV°. Famille. — *LES MICROPTIRES*, Microptiræ.

### Caris, Caris.

Corps subarrondi, aplati, écailleux; suçoir et palpes apparents.

89. C. vespertilionis, C. de la chauve-souris.

*C. Corpore toto fusco.*

Latr., 1, 161, 1. *Id.*, 8, 55.

Tout son corps est brun. Séj. Sur la chauve-souris. App. Printemps, automne.

### Leptus, Lepte.

Corps ovoïde, très mou, suçoir prolongé; palpes courtes, subconiques.

90. L. phalangii, L. des faucheurs.

*L. Corpore ovali, coccineo; rostro subconico; oculis duobus nigris; pedibus subæqualibus.*

Latr., 1, 161, 1. *Id.*, 8, 55. Herm., 49, 1, 16.

Corps ovale, prolongé sur le devant, d'un rouge vif; rostre presque conique; yeux noirs; pieds presque égaux. Séj. Sur le faucheur principalement. App. Hiver, printemps.

### Astoma, Astome.

Corps ovale, mou, bouche ne consistant qu'en une ouverture sur la poitrine, sans suçoir ni palpes visibles.

91. A. parasiticus, A. parasite.

*A. Corpore coccineo, medio subcoarctato.*

Latr., 8, 55, lxvii, 10. *Id.*, 1, 162, 1. Degeer, 7, 118, vii, 7.

Corps d'un rouge très foncé; un peu rétréci au milieu. Séj. Sur divers insectes. App. Été, automne.

# LISTE

### DES

# PRINCIPAUX INSECTES

## DES ALPES MARITIMES.

*ORDRE PREMIER.* — THYSANOURES (1).

Ire Famille. — *LES LÉPISMÈRES.*

| | |
|---|---|
| Lepisma saccharina, Fab., | Lepisme du sucre. |
| Machilis polypoda, Fab., | Machilis polypode. |

IIe Famille. — *LES PODURELLES.*

| | |
|---|---|
| Podura plumbea, Fab., | Podure plombé. |
| — viridis, Fab., | — vert. |

*ORDRE SECOND.* — PARASITES.

| | |
|---|---|
| Ricinus cornicis, Lat., | Ricin de la corneille. |
| — fringillæ, Lat., | — du pinson. |
| — gallinæ, Lat., | — de la poule. |
| — anseris, Lat., | — de l'oie. |
| — columbæ, Lat., | — du pigeon. |

(1) J'ai suivi, dans la rédaction de cette liste, la méthode de M. Latreille, à cela près seulement que j'ai séparé les myriapodes de la classe des insectes pour les rapprocher de celle des crustacés.

| | |
|---|---|
| Pediculus humanus, Fab., | Pou humain. |
| — cervicalis, Fab., | — de la tête. |
| — pubis, Fab., | — du pubis. |
| — asini, Fab., | — de l'âne. |
| — bovis, Fab., | — du bœuf. |

## *ORDRE TROISIÈME.* — SUCEURS.

| | |
|---|---|
| Pulex irritans, Lin., | Puce commune. |

## *ORDRE QUATRIÈME.* — COLÉOPTÈRES.

# PENTAMÈRES.

### Iʳᵉ Famille. — *LES CARABIQUES.*

| | |
|---|---|
| Cicindela campestris, Lin., | Cicindèle champêtre. |
| — flexuosa, Fab., | — flexueuse. |
| — hybrida, Lin., | — hybride. |
| — nemoralis, Oliv., | — des bois. |
| — germanica, Fab., | — germanique. |
| Elaphrus riparius, Fab., | Elaphre du rivage. |
| Notiophilus quadripunctatus, D., | Notiophile à quatre points. |
| Bembidium riparium, Lat., | Bembidion riverain. |
| — bimaculatum, Mar., | — bimaculé. |
| — quadrinotatum, Gyl. | — à quatre taches. |
| — æneum, Mar., | — bronzé. |
| — binotatum, Gyl., | — bitacheté. |
| Clivina gibba, Lat., | Clivine bossue. |
| — thoracica, Fab., | — thoracique. |
| Scarites gigas, Fab., | Scarite géant. |
| — terricola, Bon., | — terricole. |
| — sabulosus, Oliv., | — sabuleux. |
| Carabus auratus, Lin., | Carabe doré. |
| — catenulatus, Fab., | — à chaînon. |

— Granulatus, Fab.,      — granulé.

— intricatus, Lin.,      — embrouillé.

— violaceus, Lin.,      — violet.

— viridis, Dej.,      — vert.

— vagans, Oliv.,      — vagant.

Cychrus italicus, Bon.,      Cychre d'Italie.

Calosoma indagator, Fab.,      Calosome indagateur.

— sycophanta, Fab.,      — sycophante.

Procrustes coriaceus, Bon.,      Procruste coriacé.

Nebria arenaria, Fab.,      Nébrie arénaire.

— psammodes, Ros.,      — des sables.

Brachinus causticus, Lat.,      Brachine caustique

— crepitans, Fab.,      — pétard.

— sclopeta, Fab.,      — pistolet.

Lebia cyanocephala, Fab.,      Lébie à tête bleue.

— crux minor, Fab.,      — petite croix.

— melanocephala, Clair.,      — mélanocéphale

— cyathigera, Ros.,      — cyathigère.

— meridionalis, Clair.,      — méridionale.

— fulvicollis, Gyl.,      — cou fauve.

Cymindis meridionalis, Dej.,      Cyminde méridional.

Plochionus Bonfilsii, Dej.,      Plocione Bonfils.

Licinus agricola, Clair.,      Licine agricole.

— silphoïdes, Gyl.,      — silphoïde.

Panagæus crux major, Fab.,      Panagée grand'croix.

Calathus cisteloïdes, Ill.,      Calathe cistéloïde.

— depressus, Dej.,      — déprimé.

Plia nana, Leach,      Plie naine.

Chlænius velutinus, Duf.,      Chlénie velu.

— chrysocephalus, Ros.,      — chrysocéphale.

— agrorum, Oliv.,      — des champs.

Pogonus meridionalis, Dej.,      Pogone méridional.

Pterostichus rufipes, Dej.,      Ptérostique pied roux.

Ditomus capito, Ill.,      Ditome capito.

Ditomus calydonius, Ros.,    Ditome calydonien.
— sulcatus, Fab.,    — sillonné.
— sphærocephalus, Oliv.,    — sphærocéphale.
Harpalus æneus, Fab.,    Harpale cuivré.
— marginatus, Dej.,    — marginé.
Acinopus megacephalus, Ill.,    Acinope mégacéphale.
Ophonus meridionalis, Dej.,    Ophone méridional.
— germanus, Fab.,    — germain.
— fulvipennis, Meg.,    — fulvipenne.
— agricola, Payk.,    — agricole.
Stenolophus vaporariorum,
      Meg.,    Sténélophe vaporeux.
— meridianus,    — méridien.
Leja pygmæa, Lat.,    Lèje pygmée.
Omophron limbatum, Lat.,    Omophron bordé.
Leisitus cæruleus, Lat.,    Leisite bleu.
Loricera ænea, Lat.,    Loricère bronzée.
Trechus fulvus, Dej.,    Tréchus fauve.
— collaris, Payk.,    — à collier.
Apotomus rufus, Oliv.,    Apotome roux.

## IIᵉ Famille. — *LES HYDROCANTHARES.*

Dytiscus griseus, Fab.,    Dytisque gris.
— cinereus, Fab.,    — cendré.
— marginalis, Lin.,    — marginal.
Colymbetes agilis, Gyl.,    Colymbète agile.
— ater, Fab.,    — noir.
— biguttatus, Leach,    — bitacheté.
— collaris, Fab.,    — à collier.
— Sturmii, Sch.,    — de Sturm.
— fenestratus, Fab.,    — treillissé.
Noterus levis, Clairv.,    Notère lisse.
— crassicornis, Lat.,    — crassicorne.

Haliplus impressus, Payk.,  Haliple imprimé.
— obliquus, Payk.,   — oblique.
Hydroporus opatrinus, Ill.,  Hydropore opatrin.
Gyrinus striatus, Fab.,  Gyrin strié.
— minutus, Fab. ,   — petit.
— splendens, L. R.,   — resplendissant.

*G. elytris glaberrimis, piceis ; striis aterrimis nitidissimis, splendentibus ; lateribus lineis, tribus longitudinalibus punctulorum compositis sculptis.*

Son corps est d'un brun noirâtre très luisant, les élytres sont fort lisses, et marquées chacune de trois lignes longitudinales de petits points. Long. 0,005. Séj. Eaux marécageuses. App. Presque toute l'année.

## IIIᵉ Famille. — *LES BRACHELYTRES.*

Staphylinus murinus, Lin.,  Staphylin souris.
— rufipes , Lat.,   — rufipède.
— æneus, Payk.,   — bronzé.
— politus, Fab.,   — poli.
— erythropterus, Lin.,  — érythroptère.
— decoratus, Dej.,   — décoré.
Xantholinus fulgidus, Grav., Xantholin brillant.
— meridionalis, Dej.,  — méridional.
— ochraceus , Grav.,  — ocracé.
Astrapæus ulmi , Ross.,  Astrapée de l'ormeau.
Lathrobium elongatum , Grav., Lathrobie alongé.
— depressum, Grav.,  — déprimé.
Pæderus ochraceus, Grav., Pédère ocracé.
— testaceus , Dej.,   — testacé.
— riparius, Grav.,   — riverain.
— ferrugineus, Dej.,  — ferrugineux.

Pæderus littoralis, GRAV.,　　　Pédère littoral.
— orbiculatus, PAYK.,　　　　— orbiculaire.
Proteinus brachypterus, LAT.,　Proteine brachyptère.
Stenus biguttatus, FAB.,　　　Stène bimoucheté.
— buphthalmus, GRAV.,　　　— buphthalme.
— juncorum , KIRB.,　　　　— des joncs.
— sorbi , KIRB.,　　　　　— du sorbier.
— Kirbii, LEACH,　　　　　— de Kirby.
— euphorbiæ, KIRB.,　　　　— du tithymale.
Oxytelus carinatus, GRAV.,　　Oxytèle caréné.
— crassicollis, DUF.,　　　　— à gros cou.
Lesteva alpina, LAT.,　　　　Lestève alpine.
— punctulata, LAT.,　　　　— pointillée.
Omalium rivulare, GRAV.,　　　Omalie rivulaire.
— punctatum, GRAV.,　　　　— ponctué.
Tachinus rufescens , DEJ.,　　　Tachine roussâtre.
— striatus, GRAV.,　　　　— strié.
Tachyporus pusillus, GRAV.,　　Tachypore petit.
— chrysomelinus, GRAV.,　　— chrysomélin.
Aleochara canaliculata , GRAV.,　Aléochare cannelée.
— impressa, OLIV.,　　　　— enfoncée.
— bipunctata, GRAV.,　　　— biponctuée.

## IV⁰ FAMILLE. — *LES STERNOXES.*

Buprestis festiva, FAB.,　　　Bupreste paré.
— viridis , FAB.,　　　　　— vert.
— nitida , Ross.,　　　　　— luisant.
— rubi, FAB.,　　　　　　— de la ronce.
— rustica, FAB.,　　　　　— rustique.
— manca, FAB.,　　　　　— rubis.
— novemmaculata, FAB.,　　— à neuf taches.
— tenebricosa, FAB.,　　　— ténébrion.
— decostigma, FAB.,　　　— brillant.

| | |
|---|---|
| Buprestis cichorii, OLIV , | Bupreste de la cichorée. |
| — Liguttata, FAB., | — à deux taches. |
| — marginata, OLIV., | — marginé. |
| — Mariana, FAB., | — Mariane. |
| — rutilans, FAB., | — rutilant. |
| — rustica, FAB., | — rustique. |
| — acuminata, FAB., | — acuminé. |
| — berolinensis, FAB., | — de Berlin. |
| — chrysostigma, FAB., | — fossette dorée. |
| Trachys minuta, FAB., | Trachys petit. |
| — pygmæa, FAB., | — pygmée. |
| Aphanisticus emarginatus, LAT., | Aphanistique échancré. |
| Elater ferrugineus, LIN., | Taupin ferrugineux. |
| — atomarius, DEJ., | — atomaire. |
| — castaneus, LIN, | — châtain. |
| — bipustulatus, FAB., | — bipustulé. |
| — cruciatus, LIN., | — croisé. |
| — linearis, LIN., | — linéaire. |
| — obscurus, FAB., | — obscur. |
| — thoracicus, LIN., | — thoracique. |
| — aterrimus, LIN., | — très noir. |
| — marginatus, LIN., | — marginé. |
| — bimaculatus, FAB., | — à deux taches. |
| — tesselatus, LIN., | — treillissé. |
| — æneus, LIN., | — bronzé. |
| — niger, LIN., | — noir. |
| — pulchellus, LIN., | — gentil. |
| — murinus, FAB., | — murin. |
| Cebrio gigas, FAB., | Cébrion géant. |
| Atopa cervina, FAB., | Atope cerf. |

## V° FAMILLE. — *LES MALACODERMES.*

| | |
|---|---|
| Elodes hemisphærica, LAT., | Elode hémisphérique. |
| Lycus sanguineus, FAB., | Lycus sanguin. |
| Omalisus suturalis, OL., | Omalise sutural. |
| Elodes pallida, FAB., | Elode pâle. |
| Drilus flavescens, OL., | Drile jaunâtre. |
| Lampyris noctiluca, LIN., | Lampyre noctiluque. |
| — splendidula, LIN., | — luisant. |
| — italica, LIN., | — d'Italie. |
| Telephorus fuscus, DEG., | Téléphore brun. |
| — melanurus, OL., | — queue-noire. |
| — pallidus, OL., | — pâle. |
| — testaceus, OL., | — testacé. |
| — lividus, FAB., | — livide. |
| — fulvicollis, FAB., | — cou-fauve. |
| Malthinus flavus, LAT., | Malthine jaune. |
| Malachius æneus, FAB., | Malachie bronzé. |
| — rufus, FAB., | — roux. |
| — bipustulatus, FAB., | — bipustulé. |
| — equestris, FAB., | — chevalier. |
| — marginellus, FAB., | — marginé. |
| — rufilabris, FAB., | — lèvres-rousses. |
| Dasytes ater, FAB., | Dasyte noir. |
| — cæruleus, FAB., | — bleu. |
| — pustulatus, FAB., | — pustulé. |
| — bipustulatus, FAB., | — bipustulé. |
| — plumbeus, FAB., | — plombé. |

## VI° FAMILLE. — *LES TÉRÉDYLES.*

| | |
|---|---|
| Ptilinus pectinicornis, OL., | Ptilin pectinicorne. |
| Gibbium Scotias, LAT., | Gibbie Scotias. |
| Ptinus fur, LIN., | Ptine voleur. |

Ptinus elegans , Fab., — Ptine élégant.
Tillus elongatus, Ol., — Tille alongé.
— unifasciatus, Ol., — unifascié.
Clerus formicarius , Fab., — Clairon formicaire.
Opilo mollis. Lat., — Opile mou.
Trichodes alvearius, Geof., — Trichode alvéolaire.
— apiarius, Geof., — apiaire.
Necrobia ruficollis, Lat., — Nécrobie cou-rouge.
— violaceus, Lat. , — violâtre.
Anobium striatum , Fab., — Vrillette striée.
— tesselatum, Fab., — marquée.
— molle , Fab., — molle.

## VII<sup>e</sup> Famille. — LES NÉCROPHAGES.

Necrophorus vespillo, Fab., — Nécrophore fossoyeur.
— anglicanus, Leach, — anglican.
Silpha levigata, Fab., — Bouclier lisse.
— littoralis, Lin. , — littoral.
— sinuata, Fab., — sinué.
— obscura, Lin., — obscur.
— rugosa, Fab. , — rugueux.
— granulata, Ol., — granulé.
— thoracica, Fab. , — thoracique.
Cercus pulicarius, Lat., — Cerque puce.
— pedicularius, Fab., — pédiculaire.
— urticæ, Payk., — de l'ortie.
— rufilabris, Lat., — bouche-fauve.
— melanops, Lat., — mélanops.
Mylœchus brunneus, Lat. , — Mylèque brun.
— castaneus, Leach, — châtain.
Nitidula bipustulata , Fab., — Nitidule bipustulée.
— ænea, Lat. , — bronzée.
— discoidea, Fab., — discoïdale.

13.

— Nitidula nigerrima, Mars.,   Nitidule très noire.

— strigata, Fab.,               — striée.

— obsoleta, Gyl.,            — obsolète.

— œstiva, Fab.,              — d'été.

— rufipes, Gyl.,             — pieds-rouges.

— bipunctata, Dej.,         — biponctuée.

Scaphidium quadrimaculatum, F., Scaphidie à quatre taches.

— immaculatum, Lat.,       — immaculé.

— atomarium, Fab.,         — atomaire.

Choleva agilis, Ill.,        Cholève agile.

— tristis, Lat.,              — triste.

— Leachii, Spenc.,         — de Leach.

— chrysomeloides, Lat.,    — chrysoméloïde.

Dermestes lardarius, Lin.,   Dermeste du lard.

— ater, Ol.,                 — très noir.

— murinus, Fab.,           — murin.

Attagenus pellio, Lat.,     Attagène pelletier.

— trifasciatus, Lat.,       — trifascié.

Mégatoma serra, Fab.,     Mégatome scie.

— rufitarsis, Panz.,        — à tarses rouges.

### VIIIᵉ Famille. — *LES CLAVICORNES.*

Troscus dermestoides, Lat.,   Trosque dermestoïde.

Anthrenus fuscus, Ol.,      Anthrène brune.

— fulvicornis, Dej.,        — fulvicorne.

— scrophulariæ, Lat.,      — scrophulaire.

— museorum, Fab.,        — des musées.

— verbasci, Fab.,          — de la molène.

Elmis Maugetii, Lat.,      Elmis de Maugé.

Byrrhus pilula, Lin.,      Byrrhe pilule.

— dorsalis, Fab.,          — dorsal.

— coronatus, Ill.,          — couronné.

— varius, Fab.,            — varié.

| | |
|---|---|
| Heterocerus marginatus, Bos., | Hétérocère bordé. |
| Nosodendron fasciculare, Lat., | Nosodendron fasciculé. |
| Hister unicolor, Lin., | Escarbot unicolore. |
| — speculifer, Payk., | — spéculifère. |
| — bimaculatus, Lin., | — bitacheté. |
| — quadrimaculatus, Lin., | — à quatre taches. |
| — cruciatus, Dej., | — porte-croix. |
| — æneus, Fab., | — bronzé. |
| Dendrophilus pusillus, Leach, | Dendrophile petit. |
| Dryops auriculatus, Ol., | Dryops auriculé. |
| — Dumerilii, Lat., | — de Duméril. |
| Macronychus quadrituberculatus, Mul., | Machronique à quatre tubercules. |

## IX<sup>e</sup> Famille. — *LES PALPICORNES.*

| | |
|---|---|
| Hydræna riparia, Stur., | Hydrène riverain. |
| Elophorus grandis, Ill., | Elophore grand. |
| Hydrochus elongatus, Fab., | Hydroque alongé. |
| Ochtbebius pygmeus, Leach, | Ochthebie pygmée. |
| Sphæridium scarabæoides, Fab., | Sphéridie scarabéoïde. |
| — hæmorrhoidale, Fab., | — hémorrhoïdal. |
| — bipustulatum, Fab., | — bipustulé. |
| — pygmeum, Mars., | — pygmée. |
| Hydrophilus piceus, Fab., | Hydrophile brun. |
| — marginatus, Dej., | — bordé. |

## X° Famille. — *LES LAMELLICORNES.*

| | |
|---|---|
| Ateuchus sacer, Fab., | Ateuque sacré. |
| — laticollis, Fab., | — large cou. |
| — flagellatus, Fab., | — flagellé. |
| Sisyphus Schæfferi, Lat., | Sisyphe de Schæffer. |
| Copris lunaris, Fab., | Bousier lunaire. |
| — hispanus, Fab., | — d'Espagne. |
| Onitis Clinias, Fab., | Onite Clinias. |
| — bison, Fab., | — bison. |
| — furcifer, Ross., | — porte-fourche. |
| — Olivieri, Ol., | — d'Olivier. |
| Onthophagus cœnobita, Fab., | Onthophage cénobite. |
| — vacca, Herbs., | — vache. |
| — nutans, Fab., | — penché. |
| — austriaca, Lat., | — autrichien. |
| — Schreberi, Fab., | — de Schréber. |
| — nuchicornis, Fab., | — nuchicorne. |
| Aphodius fimetarius, Ill., | Aphodie fimetaire. |
| — hæmorrhoidalis, Lin., | — hémorrhoïdal. |
| — conspurcatus, Fab., | — sale. |
| — subterraneus, Fab., | — souterrain. |
| — fossor, Fab., | — fossoyeur. |
| — bimaculatus, Fab., | — bimaculé. |
| — bipustulatus, Fab., | — bipustulé. |
| — quadrimaculatus, Fab., | — à quatre taches. |
| Geotrupes stercorarius, Lat., | Géotrupe stercoraire. |
| — sylvaticus, Lat., | — des bois. |
| — Typhæus, Fab., | — Typhée. |
| — vernalis, Lat., | — printanier. |
| — bicornis, Leach, | — à deux cornes. |
| — autumnalis, Lin., | — automnal. |
| Oryctes nasicornis, Ill., | Orycte nasicorne. |

| | |
|---|---|
| Scarabæus punctatus, Fab., | Scarabé ponctué. |
| Melolontha fullo, Fab., | Mélolonthe foulon. |
| — vulgaris, Fab., | — vulgaire. |
| — æstiva, Fab., | — d'été. |
| — villosa, Fab., | — cotonneux. |
| — agricola, Lat., | — agricole. |
| — solstitialis, Fab., | — solsticial. |
| — pini, Fab., | — du pin. |
| Anomala vitis, Fab., | Anomale de la vigne. |
| Anisoplia agricola, Fab., | Anisoplie agricole. |
| — arvicola, Fab., | — arvicole. |
| — fruticola, Fab., | — fruticole. |
| Hoplia philanthus, Lat., | Hoplie philanthe. |
| — formosa, Ill., | — belle. |
| Amphicoma abdominalis, Lat., | Amphicome abdominal. |
| Pachypus excavatus, Dej., | Pachype creusé. |
| Trichius eremita, Fab., | Trichie ermite. |
| — nobilis, Fab., | — noble. |
| — fasciatus, Ol., | — fascié. |
| — hemipterus, Fab., | — hémiptère. |
| Cetonia fastuosa, Fab., | Cétone fastueuse. |
| — affinis, Def., | — semblable. |
| — aurata, Fab., | — dorée. |
| — hirta, Fab., | — rude. |
| — stictica, Fab., | — stictique. |
| — metallica, Fab., | — métallique. |
| — morio, Fab., | — morio. |
| — pilosa, Dej., | — poilue. |
| Lucanus cervus, Lin., | Lucane cerf-volant. |
| — parallelipipedus, Fab., | — parallélipipède. |
| Sinodendron cylindricum, Fab., | Sinodendron cylindrique. |
| Æsalus scarabæoides, Fab., | Ésale scarabéoïde. |
| Platycerus caraboides, Lat., | Platycère caraboïde. |

# HÉTÉROMÈRES.

## XI<sup>e</sup> Famille. — *LES PIMÉLAIRES.*

Pimelia bipunctata, Fab.,     Pimélie biponctuée.
Tagenia filiformis, Lat.,     Tagénie filiforme.
Elenophorus collaris, Meg.,     Elénophore à cou étroit.
Akis punctata, Th.,     Akis ponctuée.
Scaurus striatus, Fab.,     Scaure strié.
Blaps gages, Fab.,     Blaps jayet.
— mortisaga, Fab.,     — mucroné.
Pedinus femoralis, Lat.,     Pédine fémoral.
— meridianus, Dej.,     — méridional.
Dendarus tristis, Ros.,     Dendare triste.
Opatrum sabulosum, Fab.,     Opatre sabuleux.
— pygmeum, Dej.,     — pygmée.
— tibiale, Lat.,     — tibial.
Tenebrio obscurus, Fab.,     Ténébrion obscur.
— molitor, Fab.,     — de la farine.
Upis angulatus, Ros.,     Upis anguleux.
Orthocerus hirticornis, Lat.,     Orthocère hirticorne.
Hypophlœus bicolor, Fab.,     Hypophlée bicolore.
Uloma cornuta, Meg.,     Ulome cornue.
— culinaris, Meg.,     — des cuisines.
Diaperis boleti, Fab.,     Diapère des bolets.
Eledona spinulosa, Lat.,     Élédone épineuse.
Helops chalybæus, Ros.,     Hélops bleu.
— lanipes, Fab.,     — lanipède.
— ater, Fab,     — noir.
Melandrya caraboides, Ol.,     Mélandrye caraboïde.
Mordella humeralis, Panz.,     Mordelle humérale.
— aculeata, Fab.,     — noire.

Orchesia micans, LAT.,                 Orchésie luisante.
Lagria hirta, FAB.,                    Lagrie hérissée.
Notoxus monoceros, ILL.,               Notoxe cuculle.
— antherinus, ILL.,                    — anthérin.
Pyrochroa rubens, FAB.,                Pyrochre rouge.
— coccinea, FAB.,                      — écarlate.
Ripiphorus paradoxus, FAB.,            Ripiphore paradoxal.
— vespertinus, LEACH,                  — crépusculaire.
Anaspis ruficollis, PANZ.,             Anaspe à cou rouge.
— ambigua, GIORNA.,                    — ambiguë.

## XII<sup>e</sup> FAMILLE. — *LES CANTHARIDIES.*

Cantharis vesicatoria, LAT.,           Cantharide vésicatoire.
Sitaris humeralis, LAT.,               Sitaris huméral.
— apicalis, LAT.,                      — queue-noire.
Zonitis præusta, FAB.,                 Zonitis bout-brûlé.
Cerocoma Schæfferi, FAB.,              Cérocome de Schæffer.
Mylabris decempunctata, FAB.,          Mylabre à dix points.
Meloe proscarabæus, FAB.,              Méloë proscarabée.
— violaceus, LEACH.,                   — violâtre.
— majalis, FAB.,                       — de mai.
— marginatus (N.),                     — bordé.

*M. Toto atro; thorace lateribusque marginibus croceis; dorso abdomineque maculis transversis nitidis ornatis; antennis nigris; pedibus atris, nitidis.*

Tout son corps est noir; le corselet est bordé sur son pourtour d'une bande d'un jaune safran; le dos et le ventre sont ornés de taches transverses métalliques brillantes; les antennes sont noires, et les pieds d'un noir foncé luisant. Long. 0,015. Séj. Sur les plantes. App. Printemps, été.

Auphalia rugulosa, Leach,    Auphalie ruguleuse.
Oteisa nigra, Leach,    Oteise noire.

## XIIIᵉ Famille. — *LES CISTÉLIDES.*

Cistela ceramboides, Fab.,    Cistèle céramboïde.
— sulphurea, Fab.,    — soufrée.
— lepturoides, Fab.,    — lepturoïde.
Œdemera cerulea, Lat.,    Œdemère bleue.
— rubricollis, Fab.,    — à cou rouge.
— cærulescens, Fab.,    — bleuâtre.
— melanocephala, Fab.,    — mélanocéphale.
— podagraria, Fab.,    — podagraire.
Rhinosimus roboris, Lat.,    Rhinosime du chêne.
Stenostoma rostrata, Lat.,    Sténostome muselier.

# TÉTRAMÈRES.

## XIVᵉ Famille. — *LES CURCULIONOIDES.*

Anthribus scabrosus, Fab.,    Anthribe raboteux.
— rufipes, Lat.,    — rufipède.
Bruchus pisi, Fab.,    Bruche des pois.
— Creutzeri, Ros.,    — de Creutzer.
— cinereus, Dej.,    — cendré.
Rhinomacer attelaboides, Fab.,    Rhinomacer attelaboïde.
Apoderus coryli, Ol.,    Apodère tête-écorchèe.
Attelabus curculionoides, Fab.,    Attelabe curculionoïde.
Rhynchites Bacchus, Fab.,    Rhynchite Bacchus.
— punctatus, Ol.,    — ponctué.
— cæruleocephalus, Fab.,    — tête-bleue.
Apion frumentarium, Herb.,    Apion du froment.
— Kirbyi, Leach,    — de Kirby.
— juncorum, Kirb.,    — des joncs.
— brassicæ, Payk.,    — du chou.

Apion Leachii, Kirb.,       Apion de Leach.
— pallipes, Kirb. ,         — pieds-pâles.
— pisi, Fab.,              — des pois.
— obscurans, Kirb.,       — brunissant.
— cyaneum, Herbest.,     — bleu.
— unicolor, Kirb.,        — unicolore.
— astragali, Kirb.,       — de l'astragale.
— cærulescens, Kirb.,    — bleuâtre.
Brachycerus muricatus, Fab., Brachycère muriqué.
Cleonis sulcirostris, Lat.,   Cléone à trompe sillonnée.
— ophthalmica, Ros.,     — ophthalmique.
Lixus paraplecticus, Lat.,   Lixe paraplectique.
— angustatus, Fab.,      — étroit.
Cionus verbasci, Fab. ,     Cione de la molène.
— scrophulariæ, Lat.,    — de la scrophulaire.
Calandra abbreviata, Fab.,  Calandre raccourcie.
— granaria, Fab.,       — du blé.
Cossonus linearis, Clairv.,  Cossone linéaire.
Hylobius fatuus, Ros.,     Hylobie fat.
— abietis, Fab.,         — du sapin.
Pachygaster meridionalis, Dej., Pachygastre méridional.
— ligustici, Fab.,       — de la livèche.
— provincialis, Dej.,     — de Provence.
— armadillo, Ros.,      — armadille.
Rhinodes pruni, Meg.,    Rhinode du prunier.
Rhynchænus alni, Fab.,    Rhynchène de l'aune.
— populi, Fab.,        — du peuplier.
— salicis, Fab.,        — du saule.
— rhamni, Stur.,        — du nerprun.

## XV⁵ Famille. — *LES XYLOPHAGES.*

Hylurgus piniperda, Fab.,  Hylurgue piniperde.
Hylesinus fraxini, Fab.,   Hylésine du frêne.

Phloiotribus oleæ, Lat.,                     Phloïotribe de l'olivier.
Bostrichus capucinus, Ol.,                   Bostriche capucin.
— typographus, Fab.,                         — typographe.
— Dufourii, Lat.,                            — de Dufour.
— luctuosa, Ol.,                             — triste.
Mycetophagus quadrimaculatus, F. Mycétophage quadrimaculé.
Cis boleti, Fab.,                            Cis du bolet.
— reticulatus, Fab.,                         — réticulé.
Psoa italica, Ros.,                          Psoa d'Italie.
Nemosoma elongata, Lat.,                     Némosome alongée.
Cerylon terebrans, Lat.,                     Cérylon tarière.
— histeroides, Lat.,                         — escarbot.
Bitoma crenata, Hebb.,                       Bitome crénelé.
Lyctus canaliculatus, Payk.,                 Lycte oblong.
Silvanus unidentatus, Lat.,                  Silvain unidenté.
Trogosita caraboides, Fab.,                  Trogosite caraboïde.
Cucujus bimaculatus, Ol.,                    Cucuje bimaculé.
Uleiota flavipes, Fab.,                      Uléiote flavipède.

## XVIᵉ Famille. — *LES CAPRICORNES.*

Prionus coriarius, Fab.,                     Prione tanneur.
— scabricornis, Fab.,                        — scabricorne.
Hamaticherus cerdo, Fad.,                    Hamatichère savetier.
— heros, Fab.,                               — héros.
Lamia lugubris, Fab.,                        Lamie lugubre.
— funesta, Fab.,                             — funeste.
Dorcadion pedestris, Fab.,                   Dorcadion pédestre.
Clytus massiliensis, Fab.,                   Clyte de Marseille.
— quadripunctatus, Fab.,                     — quadriponctué
— arietis, Fab.,                             — belier.
— verbasci, Fab.,                            — de la molène.
— quadriguttatus, Leach,                     — à quatre taches.
Callidium holosericeum, Ros.,                Callidie soyeux.

Callidium bajulus, Fab.,    Callidie porte-faix.
— violaceum, Fab.,    — violet.
— femoratum, Fab,    — grosses-cuisses.
— testaceum, Fab.,    — testacé.
Saperda oculata, Fab.,    Saperde oculée.
— suturalis, Fab.,    — suturale.
— violacea, Fab.,    — violâtre.
— carcharias,    — carcharias.
Molorchus major, Fab.,    Molorque grande.
Rhagium inquisitor, Fab.,    Rhagie inquisiteur.
— salicis, Fab.,    — du saule.
— bifasciatum, Fab.,    — bifascié.
Pachyta collaris, Fab.,    Pachyte à collier.
Vesperus strepens, Dej.,    Vespérus bruyant.
— luridus, Ros.,    — sale.
Leptura calcarata, Fab.,    Lepture éperonnée.
— attenuata, Fab.,    — atténuée.
— unipunctata, Fab.,    — uniponctuée.
— tomentosa, Fab.,    — tomenteuse.
Certalum ruficolle, Fab.,    Certale à cou rouge.

XVII<sup>e</sup> Famille. — *LES CHRYSOMÉLINES.*

Orsodacna cerasi, Fab.,    Orsodacne du cerisier.
Donacia simplex, Fab.,    Donacie simple.
— palustris, Panz.,    — palustre.
— violacea, Fab.,    — violette.
— dentipes, Fab.,    — à pieds dentés.
— typheæ, Brah.,    — du typha.
— ænea, Fab.,    — bronzée.
Crioceris merdigera, Lat.,    Criocère du lis.
— quadrimaculata, Fab.,    — à quatre taches.
— duodecimpunctata, Fab.,    — à douze points.
— asparagi, Fab.,    — de l'asperge.

Crioceris melanopa, Fab.,          Criocère mélanope.
— cyanella, Fab.,                  — bleuâtre.
Hispa atra, Panz.,                 Hispe très noire.
— testacea, Fab.,                  — testacée.
Cassida equestris, Panz. ,         Casside équestre.
— viridis, Lin.,                   — verte.
— meridionalis, Dej.,              — méridionale.
— ferruginea, Fab.,                — ferrugineuse.
Clythra bimaculata, Ros.,          Clythre à deux taches.
— quadripunctata, Fab.,            — à quatre points.
— concolor, Ol.,                   — unicolore.
— atraphaxidis, Fab.,              — de l'atraphaxis.
Eumolpus vitis, Fab.,              Eumolpe de la vigne.
— pretiosus, Panz.,                — précieux.
Timarcha tenebricosa, Lin.,        Timarque ténébrion.
— affinis, Leach, — Risso,         — semblable.

*T. Capite, thorace elytrique intense atris, nitidis, punc-*
*tulis irregularibus nonnullis confluentibus sculptis ; antennis*
*articulis sex basilaribus, pedibusque nigro-purpureis.*

Tête, corselet, élytres d'un noir foncé, luisant, sculptés
par de petits points irréguliers, nullement confluents; les six
articles de la base des antennes ainsi que les pieds d'un noir
pourpré; les tarses d'un jaune ferrugineux. Long. 0,015.
Séj. Bords de la mer. App. Printemps, été.

Timarcha pratensis, Meg.,          Timarque des prairies.
— coriaria, Panz.,                 — chagrinée.
Chrysomela Bankii, Panz.,          Chrysomèle de Banki.
— populi, Fab.,                    — du peuplier.
— violacea, Fab.,                  — violâtre.
— hottentota, Fab.,                — hottentote.
— viminalis, Fab.,                 — viminale.

| | |
|---|---|
| Chrysomela hæmoptera, FAB., | Chrysomèle à ailes rouges. |
| — americana, FAB., | — américaine, |
| — limbata, FAB., | — bordée. |
| — hemispherica, GERM., | — hémisphérique. |
| — sanguinolenta, FAB., | — sanguinolente. |
| — grossa, FAB., | — grosse. |
| — graminis, FAB., | — du chiendent. |
| — fastuosa, FAB., | — fastueuse. |
| — cacaliæ, SCH., | — du cacalia. |
| — cochleariæ, FAB., | — du cochléaria. |
| — melanocephala, MEG., | — mélanocéphale. |
| — armoraciæ, FAB., | — de l'armoise. |
| Prasocuris phellandrii, LAT., | Prasocure de la phellandrie. |
| — violacea, LAT., | — violet. |
| Galeruca tanaceti, FAB., | Galéruque de la tanaisie. |
| — Desmaresti, L. et R., | — de Desmarest. |

*G. Corpore atro; elytris impressis striatis, striis prope suturam abbreviatis.*

Diffère de la précédente par ses élytres profondément striés, avec les stries rapprochées de la suture raccourcies. Long. 0,007. Séj. Château de Nice, Lazaret, Cimiés, etc. App. Printemps, été.

| | |
|---|---|
| Altica chrysocephala, FAB., | Altice chrysocéphale. |
| — hyosciami, FAB., | — de la jusquiame. |
| — quadripustulata, FAB., | — quadripustulée. |
| — anglica, FAB., | — anglicane. |
| — dorsalis, FAB., | — dorsale. |
| — nitidula, FAB., | — nitidule. |
| — rufipes, SCH., | — aux pieds roux. |
| — oleracea, LAT., | — potagère. |
| — nigriceps, DEJ., | — tête-noire. |
| — exoleta, FAB., | — exolète. |

| | |
|---|---|
| Phalacrus bicolor, Payk., | Phalacre bicolore. |
| — testaceus, Ill., | — testacé. |
| Agathidium ruficolle, Sturm., | Agathide à cou roux. |
| — nigripenne, Ill., | — nigripenne. |
| Tritoma bipustulata, Fab., | Tritome bipustulée. |
| Triplax nigripennis, Fab., | Triplax nigripenne. |
| — rufipes, Fab., | — aux pieds roux. |

# TRIMÈRES.

## XVIII<sup>e</sup> Famille. — *LES COCCINELLES.*

| | |
|---|---|
| Coccinella livida, Kir., | Coccinelle livide. |
| — tredecimpunctata, Lin., | — à treize points. |
| — colon, Kir., | — colon. |
| — bipunctata, Lin., | — biponctuée. |
| — decemguttata, Fab., | — à dix taches. |
| — tripunctata, Lin., | — triponctuée. |
| — quadrinotata, Fab., | — à quatre taches. |
| — quinquepunctata, Fab., | — à cinq points. |
| — hieroglyphica, Lin., | — hiéroglyphique. |
| — quinquemaculata, Fab., | — à cinq taches. |
| — septempunctata, Lin., | — à sept points. |
| — septemmaculata, Fab., | — à sept taches. |
| — novempunctata, Lin., | — à neuf points. |
| — oblongo punctata, Lin., | — oblongue ponctuée. |
| — decempunctata, Lin., | — à dix points. |
| — undecimmaculata, Lin., | — à onze taches. |
| — undecimpunctata, Fab., | — à onze points. |
| — quatuordecimpunctata, Lin., | — à quatorze points. |
| — maculata, Fab., | — tachetée. |
| — ocellata, Lin., | — ocellée. |

| | |
|---|---|
| — octodecimpunctata, Lin., | — à dix-huit points. |
| — nonodecimpunctata, Lin., | — à dix-neuf points. |
| — vigintipunctata, Geof., | — à vingt points. |
| — guttata, Scop., | — tachetée. |
| — vigintiduopunctata, Lin., | — à vingt-deux points. |
| — analis, Fab., | — anale. |
| — vigintitripunctata, Lin., | — à vingt-trois points. |
| — frontalis, Fab., | — frontale. |
| Chilochrus lunatus, Leach, | Chilochre lunulé. |
| — olivæ, Leach, | — de l'olive. |
| — quinquepustulatus, Leach, | — à cinq points. |
| Scymnus flavipes, Ill., | Scymne aux pieds jaunes. |
| — parvulus, Ill., | — petit. |
| — discoideus, Ill., | — discoïde. |
| — arcuatus, Ros., | — arcué. |
| — bipustulatus, Ill., | — bipustulé. |
| Endomychus coccineus, Payk., | Endomyque écarlate. |
| Lycoperdina immaculata, Lat., | Lycoperdine sans tache. |

# DIMÈRES.

| | |
|---|---|
| Pselaphus sylvestris, Leach, | Psélaphe sylvestre. |
| — Heisei, Herb., | — d'Heise. |

## ORDRE CINQUIÈME. — ORTHOPTÈRES,

### I<sup>re</sup> Famille. — LES FORFICULAIRES.

| | |
|---|---|
| Forficula gigantea, Fab., | Forficule géant. |
| — auricularia, Lin., | — perce-oreille. |

## II° Famille. — *LES BLATTIDES.*

| | |
|---|---|
| Blatta egyptiaca, Lin.; | Blatte d'Égypte. |
| — orientalis, Fab. , | — d'Orient. |
| — succinea; L.-R. | — succin. |

*Copore toto, antennis pedibusque hyalinis, pallide succineis.*

Tout le corps d'une couleur de succin pâle, antennes et pieds hyalins. Long. 0,010. Séj. Sous les pierres. App. Printemps.

Blatta rupestris, L.—R.,        Blatte rupestre.

*Corpore toto glaberrimo, nitido ; thorace nigro cinereo marginato; elytris cinereis, lacteo nigroque irroratis; femoribus nigris ; tibiis brunneo nigris ; tarsis luteis.*

Corps en entier très lisse et luisant; corselet bordé de noir cendré; élytres d'un gris cendré, légèrement gazé de noir et de blanc; cuisses noires; jambes d'un brun noir; tarses jaunes. Long. 0,016. Séj. Sous les cailloux. App. Printemps.

Blatta domicola, L.-R.;        Blatte des maisons,

*Thorace abdomineque piceis; antennis, pedibus elytrisque fuscoferrugineis: Femina aptera.*

Corselet et ventre d'un brun luisant; antennes, pieds et élytres d'un brun ferrugineux. La femelle est aptère. Long. 0,040. Séj. Dans les maisons. App. Été.

Blatta marginata, L.—R.,        Blatte bordée.

*Thôrace abdomineque atris nitentibus, albescente marginâtis ;
pedibus ferrugineo-luteis, brunneo irrorâtis.*

Corselet et abdomen d'un noir luisant, bordés de blanchâtres ; pieds d'un jaune ferrugineux, légèrement mêlé de brun.
Long. 0,020. Séj. Sous les cailloux. App. Printemps.

## IIIᵉ Famille. — *LES MANTIDES.*

Phasma rossia, Fab.,        Phasme de Rossi.
Phantoma (gen. nov.), L-R.,   Fantôme (genre nouveau).

*Caput ovatum ; frons in rostrum producta ; oculi ovati, con-
vexi ; antennæ articulo primo maximô, secundo minimo, conico, tertio elongato, acuminato, antice multiarticulato ; thorax
segmento primo elongato ; antice trigono, postice lineari ; segmentis secundo tertioque lamelliformibus ; abdomen decem-
articulatum, convexum, postice subclavatum ; caudâ filamen-
tibus quatuor conicis, superioribus mediocribus, inferioribus
brevissimis ; pedes antice articulo secundo brevissimo, tertio
externe dilatato, spinulato, quarto complanato, interne spi-
nuloso, antice unguiculato ; tarsi filiformes, quinquearticulati,
articulo primo longissimo, quinto subclavato ; ungues breves,
bifidi, acutissimi ; pedes duo posteriores articulis primis brevibus, complanatis, externe dilatatis, secundo brevissimo, tertio
elongato, complanato, postice ad apicem appendice instructô,
quarto filiformi ; tarsi ut anteriores paululum longiores.*

Tête ovale, front avancé en rostre ; yeux ovales, convexes ;
antennes à premier article très grand, le second petit, conique,
le troisième alongé, acuminé, le bout de ces antennes multiarticulé ; corselet à premier segment alongé, trigoné sur le
devant, linéaire en arrière, le second et le troisième segment
lamelliformes ; abdomen à dix segments convexes, le postérieur

14.

presque en massue, muni de quatre filaments coniques , les
supérieurs médiocres , les inférieurs très courts; pieds de devant à second article très court, le troisième dilaté en pointe
extérieurement, le quatrième aplati , épineux intérieurement,
et onguiculé sur le devant ; tarses filiformes , à cinq articulations, la première très longue, la cinquième presque en massue,
avec des ongles courts, bifides, très aigus ; les deux pieds
postérieurs à premier article court, aplati, dilaté en dehors ,
le second très court, le troisième alongé , déprimé , muni
d'un appendice au sommet ; le quatrième filiforme , avec des
tarses un peu plus longs que les antérieurs.


Phantoma variabilis , L-R.,      Fantôme variable.

*Corpore griseo, roseo-violescente , aut colore valde varia ;
capite rostroque quasi bipartitis, medio utrinque profunde emar-
ginatis, spinam efformantibus ; pedibus anticis, manibus spinis
irregularibus in serie duplici dispositis, pollice interne spinulis
æqualibus curvatis armato.*


Corps gris, rose violâtre , ou variant en d'autres couleurs ;
tête et rostre presque bifides , profondément échancrés et
relevés en pointe vers le milieu de chaque côté ; pieds antérieurs ayant les mains ornées d'une double série de pointes
irrégulières , avec le pouce armé intérieurement de très
petites pointes courbes, égales. Long. 0,040. Séj. Toutes
nos collines arides. App. Presque toute l'année.


Mantis oratoria, Lin.,       Mante pieuse.
— religiosa, Lin.,       — religieuse.
Empusa pauperata, Ill. ,      Empuse mendiante.
— pectinicornis, Ill.,       — pectinicorne.

*Thorace , dorso abdomineque carneis ; pedibus cinereo car-*

*neo ferrugineoque pallido commixtic ornalis; elytris stramineis;
alis virescentibus, pterogosteis sordide rufis; capite testaceo;
antennis rufis.*

Corselet, dos et abdomen couleur de chair; pieds colorés d'un mélange de gris, de rouge clair et de ferrugineux pâle; élytres d'un vert clair; ailes verdâtres, avec les nervures d'un roux foncé; tête couleur de brique, et antennes rousses. Long. 0,075. Séj. Collines. App. Mai, juin, août. C'est le premier insecte nouveau que j'aie trouvé, il y a plus de vingt ans.

### IVᵉ Famille. — LES GRYLLONES.

| | |
|---|---|
| Gryllo-talpa vulgaris, Lat., | Courtilière commune. |
| Gryllus campestris, Lin., | Grillon champêtre. |

### Vᵉ Famille. — LES LOCUSTAIRES.

| | |
|---|---|
| Locusta viridissima, Lat., | Sauterelle très verte. |
| — verrucivora, Panz., | — verruqueuse. |
| — varia, Panz., | — variable. |
| — fusca, Panz., | — brune. |

### VIᵉ Famille. — LES ACRIDIENS.

| | |
|---|---|
| Acridium migratorium, Ol., | Criquet émigrant. |
| — cærulescens, Ol., | — bleuâtre. |
| — germanicum, Ol., | — de la Germanie. |
| — stridulum, Lat., | — fuligineux. |
| — viridulum, Fab., | — verdâtre. |
| — cæruleum, Lin., | — bleu. |
| — italicum, Ol., | — d'Italie. |
| — bipunctatum, Leach, | — biponctué. |
| — bilineatum, Leach, | — à deux lignes. |
| Truxalis nasutus, Fab., | Truxale à grand nez. |
| Tetrix subulata. | Tétrix subulé. |

# ORDRE SIXIÈME. — HÉMIPTÈRES.

## I<sup>re</sup> FAMILLE. — LES CORISIES.

| | |
|---|---|
| Scutellera nigro-lineata, FAB., | Scutellère siamoise. |
| — globus, LAT., | — globuleuse. |
| — fuliginosa, FAB., | — fuligineuse. |
| Pentatoma acuminata, LAT., | Pentatome acuminé. |
| — hæmorrhoidalis, LAT., | — hémorrhoïdale. |
| — festiva, FAB., | — paré. |
| — ornata, FAB., | — orné. |
| Coreus marginatus, FAB., | Corée bordée. |
| — laciniatus, VIL., | — lacinié. |
| Neides tipularia, FAB., | Neïde tipulaire. |
| Lygæus pini, FAC., | Lygée du pin. |
| — echii, PANZ., | — de la vipérine. |
| — equestris, FAB., | — équestre. |
| — saxatilis, FAB., | — saxatile. |
| — hyoscyami, FAB. | — de la jusquiame. |
| Miris pratensis, FAB., | Miris des prés. |
| — campestris, FAB., | — champêtre. |
| Salda pallicornis, FAB., | Salde cornes-pâles. |

## II<sup>e</sup> FAMILLE. — LES RÉDUVIÉES.

| | |
|---|---|
| Nabis guttata, FAB., | Nabis tachetée. |
| Reduvius personatus, FAB., | Réduve masqué. |
| — annulatus, FAB., | — annelé. |
| — montanus, L.-R., | — des montagnes. |

*Capite, rostro, thorace, pectore, dorso, abdomineque oliva-ceo-brunneis; femoribus, tibiis, tarsis antennisque pallidio-ribus.*

Tête, rostre, corselet, poitrine, dos et abdomen d'un brun

olivâtre; pattes, tarses et antennes d'une teinte pâle. Long. 0,022. Séj. Montagnes subalpines. App. Été.

Ploiaria vagabonda, FAB.,    Ploière vagabonde.

## IIIᵉ FAMILLE. — *LES HYDROMÈTEES.*

Hydrometra stagnorum, FAB.,    Hydromètre des étangs.
Velia rivulorum, LAT.,    Vélie des ruisseaux.
— currens, LAT.,    — vagabonde.
Gerris paludum, LAT.,    Gerris des marais.
— lacustris, LAT.,    — des lacs.

## IVᵉ FAMILLE. — *LES CIMICIDES.*

Cimex lectularius, LIN.,    Punaise des lits.
Phymata crassipes, LAT.,    Phymate crassipède.
Tingis cristata, PANZ.,    Tingis en crête.
Aradus betulæ, FAB.,    Arade du bouleau.

## Vᵉ FAMILLE. — *LES NÉPADÉES.*

Ochterus marginatus, LAT.,    Ochtère bordé.
Naucoris cimicoides, FAB.,    Naucoris cimicoïde.
Nepa cinerea, LIN.,    Nèpe cendrée.
Ranatra linearis, FAB.,    Ranatre linéaire.
Notonecta melanota, L.-R.,    Notonecte mélanote.

*Capite, thoraceque glaucis, nitentibus; oculis atris; dorso atro nitido.*

Tête et corselet d'un glauque luisant; yeux noirs; écusson d'un noir profond velouté; dos noir luisant; ventre d'un vert noirâtre; élytres d'un noir grisâtre ferrugineux, à bords antérieurs et sommités ornés de deux taches irrégulières, avec leur base brune; ailes transparentes; avec les grandes nervures brunes, et les petites d'un jaunâtre pâle; pieds d'un

vert sale. Long. 0,014. Séj. Fossés aqualiques. App. Presque
toute l'année.

Notonecta variegata , L.-R.,     Notonecte variée.

*Capite thoraceque glaucis nitentibus; oculis intense ferrugineis; dorso aurantio nitente , fascia mediali maculisque duabus utrinque ad scutelli basin , aurantio ferrugineo notato.*

Tête et corselet d'un glauque luisant; yeux ferrugineux; écusson d'un noir velouté; dos jaune orange brillant , orné d'une bande et de deux taches latérales à la base de l'écusson, d'un jaune orange ferrugineux; ventre obscur ; élytres d'un jaune ferrugineux tacheté de brun , lisérées près du sommet d'orange brun; ailes transparentes, avec leurs grandes nervures ferrugineuses, et les petites d'un orange pâle; pieds d'un vert sale. Long. 0,015. Séj. Eaux courantes. App. Printemps, été.

Corixa striata, GEOF.,     Corise striée.

DEUXIÈME SECTION. — HOMOPTÈRES.

## VIᵉ FAMILLE. — *LES CICADAIRES.*

| | |
|---|---|
| Cicada hæmatodes, PANZ., | Cigale hématode. |
| — orni, FAB., | — de l'orne. |
| — plebeia , FAB., | — commune. |
| Cercopis sanguinolenta, FAB., | Cercope sanguinolente. |
| Ledra aurita, FAB., | Lèdre à oreilles. |
| Centrotus cornutus, FAB., | Centrote cornu. |
| — genistæ, FAB., | — du genêt. |
| Tettigonia viridis , LAT., | Tettigone verte. |

## VIIᵉ FAMILLE. — *LES FULGORELLES.*

| | |
|---|---|
| Tettigometra virescens, LAT., | Tettigomètre verdâtre. |
| — obliqua, PANZ., | — oblique. |

| | |
|---|---|
| Fulgora europea, Lin., | Fulgore d'Europe. |
| Issus coleoptratus, Fab., | Issus coléoptère. |
| Cixius nervosus, Lat., | Cixie nerveuse. |
| Asiraca clavicornis, Lat., | Asiraque clavicorne. |
| Delphax pellucida, Lat., | Delphax luisante. |

## VIII<sup>e</sup> Famille. — *LES PSYLLIDIES.*

| | |
|---|---|
| Psylla alni, Fab., | Psylle de l'aulne. |
| Livia juncorum, Lat., | Livie des joncs. |

## IX<sup>e</sup> Famille. — *LES APHIDIENS.*

| | |
|---|---|
| Aphis juniperi, Fab., | Aphis du genévrier. |
| — rosæ, Deg. | — du rosier. |
| — millefolii, Fab., | — de la millefeuille. |
| — tiliæ, Deg., | — du tilleul. |
| — papaveris, Lin., | — du pavot. |
| — fraxini, Fab., | — du frêne. |
| — betulæ, Lin., | — du bouleau. |
| — alni, Fab., | — de l'aulne. |
| — roboris, Lin., | — du chêne. |
| — mali, Scop., | — du pommier. |
| — urticæ, Fris., | — de l'ortie. |
| — genistæ, Scop. | — du genêt. |
| Doralis pini, Leach, | Doralis du pin. |
| — dauci, Fab., | — de la carotte. |
| — ulmi, Leach, | — de l'ormeau. |
| — rumicis, Leach, | — de la patience. |
| Pharalis cerasi, Leach, | Pharalis du cerisier. |
| — absinthii, Leach, | — de l'absinthe. |
| — salicis, Leach, | — du saule. |
| — vitis, Leach, | — de la vigne. |

| | |
|---|---|
| Pharalis ropuli, Leach, | Pharalis du peuplier. |
| — tanaceti, Leach , | — de la tanaisie. |
| Aleyrodes chelidonii, Lat., | Aléyrode de l'éclaire. |
| Eriosoma oleæ, L.-R., | Eriosome de l'olivier. |

*Thorace griseo; capite sordide viridi; oculis purpureo-violas-cente-nigris; antennis griseis, apice purpureo nigris; abdomine dorsoque virescentibus; pedibus griseis; alis purpureo-brun-neis; abdomine segmento ultimo purpureo nigro.*

Corselet gris; tête d'un vert sale; yeux d'un noir pourpré violâtre; antennes grises, d'un noir pourpré à l'extrémité; ventre et dos verdâtres; pieds gris; ailes d'un brun pourpre; dernier segment de l'abdomen d'un noir pourpré. Long. 0,001. Séj. Nos oliviers. App. Printemps , été.

## X<sup>e</sup> Famille. — *LES GALLINSECTES.*

| | |
|---|---|
| Dorthesia characias, Bon., | Dorthésie de l'euphorbe. |
| — citrus , L.-R., | — de l'oranger. |
| Coccus Hesperidum, Lin., | Cochenille des Hespérides. |
| — ilicis, Fab. , | — du houx. |
| — quercus, Lin., | — du chêne. |
| — rusci, Fab., | — du fragon. |
| — tiliæ, Lin. , | — du tilleul. |
| — ulmi, Lin., | — de l'ormeau. |
| Chermes persicæ, Fab., | Chermès du pêcher. |
| — graminis, Lin., | — du chiendent. |
| — sorbi, Fab., | — du sorbier. |
| — abietis, Lin., | — du sapin. |
| — buxi, Fab., | — du buis. |
| — salicis , Lin., | — du saule |
| — arundinis, Leach, | — du roseau. |
| — ficus, Lin., | — du figuier. |
| — olivæ, Leach, | — de l'olivier. |

| | |
|---|---|
| Chermes betulæ, Lin., | Chermès du bouleau. |
| — fagi, Lin., | — du hêtre. |
| — coccineus (N.), | — rouge. |

# ORDRE SEPTIÈME. — NÉVROPTÈRES.

## Iʳᵉ Famille. — LES PERLAIRES.

| | |
|---|---|
| Semblis nebulosa, Fab., | Nemoure nébuleuse. |
| — linneana, Leach, | — de Linné. |
| Perla marginata, Lat., | Perle bordée. |

## IIᵉ Famille. — LES PHRYGANIDES.

| | |
|---|---|
| Phryganea striata, Lin., | Frigane striée. |
| — grandis, Fab., | — grande. |
| — reticulata, Lin., | — réticulée. |
| — rhomboidea, Fab., | — rhomboïde. |
| — grisea, Lin., | — grise. |
| Leptocerus niger, Leach, | Leptocère noir. |
| — bimaculatus, Leach, | — bimaculé. |
| — linneanus, Leach, | — de Linné. |

## IIIᵉ Famille. — LES LIBELLULINES.

| | |
|---|---|
| Libellula quadrimaculata, Lin., | Libellule à quatre taches. |
| — flaveola, Lin., | — jaunâtre. |
| — rubicunda, Lin., | — rubiconde. |
| — depressa, Lin., | — déprimée. |
| — vulgatissima, Lin, | — ordinaire. |
| — cancellata, Lin., | — treillissée. |

Æshna forcipata, Fab.,              Æshne commune.
— grandis, Fab.,                    — grande.

### IV<sup>e</sup> Famille. — *LES AGRIONIDES.*

Agrion puella, Fab. ,               Agrion demoiselle.
— azurea, Leach ,                   — azurée.
— rubescens, Leach,                 — rougeâtre.
— virgo, Fab. ,                     — vierge.
— nicæensis, L.-R.,                 — de Nice.

*Thorace abdomineque purpureo-violaceis, viride azureoque commixtis pictis; alis brunneo viridescente nigris, basi hyalinis; pedibus nigris.*

Corselet et ventre d'une couleur mélangée de teintes vertes, azur et pourpre violet; ailes d'un noir brun verdâtre, à base transparente; pieds noirs. Long. 0,060. Séj. Tous nos endroits humides. App. Mai, novembre.

### V<sup>e</sup> Famille. — *LES PANORPATES.*

Panorpa communis, Lin.,             Panorpe commune.
— germanica, Lin.,                  — germanique.
Bittacus tipularius, Lat.,          Bittaque tipulaire.
— phryganearius, Leach,             — des friganes.

### VI<sup>e</sup> Famille. — *LES FOURMILIONS.*

Myrmeleon libelluloide, Lin.,       Myrméléon libelluloïde.
— formicarium, Lin.,                — formicaire.
— pisanum, Ros.,                    — de Pise.
Ascalaphus italicus, Fab.,          Ascalaphe d'Italie.
— barbarus, Fab.,                   — de Barbarie.

## VII<sup>e</sup> Famille. — *LES HÉMÉROBIENS.*

| | |
|---|---|
| Hemerobius hirtus, Lin., | Hémerobe hérissé. |
| — sexpunctatus, Fab., | — à six points. |
| — flavicans, Fab., | — jaunâtre. |
| — phalenoides, Lin., | — phalénoïde. |
| Osmylus maculatus, Lin., | Osmyle tacheté |
| Raphidia ophiopsis, Lin., | Raphidie ophiopse. |
| Termes lucifugum, Ros., | Termès lucifuge. |
| — flavicolle, Lat., | — flavicolle. |
| Psocus bipunctatus, Fab., | Psoque biponctué. |

## VIII<sup>e</sup> Famille. — *LES ÉPHÉMÉRINES.*

| | |
|---|---|
| Ephemera vulgata, Deg., | Éphémère ordinaire. |
| — lutea, Fab., | — jaune. |
| — vespertina, Fab. | — vespertine. |
| — marginata, Fab., | — bordée. |
| — bioculata, Fab., | — bioculée. |
| — nigra, Fab., | — noire. |

## *ORDRE HUITIÈME.* — HYMENOPTÈRES.

## I<sup>re</sup> Famille. — *LES TENTHRÉDINES.*

| | |
|---|---|
| Cimbex femorata, Fab., | Cimbex d'Europe. |
| — sericea, Fab., | — soyeux. |
| — axillaris, Spin., | — axillaire. |
| — obscura, Fab., | — obscur. |
| — marginata, Fab., | — bordé. |
| — Olivieri, Lepel., | — d'Olivier. |
| — montana, Lepel., | — de montagne. |
| — Jurinæ, Lepel., | — de Jurine. |

Nematus dorsalis, Lepel.,    Némate dorsal.

— septentrionalis, Jur.,    — septentrional.

— hæmorrhoidalis, Spin.,    — hémorrhoïdal.

Cladius difformis, Lat.,    Cladius difforme.

Tenthredo australis. Faun. Fr.,    Tenthrède australe.

— apicaris, Four.,    — apicaire.

— alternans, Lepel.;    — alterne.

— scrophulariæ, Fab.,    — scrophulaire.

— scutellata, Vill.,    — écussonnéé.

— pallipes, Spin.,    — palipède.

— vidua, Ros.,    — veuve.

— cincta, Fab.,    — ceinte.

— flavicornis, Fab.,    — flavicorne.

— viridis, Fab.,    — verte.

— strigosa, Fab.,    — ridée.

— melanocephala, Panz.,    — mélanocéphale.

Cryptus furcatus, Jur.,    Crypte fourchu.

— maculatus, Jur.,    — tacheté.

Lophyrus pini, Lat.,    Lophyre du pin.

— juniperi, Fab.,    — du genèvrier.

Hylotoma rosæ, Fab.,    Hylotome du rosier.

— thoracica, Spin.,    — thoracique.

— enodis, Fab.,    — violette.

Dolerus abdominalis, Faun. Fr.,    Dolère abdominal.

— fasciatus, Lepel.,    — fascié.

— erythrogonus, Spin.,    — érythrogone.

— opacus, Jurin.,    — opaque.

Lyda sylvatica, Klug.,    Lyde des bois.

— betulæ, Fab.,    — du bouleau.

— hæmorrhoidalis, Fab.,    — hémorrhoïdale.

— depressa, Klug.,    — déprimée.

— arbustorum, Fab.,    — des arbres.

— populi, Fab.,    — du peuplier.

Lyda arvensis, KLUG.,   Lyde des champs.
— cynosbati, FAB.,   — cynosbate.
Cephus troglodyta, FAB.,   Céphus troglodyte.
— idolon, Ros.,   — idolon.
— pygmœus, FAB.,   — pygmée.
— analis, LEPEL.,   — anal.
Xiphydria dromadarius, FAB.,   Xiphydrie dromadaire.
— annulata., LAT.,   — annelée.

## IIᵉ FAMILLE. — *LES UROCERATES.*

Urocerus gigas, LAT.,   Urocère géant.
— spectrum, FAB.,   — spectre.
— juvencus, FAB.,   — bleu.
Oryssus coronatus, FAB.,   Orysse couronné.

## IIIᵉ FAMILLE. — *LES ÉVANIALES.*

Evania appendigaster, LAT.,   Évanie appendigastre.
Fœnus jaculator, FAB.,   Fœne jaculateur.

## IVᵉ FAMILLE. — *LES ICHNEUMONIDES.*

Stephanus coronatus, JUR.,   Stéphane couronné.
Xorides indicatorius, LAT.,   Xoride indicateur.
— bifasciatus, JUR.,   — bifascié.
Pimpla manifestator, FAB.,   Pimple manifestateur.
Ophion nigrum, LEACH,   Ophion noir.
— luteum, FAB.,   — jaune.
Alomya debellator, PANZ.,   Alomye vainqueur.
Ichneumon pisorius, FAB.,   Ichneumon pisorien.
— sagitattorius, LAT.,   — archer.
— vaginatorius, LAT.,   — gaînier.
— cærulator, LAT.,   — bleuâtre.

Agathis purgator, Fab.,                Agathis purgeur.
— malvacearum, Lat.,                   — des malvacées.
— rostrator, Spin.,                    — à bec.
Microgaster deprimator, Lat.,          Microgastre déprimé.
Sigalphus rufescens, Lat.,             Sigalphe roussâtre.
— sulcatus, Jur.,                      — sillonné.
— rufipes, Lat.,                       — pieds-rouges.
Alysia manducator, Lat.,               Alysie mâcheur.

## Vᵉ Famille. — *LES DIPLOLÉPAIRES.*

Ibalia cultellator, Lat.,              Ibalie coutelier.
Diplolepis quercus-folii, L.,  Diplolèpe des feuilles du chêne.
— erythrocephala, Jur.,                — tête-rouge.
Figites scutellaris, Jur.,             Figite scutellaire.
— ruficornis, Spin.,                   — ruficorne.
Eucharis ascendens, Lat.,              Eucharis ascendant.

## VIᵉ Famille. — *LES CINIPSÈRES.*

Leucopsis gigas, Fab.,                 Leucopsis géant.
— intermedia, Ill.,                    — intermédiaire.
— dorsigera, Fab.,                     — dorsigère.
Chalcis minuta, Fab.,                  Chalcis petite.
— rufipes, Oliv.,                      — pieds-roux.
— spinosa, Fab.,                       — épineuse.
— cornigera, Jur.,                     — cornigère.
— flavipes, Panz.,                     — pieds-jaunes.
Eurytoma serratulæ, Lat.,              Eurytome de la serratula.
— plumata, Ross.,                      — plumeuse.
— aterrima, Sch.,                      — très noire.
Cynips capreæ, Fab.,                   Cynips du câprier.
— purpurascens, Fab.,                  — pourpré.
— obsoleta, Fab.,                      — obsolète.

Cheonymus rufescens, Ros., Chéonyme roussâtre.
— depressus, Fab., — déprimé.
— fenestralis, Ros., — fenestrale.
Spalangia nigra, Spin., Spalangie noire.
— fusca, Leach, — brune.
Perilampus violaceus, Fab., Périlampe violâtre.
— italicus, Fab., — d'Italie.
Pteromalus gallarum, Fab., Ptéromale des galles.
— intercus, Sch., — mineur.
— coccorum, Fab., — des cochenilles.
Platygaster ruficornis, Lat., Platygastre ruficorne.
Scelio rugulosus, Lat., Scélion rugueux.
Teleas brevicornis, Lat., Téléas brévicorne.

## VII<sup>e</sup> Famille. — *LES PROCTOTRUPIENS.*

Sparasion cornutum, Jur., Sparasion cornu.
Ceraphron sulcatus, Jur., Céraphron sillonné.
Diapria conica, Fab., Diaprie conique.
— elegans, Jur., — élégante.
— verticillata, Lat., — verticillée.
— hesperidum, Ros., — des Hespérides.
Belyta bicolor, Jur., Bélyte bicolore.
Proctotrupes brevipennis, Lat., Proctotrupe brévipenne.
— pallipes, Jur., — pieds-pâles.
— niger, Panz, — noir.
Bethylus anopterus, Lat., Béthylus anoptère.
— hemipterus, Panz., — hémiptère.
— fuscicornis, Jur., — aux cornes brunes.
— formicarius, Panz., — formicaire.

## VIII<sup>e</sup> Famille. — *LES CHRYSIDIDES.*

Cleptes semiaurata, Fab., Clepte semi-doré.
— splendens, Panz., — resplendissant.
— pallipes, Lep., — pieds-pâles.

Elampus Panzeri, Spin.,                  Elampe de Panzer.
Panorpes carnea, Lat.,                   Panorpes incarnat.
Euchræus purpuratus, Lat.,               Euchrée pourpré.
Chrysis fulgida, Fab.,                   Chrysis resplendissant.
— ignita, Lin.,                          — enflammé.
— analis, Spin.,                         — anal.
— pulchella, Spin.,                      — joli.
— coronata, Spin.,                       — couronné.

## IX^e Famille. — *LES SPHÉGIMES.*

Ammophila sabulosa, Kir.,                Ammophile sablonneuse.
— campestris, Jur.,                      — champêtre.
Sphex flavipennis, Lat.,                 Sphex flavipenne.
Chlorion lobatum, Fab.,                  Chlorion lobé.
Pelopæus distillatorius, Lat.,           Pélopée distillateur.
— spirifex, Fab.,                        — spiraillier.
— pensilis, Lat.,                        — pensile.
Pepsis stellata, Fab.,                   Pepsis étoilée.
— flavicornis, Fab.,                     — aux cornes jaunes.
— ruficornis, Fab.,                      — aux tentacules roux.
Ceropales maculata, Fab.,                Céropale tachetée.
— variegata, Fab,                        — variée.
Pompilus fuscus, Fab.,                   Pompile brun.
— decemguttatus, Jur.,                   — à dix taches.
— viaticus, Fab.,                        — viatique.
— tripunctatus, Spin.,                   — triponctué.
— cinctellus, Spin.,                     — entouré.
— fasciatellus, Spin.,                   — à bandelettes.
— Gutta, Spin.,                          — Tache.
Cryptochelus annulatus, Panz.,           Cryptochèle annelé.
Aporus unicolor, Spin.,                  Aporus unicolore.
— bicolor, Spin.                         — bicolore.
Salius bicolor, Fab.,                    Salie bicolore.

## X<sup>e</sup> Famille. — *LES CRABRONITES.*

Astata abdominalis, Lat., Astate abdominale.
Larra ichneumoniformis, Fab., Larre ichneumoniforme.
Lyrops tricolor, Fab., Lyrope tricolore.
— etrusca, Jur., — étrusque.
— aurita, Fab., — oreillard.
Dinetus pictus, Jur., Dinète peint.
Tachybulus niger, Lat., Tachybule noir.
Trypoxylon figulus, Lat., Trypoxylon potier.
Nitela Spinola, Lat., Nitèle Spinola.
Oxybelus uniglumis, Fab., Oxybèle uniglume.
— quatuordecimnotatus, Jur., — quatorze taches.
— lineatus, Fab., — linéolé.
Crabro cephalotes, Fab., Crabron céphalote.
— quinquenotatus, Jur., — à cinq taches.
— subterraneus, Fab., — souterrain.
— fossorius, Fab., — fossoyeur.
— lituratus, Fab., — à petites lignes.
Pemphilis palmata, Leach, Pemphile palme.
— patellatus, Fab., — patellier.
Euplilis dimidiatus, Leach, Euplile dimidié.
— rufiventris, Panz., — à ventre rouge.
Pemphredon lugubris, Lat., Pemphredon lugubre.
Mellinus fulvicornis, Fab., Melline fulvicorne.
— pratensis, Jur., — des prés.
— arvensis, Fab., — des champs.
Gorytes formosus, Jur., Goryte beau.
— quinquecinctus, Lat., — à cinq bandes.
— quadrifasciatus, Fab., — à quatre bandes.
Nysson spinosus, Lat., Nysson épineux.
— nigripes, Spin., — pieds noirs.
— interruptus, Lat., — interrompu.

Nysson dimidiatus, Jur.,          Nysson dimidié.
— decemmaculatus, Spin.,          — à dix taches.
— quadriguttatus , Spin.,         — à quatre gouttes.
Cerceris major , Spin.,           Cerceris grand.
— quadricincta , Lat.,            — à quatre bandes.
— ornata, Fab.,                   — orné.
— emarginata, Panz.,              — émarginé.
— rubida, Jur.,                   — rougeâtre.
Philanthus coronatus, Fab.,       Philanthe couronné.
— apivorus, Lat.,                 — apivore.
— diadema , Fab.,                 — diadème.
— ventilabris, Fab.,              — ventilabre.

## XI<sup>e</sup> Famille. — *LES BEMBICIDES.*

Bembex sinuata, Panz.,            Bembex sinué.
— tarsata, Lat.,                  — tarsier.
— oculata , Jur.,                 — œillée.
— olivacea, Lat.,                 — olivâtre.
Stictia signata , Fab.,           Stictie signée.
— continua, Fab ,                 — continue.
Stizus ruficornis , Fab.,         Stize ruficorne.

## XII<sup>e</sup> Famille. — *LES SCOLIÈTES.*

Scolia hortorum , Fab. ,          Scolie des jardins.
— interrupta , Panz.,             — interrompue.
— bimaculata, Fab.,               — bimaculée.
— erythrocephala, Fab.,           — tête rouge.
— violacea, Panz.,                — violâtre.
— sexmaculata, Fab.,              — à six taches.
Sapyga punctata, Panz.,           Sapygue ponctuée.
— quinquepunctata, Fab.,          — à cinq points.
Elis maculata, Fab.,              Elis tachetée.

| | |
|---|---|
| Elis cylindrica, Fab., | Elis cylindrique. |
| — interrupta, Fab., | — interrompue. |
| Meria tripunctata, Panz., | Mérie à trois points. |
| — dimidiata, Spin., | — dimidiée. |
| Tengyra Sanvitali, Lat., | Tengyre de Sanvital. |

## XIII<sup>e</sup> Famille. — *LES MUTILLAIRES.*

| | |
|---|---|
| Methoca formicaria, Lat., | Méthoque formicaire. |
| — mutillaris, Lat., | — mutillaire. |
| Myrmosa ephippium, Jur., | Myrmose porte-selle. |
| — melanocephala, Lat., | — tête-noire. |
| Mutilla europea, Lin., | Mutille d'Europe. |
| — bimaculata, Jur., | — bimaculée. |
| — ruficollis, Fab., | — à cou rouge. |
| — coronata, Fab., | — couronnée. |

## XIV<sup>e</sup> Famille. — *LES FORMICAIRES.*

| | |
|---|---|
| Formica rubescens, | Fourmi rougeâtre. |

Masc. *Corpore toto nigrescente , nitidissimo ; abdomine ovali elongato ; organis sexualibus testaceis ; femoribus nigris, apice extremitateque albidis ; tibiis tarsisque pallidis ; squama emarginata ; oculis nigris.* Hub. *Rec. sur les fourm. Ind.,* 327, 11, 3.

Fem. *Corpore toto rubescente, nitidissimo ; thorace postice valde rotundato et projectante ; squama magna, crassa, sub-rotundata ; abdomine ovali, basi abruptissime coarctato ; oculis nigris ; alis hyalinis ; pterogostres nigrescentibus.* Hub. 327, 2, 3.

Neut. *Corpore toto rubescente, nitidissimo ; abdomine segmento anali pallidiore ; oculis nigris.*

*Mâle.* Corps noir, luisant; abdomen ovale alongé; organes

sexuels couleur de brique; cuisses noires, avec l'extrémité
blanche ; tarses et jambes d'une teinte pâle; écaille échancrée, yeux noirs.

*Fem.* Tout le corps d'un rouge pâle, très luisant; corselet
arrondi en arrière; écaille grosse, épaisse, subarrondie; abdomen ovale, à base brusquement rétrécie; yeux noirs; ailes
transparentes; nervures noirâtres.

*Neut.* Tout le corps rougeâtre, luisant; abdomen à segment
anal très pâle; yeux noirs. Long. 0,005. Séj. Sous les pierres
des collines. App. Hiver, printemps, automne.

Formica bicolor (L. R.),          Fourmi bicolore.

Masc., fem. et neut. *Corpore toto, pedibus antennisque
testaceis hyalinis; fronte, oculis dorsoque postice nigrescentibus;
thorace postice utrinque spinula acuta armato.*

*Mâle, fem. et neut.* Corps, pieds et antennes couleur de
brique, hyalins; front, yeux et partie postérieure du dos
noirâtres ; corselet armé postérieurement de chaque côté
d'une pointe aiguë. Long. 0,003. Séj. Sous les pierres. App.
Au printemps

Formica testacipes (L. R.),          Fourmi à pieds jaunâtres.

Masc., neut. *Corpore toto-fulvo, fusco nitidissimo; thorace postice utrinque spinula acuta instructo; antennis pedibusque testaceis hyalinis.*

*Mâle, neut.* Tout le corps d'un brun fauve luisant; corselet armé de chaque côté de sa partie postérieure d'un aiguillon; antennes et pieds d'un jaunâtre hyalin. Long. 0,003.
Séj. Sous les pierres des lieux secs. App. Printemps.

Formica fusca (L. R.), Fourmi brune.

Masc., fem. et neut. *Corpore toto intense ferrugineo; an-*

*tennis pedibusque pallidioribus ; thorace postice utrinque spi-
nula acuta instructo.*

*Mâle , fem. et neut.* Tout le corps d'un ferrugineux intense; antennes et pieds très pâles ; corselet armé postérieurement et de chaque côté d'une pointe aiguë. Long. 0,005. Séj.
Sous les pierres. App. Printemps , automne.

Formica affinis (L. R.),         Fourmi semblable.

*Masc., fem. et neut. Thorace, antennis , pedibus abdomi-
nisque apice et basi intense testaceis; capite , oculis dorsique
medio intense fuscis; thorace postice utrinque spinula instructo.*

*Mâle , fem. et neut.* Corselet, antennes, pieds et extrémité
de l'abdomen couleur de brique intense; tête, yeux et milieu
du dos d'un brun foncé; corselet armé vers sa base d'un aiguillon de chaque côté. Long. 0,003. Séj. Sous les pierres
des collines. App. Hiver, printemps, automne.

Formica castanipes (L. R.),       Fourmi à pieds châtains.

*Masc., fem. et neut. Capite, thorace abdomineque glaber-
rimis , nitidis , atris; antennis pedibusque intense castaneis;
thorace inermi; alis hyalinis, pteregosteis croceo-fulvis.*

*Mâle , fem. et neut.* Tête, corselet et ventre d'un noir luisant, très lisses; antennes et pieds d'un châtain intense; corselet sans aiguillon; ailes hyalines; nervures d'un jaune safran
fauve. Long. 0,013. Séj. Sous les pierres des collines. App.
Printemps , été, automne.

Formica huberiana (L. R.),       Fourmi hubérienne.

*Masc., fem. et neut. Capite, thorace abdomineque glabris ,
nitidis, atris; antennis basi femoribusque fusco-nigris ; antennarum articulis omnibus minoribus ; tibiis, tarsisque fuscis ;
thorace inermi.*

*Mâle , fem. et neut.* Tête, corselet et ventre d'un noir

luisant très lisses; antennes et base des cuisses d'un brun noir;
tous les articles des antennes très petits; tarses et jambes bruns;
corselet sans aucune défense. Long. du mâle, 0,008 1/2; —
de la femelle, 0,014; — du neutre, 0,008. Séj. Sous les
pierres. App. Hiver, printemps, automne.

**Formica nicæensis** (L. R.),	Fourmi de Nice.

*Masc., fem. et neut. Capite abdomineque fusco-nigris, gla-
bris, nitidis; antennis, thorace pedibusque croceo-fulvis.*

*Mâle, fem. et neut.* Tête et ventre très lisses, luisants,
d'un noir brun; antennes, corselet et pieds d'un jaune safran
fauve. Long. du mâle, 0,008; — de la femelle, 0,012 1/2;
— du neutre, 0,006. Séj. Sous les pierres. App. Presque
toute l'année.

**Formica hæma cephala** (L.R.),	Fourmi tête rouge.

*Masc., fem. et neut. Capite intense sanguineo; fronte ver-
ticeque purpureo atris; oculis atris; thorace intense sanguineo atro irregulariter maculato, postice utrinque spinula
acuta armato; antennis pedibusque intense fulvo-sanguineis.*

*Mâle, fem. et neut.* Tête d'un rouge de sang intense; front
et sommet d'un noir pourpré; yeux noirs; corselet irrégulièrement taché de noir sanguin foncé, armé postérieurement
de chaque côté d'une épine aiguë; antennes et pieds d'un
fauve sanguin foncé. Long. du mâle, 0,005; — de la femelle,
0,009; — du neutre, 0,004 1/2. Séj. Sous les cailloux. App.
Presque toute l'année.

**Formica rediana** (L. R.),	Fourmi de Rédi.

*Masc., fem. et neut. Antennis articulis minoribus; thorace
pedibusque fusco-fulvis; thorace inermis; antennis articulo basilari fulvo-fusco; capite abdomineque piceis; oculis atris.*

*Mâle, fem. et neut.* Tous les articles des antennes très petits ; corselet et pieds d'un brun fauve ; corselet sans aiguillon ; base des antennes d'un brun fauve ; tête et ventre d'un noirâtre luisant ; yeux noirs. Long. du mâle, 0,007 ; — de la femelle, 0,011 ; — du neutre, 0,007. Séj. Nos campagnes. App. Printemps, été.

**Formica megacephala (L. R.),** Fourmi mégacéphale.

*Masc., fem. et neut. Capite maximo, antennisque intense ferrugineo ; oculis atris ; thorace abdomineque glaberrimis, nitentibus, atris ; femoribus intense ferrugineis ; tibiis tarsisque ferrugineis ; thorace inermi.*

*Mâle, fem. et neut.* Tête fort grande, et antennes d'un ferrugineux intense ; yeux noirs ; corselet sans aiguillon, et ventre d'un noir luisant, fort lisse ; cuisses d'un ferrugineux intense ; jambes et tarses ferrugineux. Long. du mâle, 0,006 ; — de la femelle, 0,012 ; — du neutre, 0,007. Séj. Sous les pierres. App. Hiver, printemps.

**Formica gigas (L. R.),** Fourmi géante.

*Masc., fem. et neut. Capite thoraceque atro-velutinis ; oculis aterrimis, nitentibus ; antennis articulo basilari fusco, minoribus ferrugineo-fuscis ; abdomine segmento primo et secundo basi coccineis, aliis atris velutinis, postice coccineo marginatis ; femoribus basi intense coccineis ; tibiis tarsisque fuscescentibus.*

*Mâle, fem. et neut.* Tête et corselet d'un noir velouté ; yeux très noirs, luisants ; premier article des antennes brunâtre, tous les autres d'un brun ferrugineux ; premier et second segments de l'abdomen d'un rouge vif, les autres d'un noir velouté et bordés postérieurement de rouge ; base des cuisses d'un rouge intense ; jambes et tarses brunâtres. Long. du mâle, 0,009 1/2 ; — de la femelle , 0,015; — du neutre, 0,009. Séj. Sous les pierres. App. Printemps, été, automne.

**Formica picea (L. R.),**          Fourmi couleur de poix.

Masc. , fem. et neut. *Capite , antennis, thorace , abdomine, pedibusque piceis , glaberrimis , nitentibus ; geniculis tarsisque ferrugineis.*

*Mâle , fem. et neut.* Tête, antennes, corselet , ventre et pieds très lisses , couleur de poix, très luisants; genoux et tarses ferrugineux. Long. du mâle, 0,008 1/2; — de la femelle, 0,010; — du neutre, 0,005. Séj. Sous les pierres. App. Printemps, été.

**Formica rupestris (L. R.),**          Fourmi rupestre.

Masc. *Capite brunneo fulvo ; oculis atris ; thorace inermi ; antennis pedibusque fulvis; abdomine atro, nitidissimo, segmentis omnibus postice fulvo marginatis.*

Fem. *Capite intense brunneo fulvo ; oculis atris ; thorace pedibusque intense fulvis ; abdomine atro glaberrimo , nitente.*

Neut. *Capite, thorace abdomineque atris, glaberrimis, nitentibus ; antennis, basi femoribus tibiisque nigris ; tarsis antennisque articulis minoribus ferrugineis.*

*Mâle.* Tête d'un brun fauve ; yeux noirs ; corselet sans épines ; antennes et pieds fauves; ventre d'un noir luisant, éclatant ; tous les segments bordés postérieurement de fauve. Long. 0,010.

*Fem.* Tête d'un brun fauve intense ; yeux noirs ; corselet , pieds d'un fauve foncé ; ventre noir, très lisse, luisant. Long. 0,012 1/2.

*Neut.* Tête , corselet et abdomen très lisses, d'un noir luisant; antennes, base des cuisses et jambes noires; tarses et petits articles des antennes ferrugineux. Long. 0,008. Séj. Fissures des rochers. App. Printemps, été, automne.

## XV⁴ Famille. — *LES GUÉPIAIRES.*

| | |
|---|---|
| Pterocheilus oculatus, Fab., | Ptérocheile oculé. |
| — Klugii, Panz., | — de Klug. |
| — brunneus, Fab., | — brun. |
| Eumenes atricornis, Fab., | Eumène aux cornes noires. |
| — pedunculata, Panz., | — pédonculée. |
| — pomiformis, Fab., | — pomiforme. |
| Rygchium europeum, Spin., | Rygchion d'Europe. |
| Odynerus murarius, Fab., | Odynère des murs. |
| — spiricornis, Spin., | — spiricorne. |
| Discœlius zonalis, Lat., | Discœlie zonal. |
| Polistes gallica, Lat., | Poliste française. |
| — fulvofasciata, Deg., | — à bandes fauves. |
| Zethus cinereus, Fab., | Zèthe cendré. |
| — linearis, Oliv., | — linéaire. |
| Vespa crabro, Lin., | Guêpe frélon. |
| — vulgaris, Fab., | — ordinaire. |
| — anglica, Leach, | — anglaise. |
| — germanica, Fab., | — de Germanie. |

## XVI⁶ Famille. — *LES MASARIDES.*

| | |
|---|---|
| Celonites apiformis, Fab., | Célonite apiforme. |

## XVII⁶ Famille. — *LES ANDRENÈTES.*

| | |
|---|---|
| Colletes succincta, Fab., | Collète interrompue. |
| — fodiens, Panz., | — fouisseuse. |

Prosopis annulata, Fab.,  
— bifasciata, Fab.,  
Andrena cineraria, Fab.,  
— thoracica, Fab.,  
— carbonaria, Fab.,  
— labiata, Fab.,  
— palipes, Fab.,  
— vestita, Fab.,  
Melita tricincta, Kirb.,  
Dasypoda hirtipes, Fab.,  
— distincta, Ill.,  
— planipes, Fab.,  
Sphæcodes gibbus, Lat.,  
— analis, Ill.,  
Hylæus fodiens, Coq.,  
— grandis, Ill.,  
— rufipes, Fab.,  
— sexcinctus, Lat.,  
— variegatus, Oliv.,  
Nomia diversipes, Lat.,  
— cincta, Fab.,  
— difformis, Jur.,  
— strigata, Fab.,  
— humeralis, Jur.,  

Prosopis annelée.  
— bifasciée.  
Andrène cendrée.  
— thoracique.  
— charbonnière.  
— labiée.  
— aux pieds pâles.  
— vêtue.  
Mélite à trois bandes.  
Dasypode aux pieds velus.  
— distincte.  
— aux pieds plats.  
Sphécode gibbeux.  
— anal.  
Hylée fouisseur.  
— grand.  
— à pieds rouges.  
— à six bandes.  
— varié.  
Nomie diversipède.  
— ceinte.  
— difforme.  
— striée.  
— humérale.  

## XVIII<sup>e</sup> Famille. — *LES APIAIRES.*

Systropha spiralis, Ill.,  
Panurgus lobatus, Panz.,  
— unicolor, Spin.,  
Xylocopa violacea, Fab.,  
Ceratina callosa, Lat.,  
— albilabris, Spin.,  
— nitidula,  

Systrophe spirale.  
Panurge lobé.  
— unicolore.  
Xylocope violâtre.  
Cératine calleuse.  
— lèvre blanche.  
— nitidule.

Rophites quinquespinosa, Spin., Rophite cinq épines.

Osmia coronata, Lat., Osmie couronnée.

— bicornis, Lat., — bicorne.

— gallarum, Spin., — des galles.

— papaveris, Spin., — du pavot.

— fulviventris, Lat., — à ventre jaune.

— andrenoides, Spin., — andrenoïde.

— melanogaster, Spin., — à ventre noir.

— melanippa, Spin., — melanipe.

Megachile muraria, Lat., Mégachile des murs.

— florisomnis, Ros., — florisomne.

— sicula, Lat., — de Sicile.

— punctatissima, Lat., — très ponctuée.

— florentina, Lat., — florentine.

— argentata, Fab., — argentée.

— interrupta, Lat., — interrompue.

— centuncularis, Lat., — centunculaire.

— cærulescens, Lat., — bleuâtre.

— bicornis, Lat., — bicorne.

Cœlioxys conica, Lat., Cœlioxyde conique.

Anthidium muricatum, Fab., Anthidie muriquée.

— sticticum, Fab., — stictique.

— cingulatum, Fab., — ceinturée.

— oblongatum, Ill., — alongée.

— fasciatum, Lat., — fasciée.

— signatum, Lat., — marquée.

Phileremus Dufourii, Lat., Philerème de Dufour.

Pasites atra, Scop., Pasite noire.

Nomada fucata, Fab., Nomade fardée.

— fulvicornis, Fab., — fulvicorne.

— succincta, Panz., — interrompue.

— solidaginis, Fab., — de la verge d'or.

— fabriciana, Fab., — fabricienne.

— rufiventris, Fab., — à ventre rouge.

| | |
|---|---|
| Melecta punctata, Lat., | Melecta ponctuée, |
| — nigra, Spin., | — noire. |
| Crocisa histrio , Fab., | Crocise histrion. |
| Eucera malvæ , Ros., | Eucère de la mauve, |
| — vulgaris , Spin., | — vulgaire. |
| Lasius difformis , Panz., | Lasius difforme. |
| Anthophora parietina , Lat., | Anthophore des murs. |
| — pilipes, Fab., | — hérissée. |
| Heliophila bimaculata , Meig., | Héliophile bitachetée. |
| Euglossa dentata, Fab., | Euglosse dentée. |
| — dimidiata , Fab., | — dimidiée. |
| Bombus alpinus , Fab., | Bourdon des Alpes. |
| — italicus , Fab., | — d'Italie. |
| — lapidarius , Fab., | — des pierres. |
| — ruderatus , Fab., | — terrestre. |
| — rupestris , Fab., | — rupestre. |
| — subterraneus , Fab., | — souterrain. |
| — sylvarum , Fab., | — des bois. |
| — ligusticus , Spin., | — ligurien. |
| — thoracicus, Spin., | — thoracique. |
| Apis mellifica , Lin., | Abeille à miel. |
| Var. ligustica , Spin., | Var. ligurienne. |
| Melipona segmentaria, Lat., | Mélipone segmentaire. |

## ORDRE DIXIÈME. — LÉPIDOPTÈRES.

### Iʳᵉ Famille. — LES PAPILIONIDES.

Nymphales Jasius, Auct.,     Nymphale Jasius.

*N. Alis supra fuscis, postice lutescentibus, bicaudatis, infra brunneo rubescente, fasciis, lineis, characteribus efformantibus pictis, et margine interrupta flava.*

Corps un peu renflé; ailes grandes, d'un brun changeant en dessus, avec des bandes jaunâtres vers la partie posté-

rieure, où elles se terminent par deux queues ; face inférieure
des ailes offrant une multitude de traits et de lignes blanches qui imitent des caractères d'écriture, sur un fond brun
rougeâtre, avec des traits jaunâtres et bleuâtres, s'étendant en
bandes interrompues sur leurs bords. Long. 0,056, larg. 0,098.
Séj. Toutes nos collines. App. Août, septembre, octobre.

L'œuf est jaunâtre ; la larve, presque cylindrique, est verte,
parsemée de petits points, marquée de deux taches oculées
au milieu du dos, traversée sur les côtés par une bande jaune ;
sa tête est munie de quatre cornes, et la queue est semi-lunaire.
Cette chenille se nourrit des feuilles de l'arbousier ; j'ai ob-
tenu, par une température artificielle, le papillon au bout de
trois mois, tandis qu'il faut le triple de temps pour achever en
plein air toutes ses métamorphoses.

| | |
|---|---|
| Nymphales Antiopa, FAB., | Nymphalis Morio. |
| — populi, FAB., | — du peuplier. |
| — Lucilla, FAB., | — Lucille. |
| — Sibylla, FAB., | — Sibylle. |
| — Camilla, FAB., | — Camille. |
| — Iris, FAB., | — Mars. |
| — Laura, FAUN.-FB., | — Laure. |
| Vanessa Io, FAB., | Vanesse paon de jour. |
| — urticæ, FAB., | — de l'ortie. |
| — Atalanta, FAB., | — Vulcain. |
| — cardui, FAB., | — belle-dame. |
| — polychloros, FAB., | — grande tortue. |
| — L. album, FAB., | — L. blanc. |
| — Triangulum, FAB., | — triangle. |
| — C. album, FAB., | — C. blanc. |
| — Prorsa, FAB., | — géographique. |
| Libithea celtis, FAB., | Libithée échancrée. |
| Argynnis Paphia, FAB., | Argynne tabac d'Espagne. |
| — cynara, FAB., | — cardinal. |
| — Adippe, FAB., | — grand nacré. |

| | |
|---|---|
| Argynnis Aglaia, Fab., | Argynne nacré. |
| — Niobe, Fab., | — Niobé. |
| — Dia, Fab., | — petite violette. |
| — Pales, Fab., | — Palès. |
| — Euphrosina, Fab., | — collier argenté. |
| — Latonia, Fab., | — petit nacré. |
| — Lucina, Fab., | — Lucine. |
| — Cynthia, Fab., | — Cynthie. |
| — Cinxia, Fab., | — Cinxia. |
| — valesiana, Fab., | — valésien. |
| Satyrus Circe, Fab., | Satyre Circé. |
| — Hermione, Fab., | — Sylvandre. |
| — Briseis, Lin., | — Ermite. |
| — Fidia, Fab., | — Fidia. |
| — Fauna, Fab., | — Faune. |
| — Actea, Fab., | — Actea. |
| — Semele, Fab., | — agreste. |
| — Phædra, Fab., | — Phèdre. |
| — Ligea, Lin., | — Ligée. |
| — melampus, Esp., | — melampe. |
| — Pollux, Esp., | — Pollux. |
| — Æthiops, Fab., | — éthiopien. |
| — Dejanira, Lin., | — bacchante. |
| — Ægeria, Lin., | — Tircis. |
| — Mægera, Lin., | — Mégère. |
| — Mæra, Lin., | — Mœra. |
| — hyperanthus, Lin., | — Tristan. |
| — pisosellæ, Fab., | — Amaryllis. |
| — Bathseba, Fab., | — Tityre. |
| — Janira, Lin., | — Myrtil. |
| — Eudora, Fab., | — Mysis. |
| — occitanus, Esp., | — arge. |
| — Pampilus, Fab., | — Procris. |
| — Galathea, Fab., | — demi-deuil. |

Satyrus Dorus, Fab.,                Satyre Dorus.
— Allionia, Fab.,                   — Allioni.
— Cassiope, Fab.,                   — Cassiope.
— Pronœ, Fab.,                      — Proné.
— Sabæus, Fab.,                     — Sabéen.
— Arcanius, Lin.,                   — Céphale.
— Castor, Esp.,                     — Castor.
— Tyndarus, Esp.,                   — Tyndare.
— Ida, Fab.,                        — Ida.
Papilio Podalirius, Lin.,           Papillon flambé.
— Machaon, Lin.,                    — du fenouil.
— Alexanor, God.,                   — Alexanor.
Parnassus Apollo, Lat.,             Parnassien Apollon.
— Mnemosyne, Lin.,                  — Mnémosyne.
Thais Hypsipyle, Fab.,              Thais Hypsipyle.
— Rumina, Lin.,                     — Rumina.
Colias Cleopatra, Fab.,             Colias Cléopâtre.
— rhamni, Lin.,                     — citron.
— Hyale, Lin.,                      — souci.
— Paleno, Lin.,                     — soufré.
— Europome, Eng.,                   — solitaire.
Pieris brassicæ, Sch.,              Piéride du chou.
— cratœgi, Lin.,                    — gazé.
— Phicomone, Fab.,                  — candide.
— rapæ, Lin.,                       — de la rave.
— napi, Lin.,                       — veiné de vert.
— Daplidice, Lin.,                  — marbré de vert.
— sinapis, Lin.,                    — de la moutarde.
— cardamine, Lin.,                  — Aurore.
— Eupheno, Lin.,                    — Aurore de Provence.
— Belia, Fab.,                      — Belia.
Polyommatus pruni, Lat.,            Polyommate du prunier
— betulæ, Fab,                      — du bouleau.
— W. album, Knoe.,                  — W. blanc.

Polyommatus Evippus, Lat,     Polyommate Evippus,
— virgaureæ, Fab.,     — verge d'or.
— Eurydice, Hub.,     — Eurydice.
— bæticus, Fab.,     — de la Bétique.
— telicanus, Lat.,     — télicanus.
— Meleager, Fab.,     — Méléagre.
— rubi, Fab.,     — de la ronce.
— Corydon, Fab.,     — Corydon.
— orbitulus, Prun.,     — orbitule.
— Eumedon, Lat.,     — Eumédon.
— Alexis, Fab ,     — Alexis.
— agestis, Lat.,     — agestis.
— argiolus, Fab.,     — demi-argus.
— Gordius, Lat.,     — Gordius.
— Hiera, Fab.,     — Hiera.
— Chryseis, Fab.,     — Chryseis.
— Xanthe, Fab.,     — Xanthe.
— Phlæas, Fab.,     — Phlæas.

## II° Famille. — *LES HESPÉRIDES.*

Hesperia Tages, Fab.,     Hespérie grisette.
— malvæ, Fab.,     — de la mauve.
— tristis, Faun.-Fr.,     — triste.
— Paniscus, Fab.,     — Paniscus.
— Comma, Fab.,     — bande noire.
— linea, Fab.,     — ardent.
— aracinethus, Fab.,     — miroir.
— sidæ, Fab.,     — chamarré.
— fritillum, Fab.,     — tacheté.

## III<sup>e</sup> Famille. — *LES SPHINGIDES.*

| | |
|---|---|
| Smerinthus tiliæ, LAT., | Smérinthe du tilleul. |
| — ocellatus, LAT., | — demi-paon. |
| — populi, LAT., | — du peuplier. |
| — nerii, LAT., | — du laurier-rose. |
| — salicis , | — du saule. |
| Sphinx Atropos, FAB., | Sphinx tête de mort. |
| — ligustri, FAB., | — du troêne. |
| — convolvuli, FAB., | — du liseron. |
| — pinastri , FAB., | — du pin. |
| — Elpenor, FAB., | — de la vigne. |
| — lineata, FAB., | — rayé. |
| — porcellus, FAB., | — de l'épilobe. |
| — Celerio, FAB., | — phénix, |
| — galii, LIN., | — du caille-lait. |
| — vespertilio, FAB., | — chauve-souris. |
| — œnotheræ, FAB., | — de l'onagre. |
| — euphorbiæ , LIN., | — du tithymale. |
| — nicæa, PRUN., | — de Nice (1). |

## IV<sup>e</sup> Famille. — *LES ZYGÉNIDES.*

| | |
|---|---|
| Sesia stellatarum , LAT., | Sésie du caille-lait. |
| — fuciformis, FAB., | — fuciforme. |
| — bombyliformis, FAB., | — bombyliforme, |
| — apiformis, FAB., | — apiforme. |
| — tipuliformis, FAB., | — tipuliforme. |
| — culiciformis, FAB., | — culiciforme. |
| — crabroniformis , FAB., | — crabroniforme. |
| Thyris fenestrina , HOFF., | Thyris pygmée. |

(1) Ce n'est qu'une variété du sphinx du tithymale de très forte dimension.

| | |
|---|---|
| Zygæna loti, Fab., | Zygène du lotier. |
| — filipendulæ, Fab., | — de la filipendule. |
| — scabiosa, Fab., | — de la scabieuse. |
| — onobrychis, Fab., | — de l'esparcette. |
| — fausta, Fab., | — de la bruyère. |
| — lavendulæ, Lat., | — de la lavande. |
| — coronillæ, Lat., | — de la coronille. |
| Syntomis phegea, Lin., | Syntomide du chêne. |
| Procris statices, Fab., | Procris du staticé. |
| — pruni, Fab., | — du prunier. |
| — pisellæ, Fab., | — de la piloselle. |
| Aglaope infausta, Lat., | Aglaope malheureux. |
| Stygia australis, Drap., | Stygie méridionale. |

## Vᵉ Famille. — *LES BOMBYCITES.*

| | |
|---|---|
| Hepialus humuli, Fab., | Hépiale du houblon. |
| Cossus ligniperda, Lat., | Cossus gâte-bois. |
| Zeuzera æsculi, Lat., | Zeuzère du marronier d'Inde |
| Bombyx pavonia major, Fab., | Bombyx grand paon. |
| — pavonia media, Fab., | — moyen paon. |
| — pavonia minor, Fab., | — petit paon. |
| — neustria, Fab., | — à livrée. |
| — Tau, Fab., | — Tau. |
| — pudica, Fab., | — pudique. |
| — quercifolia, Fab., | — feuille de chêne. |
| — mori, Fab., | — du mûrier. |
| — quercus, Fab., | — du chêne. |
| — dispar, Fab., | — dispar. |
| — purpurea, Fab., | — pourprée. |
| — populi, Fab., | — du peuplier. |
| — pruni, Fab., | — du prunier. |
| — trifolii, Fab., | — du trèfle. |
| — cæruleocephala, Fab., | — tête bleue. |

| | |
|---|---|
| Bombyx processionea, Lat., | Bombyx du pin. |
| — V. nigrum, Fab., | — V. noir. |
| — curtula, Fab., | — tronquée. |
| — vinula, Fab., | — double queue. |
| — pudibunda, Fab., | — pudibonde. |
| — vitis ( N.), | — de la vigne. |

*Corpore nigrescente, cæruleo aurato irrorato; alis obscure brunneis, squamis aureis tectis.*

Corps noirâtre, à reflets bleu doré; ailes d'un brun obscur, les supérieures couvertes d'une légère couche dorée ; antennes noires, pectinées; pattes noirâtres et poilues. Long. 0,010, enverg. 0,020. Séj. Sur la vigne. App. Printemps, été.

La femelle dépose dans les interstices corticales de la vigne, vers le milieu de septembre, de soixante à cent vingt petits œufs d'un brun jaunâtre, qui n'éclosent qu'aux premières chaleurs du printemps; c'est alors que les chenilles montent par la souche, et vont ronger pendant la nuit le germe de la vigne qui commence à paraître, et détruisent ainsi tout espoir de récolte de raisin; la chenille est d'un noir brunâtre, et poilue; elle entre en chrysalide en juin, et après trente jours environ termine ses métamorphoses.

## VI<sup>e</sup> Famille. — *LES NOCTUO-BOMBYCITES.*

| | |
|---|---|
| Arctia Hebe, Fab., | Arctie Hébé. |
| — plantaginis, Fab., | — du plantain. |
| — purpurea, Fab., | — pourprée. |
| — aulica, Fab., | — élégante. |
| — Caja, Fab., | — martre. |
| — Morio, Fab., | — Morio. |
| — mendica, Fab., | — pauvre. |

| | |
|---|---|
| Arctia auriflua, **Fab.**, | Arctie cul-doré. |
| — russula, **Fab.**, | — rousse. |
| — salicis, **Fab.**, | — du saule. |
| Callimorpha Hera, **Lat.**, | Callimorphe, écaille chinée. |
| — dominula, **Fab.** | — marbrée. |
| — obscura, **Fab.**, | — obscura |
| — fuliginosa, **Fab.**, | — fuligineuse. |
| — jacobeæ, **Lat.**, | — du séneçon. |
| Lithosia pulchella, **Eng.** | Lithosie gentille. |
| — grammica, **Geof.**, | — chevette. |
| — menthastri, **Fab.**, | — de la menthe. |

## VII<sup>e</sup> Famille. — *LES TINÉITES.*

| | |
|---|---|
| Yponomeuta pratella, **Hub.**, | Yponomeute des prés. |
| — pinetella, **Hub.**, | — du pin. |
| — rajella, **Fab.**, | — du rosier. |
| — evonymella **Hub.**, | — du fusain. |
| — salicella, **Fab.**, | — du saule. |
| Œcophora ræsella. **Fab.**, | Œcophore du pommier. |
| Tinea granella, **Fab** , | Teigne des grains. |
| — argentella, **Fab.** | — argentée. |
| — sarcitella, **Lin.**, | — des draps. |
| — pellionella, **Fab.**, | — pelletière. |
| — trigonella, **Fab.**, | — trigonelle. |
| — viridella, **Fab.**, | — verdâtre. |
| — antennella, **Fab.**, | — antennelle. |
| Adela reaumurella, **Lat.**, | Adèle noire bronzée. |
| — degeerella, **Lat.**, | — dorée. |

## VIII<sup>e</sup> Famille. — *LES NOCTUÉLITES.*

| | |
|---|---|
| Noctua verbasci, **Fab.**, | Noctuelle du bouillon blanc. |
| — L. album, **Fab.**, | — L. blanc. |

Noctua rumicis, Fab.,      Noctuelle de patience.
— arbuti, Fab.,      — de l'arbousier.
— Gamma, Fab.,      — Gamma.
— sponsa, Fab.,      — fiancée.
— pronuba, Fab.,      — mariée.
— bimaculosa, Fab.,      — bimaculée.
— oleracea, Fab.,      — des potagers.
— maura Fab.,      — maure.
— Psi, Fab.,      — Psi.
— Euphorbiæ, Fab.,      — du tithymale.
— ligustri, Fab.,      — du troëne.
— brassicæ, Fab.,      — du chou.
— fraxini, Fab.,      — du frêne.
— tridens, Fab.,      — de l'abricotier.

## IX<sup>e</sup> Famille. — *LES PHALÉNITES.*

Phalæna atomaria, Lin.,      Phalène atomaire.
— lunulata, Fab.,      — lunulée.
— plumbaria, Fab.,      — plombée.
— syringaria, Fab.,      — du syringa.
— fasciaria, Fab.,      — fasciée.
— sanguinaria, Fab.,      — sanguinaire.
— prunaria, Fab.,      — du prunier.
— thymiaria, Fab.,      — du thym.
— betularia, Fab.,      — du bouleau.

## X<sup>e</sup> Famille. — *LES PYRALITES.*

Botys purpurata, Lat.,      Botys pourpre.
— farinalis, Lat.,      — de la farine.
Aglossa pinguinalis, Lat.,      Aglosse de la graisse.
Pyralis Pomona, Fab.,      Pyrale des pommes.
— viridana, Fab.,      — verte.

| | |
|---|---|
| Pyralis rutana, Fab., | Pyrale de la rue. |
| — dorsana, Fab., | — dorsale. |
| — tristana, Fab., | — triste. |
| — pallidana, Fab., | — jaunâtre. |
| Galleria alvearia, Fab. | Galerie alvéolaire. |
| — cereana, Fab., | — de la cire. |
| Crambus pineti, Lat., | Crambe des pins. |
| — carneus, Lat., | — incarnat. |
| — pratorum, Fab., | — des prés. |
| Alucita caudella, Fab., | Alucite caudelle. |
| — xylostella, Fab. | — xylostelle. |
| — granella, Fab., | — des greniers. |

## XI<sup>e</sup> Famille. — *LES PTÉROPHORITES.*

| | |
|---|---|
| Pterophorus didactylus, Fab., | Ptérophore didactyle. |
| — megadactylus, Fab., | — mégadactyle. |
| — albodactylus, Fab., | — albodactyle. |
| — pentadactyle, Fab., | — pentadactyle. |
| Orneodes hexadactylus, Fab., | Ornéode hexadactyle. |

## ORDRE ONZIEME. — DIPTÈRES.

### I<sup>re</sup> Famille. — *LES TIPULAIRES.*

| | |
|---|---|
| Culex nicæensis, N., | Cousin de Nice. |

*Capite, thorace abdomineque olivaceo-brunneis ; abdomine segmentis omnibus postice cinereo marginatis ; pedibus cinerascentibus, griseis annulatis ; alis hyalinis, iridescentibus, pteregostiis cinerascentibus.*

Tête, corselet et ventre d'un brun olivâtre; tous les segments de l'abdomen bordés postérieurement de gris cendré; pieds d'un cendré pâle, annelé de gris; ailes hyalines, irisées, à nervures d'un cendré clair. Long. 0,010. Séj. Nos campagnes. App. Printemps, automne.

Culex meridionalis, L. R.,     Cousin méridional.

*Capite, thorace abdomineque brunneo-testaceis; abdomine segmentis omnibus griseo marginatis; pedibus cinerascentibus; alis hyalinis, iridescentibus, pteregostiis brunneis.*

Tête, corselet et ventre d'un brun jaunâtre; tous les segments de l'abdomen bordés de gris; pieds d'un cendré pâle; ailes hyalines, irisées, à nervures, brunes. Long. 0,006. Séj. Dans les maisons. App. Automne, hiver, printemps.

.Culex musicus, L. R.,     Cousin musicien.

*Capite, thorace abdomineque cinereis; abdomine nigro punctulato; segmentis omnibus postice albo marginatis; pedibus brunneo-cinereis, griseo annulatis; alis hyalinis, iridescentibus; pteregostiis griseis.*

Tête, corselet et ventre cendrés; abdomen ponctué de noir, avec la partie postérieure de chaque segment lisérée de blanc; pieds d'un brun cendré, annelés de gris; ailes hyalines, irisées, à nervures grises. Long. 0,011. Séj. Dans les maisons. App. Automne, hiver, été.

| | |
|---|---|
| Corethra culiciformis, MEIG., | Corèthre culiciforme. |
| Tanypus maculatus, MEIG., | Tanype tacheté. |
| Chironomus plumosus, FAB., | Chironome plumeux. |
| — annulatus, MEIG., | — annelé. |
| — vernus, MEIG., | — printanier. |
| — ater, LEACH, | — noir. |
| — pygmæus, LEACH, | — pygmée. |
| — riparius, MEIG. | — riverain. |
| Ceratopogon femoratus, FAB., | Cératopogon fémoral. |

Ceratopogon communis, Fab., Ceratopogon commun.
— fascicularis, Fab.,              — fasciculaire.
— obscurus, Fab.,                 — obscur.
Psychoda phalænoides, Lat.,       Psychode phalénoïde.
— margipennis, Leach,             — à ailes bordées.
Culicoides punctata, Lat.,        Culicoïde ponctuée.
Cecidomyia lutea, Meig.,          Cécidomyie jaune.
— pini, Meig.,                    — du pin.
Ctenophora atrata, Fab.,          Cténophore noirâtre.
— flavcolata, Meig.,              — jaunâtre.
— bimaculata, Fab.,               — bitachetée.
Tipula pratensis, Fab.,           Tipule des prés.
— histrio, Fab.,                  — histrion.
— oleracea, Lin.,                 — potagère.

Tipula tetraptera, L. R.,         Tipule tétraptère.

*Capite, thorace, pedibus, pterogostiisque intense ferrugineis; abdomine alisque testaceo croceis.*

Tête, corselet, pieds et nervures d'un ferrugineux intense; ailes d'un jaune testacé. Long. 0,006. Séj. Nos environs. App. Été.

Nephrotoma dorsalis, Meig.,       Nephrotome dorsale.
Ptychoptera contaminata, Fab.,    Ptychoptère sale.
Limnobia fulvescens, Meig.,       Limnobie jaunâtre.
— picta, Meig.,                   — peinte.
— sexpunctata, Meig.,             — à six points.
Erioptera atra, Meig.,            Erioptère noire.
Rhyphus fenestrarum, Lat.,        Rhyphe des fenêtres.
Molobrus Thomæ, Lat.,             Molobre Thomas.
Mycetophila lunata, Meig.,        Mycétophile lunulée.
Bibio hortulanus, Lat.,           Bibion précoce.
Dilophus marginatus, Meig.,       Dilophe bordé.
Penthetria holosericea, Meig.,    Penthétrie soyeuse.

| | |
|---|---|
| Scatopse nigra, Geof., | Scatopse noire. |
| — latrinarum, Meig., | — des latrines. |
| Cordyla fusca, Meig., | Cordyle brune. |
| Simulia reptans, Lat., | Simulie rampante. |

## IIe Famille. — *LES STRATIOMYDES.*

| | |
|---|---|
| Xylophagus ater, Meig., | Xylophage noir. |
| — maculatus, Meig., | — tacheté. |
| Beris nigritarsis, Lat., | Béris à tarses noirs. |
| Stratiomys strigata, Fab. | Stratiome striée. |
| — tigrina, Meig., | — tigrine. |
| — viridula, Meig., | — verdâtre. |
| — argentata, Meig., | — argentée. |
| Ephippium thoracicum, Lat., | Ephippie thoracique. |
| Nemotela punctata, Fab., | Némotèle ponctuée. |
| Oxycera trilineata, Meig., | Oxycère à trois lignes. |
| Sargus cuprarius, Meig., | Sargue cuivré. |
| Vappo ater, Meig., Lat., | Vappon noir. |

## IIIe Famille. — *LES TAONIENS.*

| | |
|---|---|
| Cænomyia ferruginea, Lat., | Cænomyie ferrugineuse. |
| Pangonia maculata, Fab., | Pangonie tachetée. |
| — marginata, Fab., | — bordée. |
| Tabanus bovinus, Lin., | Taon du bœuf. |
| — autumnalis, Fab., | — automnal. |
| — albipes, Fab., | — aux pieds blancs. |
| Hæmatopota equorum, Meig., | Hematopote des chevaux. |
| Hexatoma bimaculata, Meig., | Hexatome bitachetée. |
| Chrysops fenestratus, Fab., | Chrysope fenestré. |

### IV⁰ Famille. — *LES RHAGIONIDES.*

Rhagio tringarius , Fab.,          Rhagion vanneau.
Atherix crassicornis, Mlig.,      Atherix crassicorne.
Clinocera sylvatica, L. R.,        Clinocère des bois.

*Corpore toto viridescente ; antennis pedibusque intense viridibus.*

Corps verdâtre; antennes et pieds d'un vert intense. Long. 0,004 1/2, env. 0,007. Séj. Nos campagnes. App. Printemps.

Orthochile nigro-cæruleus, Lat., Orthochile bleu noir.

### V⁰ Famille. — *LES DOLICHOPODES.*

Platyura fasciata, Meig.,          Platyure fasciée.
Dolichopus virens , Lat.,          Dolichopode vert.
— ungulatus , Fab.,                — ongulé.

### VI⁰ Famille. — *LES MYDASIENS.*

Thereva plebeia, Fab.,            Thérève plébéienne.
— fulva, Meig.,                    — fauve.

### VII⁰ Famille. — *LES ASILIQUES.*

Asilus barbarus, Fab.,             Asile africain.
— crabroniformis , Fab.,           — crabroniforme.
Laphria aurea, Scop.,              Laphrie dorée.
— flava, Meig.,                    — jaune.
— atra, Fab.,                      — noire.
Dasypogon atratus, Meig.,          Dasypogon noir.
— punctatus, Meig.,                — ponctué.

| | |
|---|---|
| Dioctria sabauda, Scop., | Dioctrie savoyarde. |
| — frontalis, Fab., | — frontale. |
| Gonypes tipuloides, Lat., | Gonype tipuloïde. |

## VIII<sup>e</sup> Famille. — *LES EMPIDES.*

| | |
|---|---|
| Empis maculata, Scop., | Empis tachetée. |
| — livida, Fab., | — livide. |
| — stercoraria, Fab., | — stercoraire. |
| Tachydromyia flavipes, Fab., | Tachydromyie aux pieds jaunes. |
| — nigra, Meig., | — noire. |

## IX<sup>e</sup> Famille. — *LES ANTHRACIENS.*

| | |
|---|---|
| Mulio obscurus, Lat., | Mulion obscur. |
| — aureus, Fab., | — doré. |
| Anthrax varia, Scop., | Anthrax variée. |
| — etrusca, Meig., | — toscan. |
| — italica, Ross., | — italique. |
| — Ixion, Fab., | — Ixion. |

## X<sup>e</sup> Famille. — *LES BOMBYLIERS.*

| | |
|---|---|
| Cyllenia maculata, Lat., | Cyllénie tachetée. |
| Ploas virescens, Meig., | Ploas verdâtre. |
| Bombylius major, Lin., | Bombyle grand. |
| — medius, Lin., | — moyen. |
| — cruciatus, Fab., | — croisé. |
| — fuscus, Fab., | — brun. |
| — minor, Lin., | — petit. |
| Usia ænea, Lat., | Usie bronzée. |
| — aurata, Fab., | — dorée. |
| — versicolor, Fab., | — versicolore. |

## XI<sup>e</sup> Famille. — *LES VÉSICULEUX.*

| | |
|---|---|
| Cyrtus gibbus. Fab., | Cyrte bossu. |
| Acrocera sanguinea, Meig., | Acrocère sanguine |
| Henops gibbosus, Meig., | Hénops bossu. |

## XII<sup>e</sup> Famille. — *LES SYRPHIES.*

| | |
|---|---|
| Rhingia rostrata, Scop., | Rhingie à bec. |
| Syrphus arcuatus, Meig., | Syrphe arqué. |
| — menthastri, Meig., | — de la menthe. |
| — pyrastri, Meig., | — du poirier. |
| Eristalis tenax, Meig., | Eristale tenace. |
| — apiformis, Fab., | — apiforme. |
| Paragus bicolor, Lat., | Parague bicolore. |
| Psarus abdominalis, | Psare abdominal. |
| Chrysotoxum arcuatum, Fab., | Chrysotoxe arqué. |
| — bicinctum, Fab., | — à deux bandes. |
| Ceria clavicornis, Coq., | Cérie clavicorne. |
| — conopsoidea, Lat., | — conopsoïdée. |
| Callicera ænea, Meig., | Callicère bronzée. |
| Milesia crabroniformis, Meig., | Milésie crabroniforme. |
| Merodon clavipes, Fab., | Mérodon clavipède. |
| Chrysogaster ænea, Fab., | Chrysogastre bronzé. |

## XIII<sup>e</sup> Famille. — *LES CONOPSAIRES.*

| | |
|---|---|
| Conops flavipes, Lin., | Conops aux pieds jaunes. |
| — macrocephala, | — macrocéphale. |
| — vesicularia, | — vésiculaire. |
| — aculeata, Fab., | — aiguillonné. |
| — nigra, Fab., | — noire. |

| | |
|---|---|
| Conops rufipes, Fab., | Conops aux pieds roux. |
| Myopa dorsalis, Fab., | Myope dorsale. |
| — ferruginea, Fab., | — ferrugineuse. |
| — picta, Panz., | — peinte. |
| — variegata, Meig., | — variée. |
| — buccata, Panz., | — joufflue. |
| Stomoxys dorsalis, Ros., | Stomoxe dorsal, |
| — irritans, Fab., | — irritant. |
| — asiliformis, Ros., | — asiliforme. |

## XIV<sup>e</sup> Famille. — *LES MUSCIDES.*

| | |
|---|---|
| Tachina grossa, Meig., | Tachine épaisse. |
| — lateralis, Meig., | — latérale. |
| — fera, Fab., | — sauvage. |
| — tremulæ, Fab., | — du tremble. |
| Gymnosoma rotundata, Meig., | Gymnosome arrondie. |
| Musca vomitoria, Lin., | Mouche vomitoire. |
| — domestica, Lin., | — domestique. |
| — meteorica, Fab., | — météorique. |
| — meridionalis, Ros., | — méridionale. |
| — maculata, Fab., | — tachetée. |
| — mortuorum, Lin., | — des morts. |
| Metopia labiata, Fab., | Métopie labiée. |
| Melanophora roralis, Meig., | Mélanophore des murs. |
| Anthomyia pluvialis, Lin., | Anthomyie pluviale. |
| Lispa tentaculata, Lat., | Lispe tentaculée. |
| Ochtera mantis, Lat., | Ochtère mante. |
| Scenopinus fenestralis, Fab., | Scénopine des fenêtres. |
| Sepedon palustris, Lat., | Sépédon des marais. |
| Tetanocera reticulata, Lat., | Tetanocère reticulée. |
| — marginata, Panz., | — bordée. |
| — planifrons, Fab., | — front plan. |

Oscinis elegans, LAT., — Oscine élégant.

— lineata, FAB., — rayé.

— denticornis, MEIG., — denticorne.

Calobata filiformis, FAB., — Calobate filiforme.

Loxocera ichneumonea, MEIG., — Loxocère ichneumoné.

Tephritis arnicæ, FAB., — Tephritis de l'arnique.

— oleæ, LAT., — de l'olivier.

— cerasi, FAB., — du cerisier bigarreau.

— solstitialis, FAB., — solsticial.

— florum, FAB., — des fleurs.

Micropeza cynipsea, LIN., — Micropèze cynips.

— punctum, SCH., — ponctué.

Lauxania rufitarsis, LAT., — Lauxanie aux tarses rouges.

Mosillus arcuatus, LAT., — Mosille arquée.

— cellaria, LIN., — des caves.

— erythrophthalma, SCH., — érythrophthalme.

Scatophaga stercoraria, FAB., — Scatophage stercoraire.

Thyreophora cynophila, PANZ., — Thyréophore cynophile.

Sphærocera curvipes, LAT., — Sphérocère curvipède.

Phora aterrima, LAT., — Phore très noire.

— pallipes, LAT., — pieds pâles.

— rufipes, MEIG., — pieds-roux.

## XV⁺ FAMILLE. — *LES OESTRIDES.*

OEstrus ovis, LIN., — OEstre du mouton.

— bovis, LIN., — du bœuf.

Gasterophilus equi, LEACH, — Gastérophile du cheval.

— hemorrhoidalis, LEACH, — hémorrhoïdal.

## XVI<sup>e</sup> Famille. — *LES CORIACÉES.*

| | |
|---|---|
| Hippobosca equina, Lin., | Hippobosque du cheval. |
| Ornithomya avicularis, Lat., | Ornithomye avicularie. |
| Stenopteryx hirundinis, Leach, | Sténoptère de l'hirondelle. |
| Oxypterum pallidum, Leach, | Oxyptère pâle. |
| — kyrbianum, Leach, | — de Kirby. |
| Melophagus ovinus, Lat., | Mélophage du mouton. |
| Nyctribia vespertilionis, Lat., | Nyctéribie de la chauve-souris. |

# CATALOGUE

DE

# VERS INTESTINAUX

TROUVÉS DANS LES ANIMAUX

## DES ALPES MARITIMES,

ET

OBSERVATIONS RELATIVES A PLUSIEURS D'ENTRE EUX.

## VERS.

Animaux à corps mou, alongé ou vésiculaire, généralement nu, sans appendices locomoteurs, ni organes des sens spéciaux et apparents; ayant le fluide nourricier blanc; vivent ordinairement dans le corps des animaux des autres classes.

### *ORDRE PREMIER.* — LES INTESTINAUX CAVITAIRES.

Cylindriques, filiformes, couverts d'une peau garnie intérieurement de fibres musculaires qui les rend un peu solides; une bouche, un anus et un canal intestinal flottant dans une cavité abdominale distincte.

1. FILARIA PAPILLOSA (RUD.), Filaire du cheval.

2. F. CORONATA (RUD.), F. du rollier.

3. HAMULARIA NODULOSA (RUD.), Hamulaire de la poule.

4. TRICHOCÉPHALUS DISPAR (RUD.), Trichocéphale de l'homme.

5. T. AFFINIS (RUD.), T. des agneaux.

17.

6. T. UNGUICULATUS (RUD.), T. du lièvre.

7. T. NODOSUS (RUD.), T. des souris.

8. OXYURIS CURVULA (RUD.), Oxyure des chevaux.

9. O. VERMICULARIS (LAM.), O. vermiculaire.

10. CUCULANUS GLOBOSUS (ZED.), Cuculan de la truite.

11. C. CORONATUS (ZED.), C. de l'anguille.

12. ASCARIS LUMBRICOIDES (LIN.), Ascaride lombricoïde.

13. A. MARGINATA (RUD.), A. du chien.

14. A. CLAVATA (RUD.), A. du gade.

15. A. MYSTAX (ZED.), A. du chat.

16. A. MICROCEPHALA (RUD.), Ascaride petite tête.

17. A. COLLARIS (RUD.), à collier.

18. STRONGYLUS ARMATUS (RUD.), Strongle des chevaux.

19. S. DENTATUS (RUD.), S. des porcs.

20. LYORHYNCHUS LEPIDOPUS (N.), Lyorhynque lépidope.

*Corpore antice subrotundato, postice gradatim acuminato, sordide luteo, fusco marmorato.*

Son corps est subarrondi en devant; graduellement acuminé en arrière, d'un jaune sale, marbré de brun. Long. 0,040 Séj. Dans l'intestin du lépidope Perron. App. Été.

21. GORDIUS RUGULOSUS (N.), Dragonneau ruguleux.

*Corpore toto fusco pallido, ruguloso; capite griseo.*

Tout son corps est ruguleux, d'un brun pâle, avec la tête grise. Long. 0,120. Séj. Dans l'eau des ruisseaux. App. Printemps.

## *ORDRE SECOND.* — LES INTESTINAUX PARENCHYMATEUX.

Corps formé d'une cellulosité ou même d'un paren chyme continu, quelquefois vésiculeux, sans cavité abdominale, ni intestin ni anus.

I<sup>re</sup> Famille. — *LES ACANTHOCÉPHALES.*

S'attachant aux intestins par une proéminence armée d'épines recourbées qui paraît leur servir en même temps de trompe ; quelques viscères intérieurs, dont les fonctions ne sont pas bien déterminées.

22. Echinorhyncus gigas (goez.), Échinorhynque du cochon.

23. E. constrictus (zed.), E. du canard.

24. E. pristis (rud.), E. scie.

25. E. xiphiæ (lin. gm.), E. espadon.

26. E. simplex (rud.), E. simplex.

27. E. aurantiacus (n.), E. orangé.

*E. Corpore toto, rubro aurantiaco.*

Tout son corps est coloré d'une belle teinte orange. Long. 0,036. Séj. Dans l'intestin du vogmare d'Aristote. App. Été.

28. Hæruca muris (gm.), Hæruca du rat.

II<sup>e</sup> Famille. — *LES TRÉMATODES.*

Ont un corps aplati, muni en dessous ou à ses extrémités de suçoirs en forme de ventouses, dont un peut être considéré comme une bouche.

29. Monostoma caryophyllinum (rud.), Monostome du gasterosté.

30. M. verrucosum (zed.), M. de l'oie.

31. M. filigerum (rud.), M. de la castagnolle.

32. Amphistoma cornutum (rud.), Amphistome cornu.

33. A. subclavatum (rud.), A. des grenouilles.

34. Caryophylleus mutabilis (rud.), Géroflée des poissons.

35. Distoma hepaticum (abilg.), Distome hépatique.

36. D. laureatum (zed.), D. de la truite.

37. D. nigro flavum (rud.), D. jaune-noir.

38. D. polymorphum (rud.), D. de l'anguille.

39. D. microstomum (rud.), D. de la sole.

40. D. scimna (n.), D. de la leiche.

*D. Corpore oblongo, depresso, postice acuminato, carneo, albo limbato; poris rotundatis, secundo majore.*

Son corps est oblong, déprimé, diminuant en pointe postérieurement, de couleur de chair, bordé de blanc; à suçoirs ronds, le second fort gros, avec un rebord blanchâtre. Long. 0,045. Séj. Dans l'estomac de la leiche épineuse. App. Juillet, août.

41. Tristoma coccinea (cuv.), Tristome écarlate.

Aux caractères donnés par M. Cuvier j'ajouterai que la partie supérieure de ce tristome est munie de petits tubercules blancs, contractiles au gré de l'animal, et que son suçoir est blanchâtre.

42. T. cephala (n.), T. de la lune.

*T. Corpore ovato, antice sinuato, albo cæruleo, lineis nigris transversis picto.*

Son corps est ovale, coriace, échancré en devant, terminé en

pointe arrondie postérieurement, coloré en dessus d'un blanc
azuré, peint et traversé de lignes ramifiées noirâtres; sa partie
inférieure est grisâtre, garnie d'un disque charnu à sept rayons
au centre, et d'un autre orifice plus relevé. Long. 0,010. Séj. Sur
le tétrodon lune. App. Été.

43. Polystoma thynni (lab.), Polystome du thon.

44. P. serratum (zed.), P. serrulé.

45. Scolex pleuronectis (mul.), Massette microscopique.

46. S. lophii (mul.), Massette de la baudroie.

47. Sagittula hominis (lam.), Sagittule de l'homme.

48. S. longirostrum (n.), S. à long bec.

*S. Corpore depresso, griseo cærulescente, fasciis duabus albis lateraliter ornato.*

Son corps est déprimé, d'un gris bleuâtre, orné de chaque
côté de deux larges bandes longitudinales blanches; sa partie
antérieure terminée en pointe obtuse, et munie un peu au-dessous
de son extrémité d'une ouverture ovale, d'où sort une longue
trompe blanche rétractile; l'inférieure est un peu sinuée, avec les
appendices très petites. Long. 0,100, larg. 0,010. Séj. Dans la fange
des eaux saumâtres. App. Eté, automne.

49. Planaria fusca (lam.), Planaire brune.

50. P. Dicquemari (n.), P. de Dicquemare.

*P. Corpore oblongo, lutescente-albo; dorso glaberrimo.*

Son corps est oblong, très aplati, d'un blanc jaunâtre, parfaitement lisse et uni, couvert sur le dos d'une infinité de petits orifices sessiles, en forme de suçoirs, servant d'organe respiratoire;
sa tête est déprimée, se dilate au gré de l'animal, et prend plusieurs
formes; les points qu'on a considérés comme des yeux sont noirâtres; la bouche est inférieure, ronde; le pied lisse, grisâtre; le canal intestinal d'un blanc rougeâtre. Long. 0,035. Séj. Sous les galets. App. Printemps.

51. P. Brocchi (n.), P. de Brocchi.

*P. Corpore ovato-oblongo, brunneo-violaceo; dorso tuberculato.*

Cette espèce est d'un beau pourpre violet, couvert sur le dos d'une infinité de petits tubes ou tubercules pointillés de blanc, chacun terminé au sommet par un petit orifice; la tête est aplatie, se dilate en mille manières; les points oculiformes sont très petits, la bouche est inférieure arrondie, blanchâtre; le pied lisse, très large, transparent. Long. 0,040. Séj. Sous les cailloux. App. Printemps.

## III° Famille. — *LES TÆNIOIDES.*

Ont un corps mou, aplati, dont la tête a deux ou quatre suçoirs placés autour d'un tubercule ou d'une petite trompe nue ou armée d'épines.

52. Tænia expansa (rud.), Ténia des moutons.

53. T. denticulata (rud.), T. dentelé.

54. T. pectinata (goez.), T. pectiné.

55. T. cucumerina (bl.), T. du chien.

56. T. plicata (rud.), T. plissé.

57. T. solium (lin.), T. cucurbitain.

58. T. serrata (goez.), T. denté.

59. Tricuspidaria elegans (n.), Tricuspidaire élégante.

*T. Corpore elongato, nigro virescente, lineis luteis, distantibus fasciato.*

Son corps est alongé, mou, aplati, subarticulé, d'un noir verdâtre, fascié de distance en distance de petites lignes jaunes; la bouche est subterminale, ronde, ou alongée en deux lèvres quand l'animal s'étend; ce vers laisse transsuder une humeur glaireuse, presque insoluble dans l'eau, qui cause une forte démangeaison sur la peau. Long. 0,550. Séj. Sous les cailloux. App. Janvier, avril.

60. TETRARHYNCHUS LINGUALIS (CUV.), Tétrarhynque lingual.

61. T. NOTIDANUS (N.), T. du monge.

62. T. PAPILLOSUS (RUD.), T. papilleux.

63. BOTRYOCEPHALUS HOMINIS (LAM.), Botryocéphale de l'homme.

64. B. CLAVIPES (RUD.), B. de l'anguille.

65. B. COROLLATUS (RUD.), B. à suçoirs hérissés.

66. LINGUATULA SERRATA (FROEZ.), Linguatule serrée.

67. GYMNORHYNCHUS RAII (RUD.), Gymnorhynque de la castagnole.

## IV° FAMILLE. — *LES VÉSICULAIRES.*

Ont un corps vésiculaire ou terminé postérieurement par une vessie.

68. CYSTICERCUS GLOBOSUS (RUD.), Cysticerque globuleux.

69. C. PISIFORMIS (ZED.), C. pisiforme.

70. C. CELLULOSÆ (RUD.), C. du cochon.

71. CŒNURUS CEREBRALIS (RUD.), Cœnure cérébral.

72. ECHINOCOCCUS HOMINIS (RUD.), Échinocoque de l'homme.

73. E. VETERINORUM (RUD.), E. des vétérinaires.

74. E. PUNCTATUS (RUD.), E. ponctué.

75. C. DELPHINI (BON.), C. du dauphin.

# DESCRIPTION

## DES

# PRINCIPAUX RADIAIRES

### VIVANTS OU FOSSILES

### EXISTANTS DANS LES ALPES MARITIMES.

~~~~~~~~~~~~~~~~~~~~~~~~~~~~~~~~~~~~~~~~

## RADIAIRES.

Animaux tantôt libres, tantôt fixés, dont le corps a une disposition rayonnante dans ses parties internes et externes; dépourvus de tête, d'yeux et de pattes articulées, avec une bouche centrale et des organes digestifs plus ou moins compliqués.

### *ORDRE PREMIER.* — LES ÉCHINODERMES.

Animaux libres, à corps étoilé ou orbiculaire; peau opaque, coriace ou crustacée, souvent tuberculeuse, épineuse ou percée de trous, par lesquels passent des tubes rétractiles ou tentacules, faisant à leur extrémité l'office de ventouses; bouche simple, armée de parties dures à son orifice, et communiquant à une cavité simple ou divisée.

### Iʳᵉ FAMILLE. — *LES STELLÉRIDES.*

Ont un corps plus ou moins orbiculaire, toujours déprimé, à rayons simples, doubles ou multifides, et une bouche inférieure.

## ASTERIAS, Astérie.

Corps suborbiculaire, à rayons stellifères, dont la face inférieure est munie d'une gouttière longitudinale, couverte de tubes rétractiles et bordée d'épines.

### *Corps scutellé.*

1. A. MEMBRANACEA, A. patte d'oie.

*A. Disco complanato, submembranaceo, supra viridi, infra albo-virescente, tuberculis plurimis subhispidis utrinque armato.*

Linn. Gm., 3164. Link, 29, 1, 2. Lam., 2, 558, 18.

Disque submembraneux, aplati, vert en dessus, couvert de petits tubercules rudes, réunis de trois à sept sur chaque mamelon; rayons arqués en demi-croissant, d'un blanc sale nuancé de verdâtre, garnis en dessous des mêmes séries de tubercules jaunes; bouche entourée de cinq étoiles formées d'épines, sillons munis de deux rangs de tentacules jaunâtres. Long. du centre à l'extrémité du rayon, 0,040. Séj. Sous les pierres du rivage. App. Toute l'année.

### *Corps rayonné.*

2. A. GLACIALIS, A. glaciale.

*A. Disco pentagono, prœalto, ruberrimo; radiis quinis elongatis, verrucis rufis, aculeatis instructis.*

Linck, 85, 89? Lam., 2, 561, 26?

Disque pentagone, relevé, entouré de deux cercles d'aiguillons inégaux; rayons longs, subquadrangulaires, larges à leur base, en pointe obtuse au sommet, d'un rouge vif en dessus, garni de six rangs espacés de longues pointes mobiles, ayant à leur base un gros mamelon d'un roux aurore, situé sur un cartilage blanc très contractile; sillons profonds, bordés de chaque côté d'une rangée de pointes aplaties fort étroites ; œufs d'un blanc hyalin. Long. 0,190. Séj. Grandes profondeurs. App. Mars, juillet.

3. A. TENUISSIMA, A. fine épine.

*A. Disco sublato, rubro-sanguineo; radiis septenis angustis, depressis, lateribus spinosis; spinis tenuibus, simplicibus, longiusculis, lutescentibus.*

Lam., 2, 561, 27.

L'on reconnaît cette espèce à son disque assez large, entouré de sept rayons inégaux, étroits, déprimés, d'un rouge sanguin très vif en dessus, muni sur chaque côté latéral de cinq rangs d'épines menues, assez longues, aiguës, d'un jaune rougeâtre, sans mamelons ni verrues ; suçoirs assez longs, d'un jaune transparent ; cette espèce se brise d'elle-même avec facilité, aussi tous les individus que j'ai trouvés sont mutilés dans quelques unes de leurs parties. Long. 0,160. Séj. Moyennes profondeurs. App. Mai, juin.

4. A. RUBENS, A. rouge.

*A. Disco intense rubro; radiis tri-septem lanceolatis, papilloso-echinatis, papillis dorsi sparsis et subseriatis.*

Seb., 3, 5, 3. Enc., 115, 1, 2. Lam.,2, 2, 562, 28.

Fort commune sur nos bords ; à disque subaplati, de trois à sept rayons lancéolés, d'un rouge cinabre, couvert en dessus de plusieurs séries de papilles rouge obscur qui le rendent comme pointillé, avec de doubles tubercules aigus qui s'étendent aussi en dessous, dont les sillons sont bordés de courts aiguillons. Long. 0,100. Séj. Sur tout notre rivage. App. Toute l'année.

5. A. VARIOLATA, A. variolée.

*A. Disco parvo; radiis subcylindricis, luteo-rufescentibus, tuberculis granulatis instructis.*

Linck, 1, 8, 10, 14. Enc., 119, 4, 5. Lam., 2, 565, 36.

Le disque petit, les cinq rayons presque cylindriques, souvent inégaux, d'un jaune roussâtre, atténués en pointe à leur
sommet, couverts de petits tubercules granuleux, sont les principaux traits qui caractérisent cette espèce. Long. 0,050. Séj.
Rochers profonds. App. Printemps.

## 6. A. AURANTIACA, A. frangée.

*A. Disco lato, rubro aurantio; radiis quinis depres-
sis, lanceolatis; dorso papillis truncatis et echinulatis
tecto; margine articulato, aculeisque ciliato.*

Linck, 5, 6, 6, 13, 8, 11, 12. Séb., 3, 7, 2 Lam., 2, 563, 31.

Grande et belle espèce, dont le disque, fort large, un peu relevé en dessus, est couvert de petits tubes tronqués, échinulés,
d'un rouge orange, entouré de cinq rayons égaux, déprimés,
lancéolés, munis sur leurs bords d'une suite d'osselets transverses, qui semblent articulés par les sillons qui les divisent; ils
sont tuberculés en dessus, hérissés de petites épines vers le milieu, lesquelles s'étendent en série sur toute la face inférieure,
qui est moins colorée. Long. 0,185. Séj. Grandes profondeurs.
App. Toute l'année.

## 7. A. SEPOSITA, A. réseau rude.

*A. Disco pentagono, rubro; radiis subteretibus, an-
gustis, lanceolatis; dorso reticulato, spinis perparvis
aspero.*

Linn. Gm., 3162. Seb., 3, VII, 5. Lam., 2, 562, 29.

On la confondrait avec l'astérie rouge, si son disque ne présentait pas de rayons plus étroits, lancéolés, presque lisses, ornés en dessus de petites papilles qui les font paraître réticulés;
une rangée de petites pointes les traversent de chaque côté. Long.
0,090. Séj. Régions des algues. App. Printemps, été.

## 8. A. VIOLACEA, A. violâtre.

*A. Disco pentagono, rubro aurora; radiis angulatis,
spinis alternis instructis.*

Linn. Gm., 3163.

Son disque pentagone, d'un rouge aurore en dessus, est entouré de rayons à quatre faces, garnis d'une rangée de pointes alternes, lesquelles se brisent aisément à leur insertion au disque. Sa couleur ternit et passe au violâtre en se desséchant. Long. 0,060. Séj. Régions des algues. App. avril.

9. A. TRICOLOR (N.), A. tricolore.

*A. Disco pentagono, supra aurantio, infra albo rosaceo, sanguineo guttato; tuberculis minimis instructo.*

Disque pentagone, peu relevé; rayons larges, subaplatis, terminés en pointe obtuse, d'une couleur orange, avec de petits tubercules à peine sensibles en dessus, d'un blanc rosacé, avec des taches sanguines en dessous, armés d'une rangée de petites pointes de chaque côté des sillons. Long. 0,055. Séj. Régions coralligènes. App. Avril, mai.

10. A. VERRUCOSA (N.), A. verruqueuse.

*A. Disco aurantio; radiis quinque semiteretibus; apicibus submucronatis, supra verrucis minutis, æqualibus, seriatim dispositis obtecto; subtus verrucis depressis in serie transversali dispositis.*

Une belle couleur orangé distingue cette espèce, dont les cinq rayons, souvent inégaux, un peu effilés, sont presque mucronés au sommet; la surface supérieure est couverte de petites verrues, égales, disposées par séries; l'inférieure présente des verrues déprimées disposées en séries transversales. Long. 0,060. Moyennes profondeurs. App. juillet.

11. A. BIFIDA (N.), A. bifide.

*A. Disco minutissimo; radiis subquadrangularibus, supra brunneo viridescentibus, papillis albis, bifidis, irregulariter dispositis instructo, infra luteo.*

Son disque, à peine apparent, porte de rayons subquadrangulaires, d'un brun verdâtre, il est traversé par cinq rangées de pointes rosacées, placées sur des mamelons foliacés, et couvert sur toute sa surface supérieure de petites papilles blanches, bifides, éparses, et de papilles membraneuses brunes, réunies en groupe, qui communiquent avec l'intérieur ; partie inférieure jaune ; suçoirs assez longs. Long. 0,100. Séj. Cailloux du rivage. App. Toute l'année.

12. A. SPINOSA (N.), A. épineuse.

*A. Disco magno, radiis quinque ad basim latis, ad apicem attenuatis, supra tuberculis truncatis virescente griseis instructo, infra spinoso.*

Rond., 81, 11.

Disque large, à cinq rayons élargis à leur base, s'amincissant en pointe au sommet, couverts en dessus de tubercules pédiculés évasés, rudes, tronqués, d'un vert grisâtre, ou d'un rouge sale, sur un fond d'un rouge vif ; bords garnis d'écussons rudes d'un gris verdâtre, hérissés de pointes ; partie inférieure munie de deux rangs de longs pieds rougeâtres, à sommet blanc, hérissé partout de plusieurs rangées d'épines blanches, plus ou moins grandes, dont celles des bords articulés sont longues, rouges et aiguës. Long. 0,400. Séj. Grandes profondeurs. App. Toute l'année.

OPHIURA, Ophiure.

Corps orbiculaire, à une rangée de rayons simples, grêles, cirrheux, sans canal en dessous ; bouche centrale entourée de quelques trous.

13. O. SQUAMATA, O. écailleuse.

*O. Disco rotundato, supra griseo-rubescente, infra albo ; apertura pentagona, denticulata.*

Lam., 2, 545, 11?

Son disque est arrondi, d'un gris rougeâtre en dessus, d'un beau blanc en dessous ; les rayons sont composés d'une pièce transversale, subconvexe, avec cinq ou six rangs de pointes de chaque côté, qui se rangent dans une rainure bordée de deux pièces

transversales ; au milieu de la partie inférieure on voit des plaques triangulaires à angles émoussés, séparées l'une de l'autre
par de petits trous. Long. 0,100. Séj. Plage de gravier. App.
Août.

14. O. Rondeletii (n.), O. de Rondelet.

*O. Disco pentagono, fusco; radiis longis, tereti subu-
latis, albo annulatis; infra rubescente.*

Rond., 82, 12.

Disque pentagone, assez large, d'un brun marron foncé, annelé de blanchâtre sur les rayons, qui sont composés en dessus
de pièces transversales imbriquées, ornées de quatre à cinq rangs
d'épines jaunes de chaque côté, qui diminuent vers le sommet ;
le dessous est rougeâtre, avec une pièce subcordée au milieu ;
la bouche est entourée de cinq pièces fortement dentelées. Long.
0,080. Séj. Bords rocailleux. App. Décembre.

15. O. aurora (n.), O. aurore.

*O. Disco pentagono fusco-castaneo, albo maculato;
infra rubescente.*

Rond., 85, 16.

L'on reconnaît cette espèce à son disque pentagone, assez large,
d'un brun châtain foncé, annelé de blanchâtre sur les rayons,
qui sont composés en dessus d'un grand nombre de pièces transversales, imbriquées, bordées de quatre à cinq rangs d'épines
jaunes, inégales de chaque côté, qui se perdent vers le sommet
des rayons ; le dessous du disque est rougeâtre, avec une plaque
subcordée au milieu ; la bouche est entourée de cinq pièces fortement dentelées. Long. 0,050. Séj. Moyennes profondeurs. App.
Été.

16. O. spinulosa (n.), O. épinuleuse.

*O. Disco pentagono, supra nigro-purpureo, spinoso,
infra fusco nigrescente.*

Cette espèce présente un disque pentagone, arrondi au centre,

5.                                                                    18

à rayons assez longs, un peu déprimés, flexibles, cassants, amincis au bout, d'un noir pourpre en dessus, hérissés d'épines, les latérales fort longues. La partie inférieure est d'un brun noirâtre. Long. 0,060. Séj. Rochers du littoral. App. Janvier, avril, septembre.

17. O. minuta (n.), O. petite.

*O. Disco parvo, pentagono, sinuato; supra griseo-pallido, infra albescente.*

Cet ophiure présente toujours, relativement à la petitesse de son disque, qui est pentagone, sinué, et ponctué en dessus de très longs rayons effilés, déprimés, très flexibles, d'un gris pâle, composés d'un grand nombre de petites plaques transversales, aplaties, tronquées au sommet, ornées sur chaque côté de quelques rangées de très fines pointes; le dessous est blanchâtre. Long. 0,025. Séj. Régions des fucus. App. Printemps, automne.

EURYALE, Euryale.

Corps orbiculaire, à une rangée de rayons alongés, grêles, dichotomes, très divisés, cirrheux; bouche entourée de dix trous vers les bords du disque.

18. E. mediterraneus (n.), E. méditerranéen.

*E. Disco lato, pentagono, griseo; radiis quinque dichotomis, magnis, depressis, ramosissimis.*

Rond., 83, 13.

Cette espèce est d'un gris plus ou moins intense, peinte et brodée en dessous fort régulièrement par de petits traits pointillés jaunâtres. Long. 0,160. Séj. Grandes profondeurs. App. A chaque saison.

COMATULA, Comatule.

Corps orbiculaire, birayonné, les grands rayons pinnés, les petits simples, filiformes; bouche saillante.

19. C. MEDITERRANEA, C. méditerranéenne.

*C. Radiis pinnatis, basi bifidis; pinnis longiusculis, subulatis; cirrhis dorsalibus trigesimis.*

Lam., 2, 535, 6.

Cette espèce est d'un rouge moins vif, plus longue, plus svelte que celle qui porte le nom de coraline; ses rayons ont de longs appendices rouges, opposés; sa bouche est entourée de trente cirrhes dorsaux, jaunâtres, articulés. Long. 0,090. Séj. Côtes rocailleuses. App. Décembre.

20. C. CORALINA (N.), C. corail.

*C. Radiis pinnatis, basi bifidis, ruberrimis; pinnulis longissimis; cirrhis dorsalibus octodecim inæqualibus, lutescentibus.*

Son disque est arrondi, d'un rouge vif, orné d'un orifice et d'une cupule latérale relevée; ses rayons sont pinnés, bifides, d'un rouge corail, avec de longues appendices, alternes, ciliées de jaunâtre; bouche petite, proéminente, jaune, entourée de dix-huit rayons filiformes, granulés d'un jaune pâle, et inégaux. Long. 0,080. Séj. Régions coralligènes. App. Avril, mai.

21. C. ANNULATA (N.), C. annelée.

*C. Radiis pinnatis, basi bifidis, rubris, albo annulatis; pinnulis elongatis; cirrhis dorsalibus duodecim æqualibus, albis.*

Cette nouvelle espèce présente également un disque arrondi, rougeâtre, orné d'un orifice, à rayons longs, bifides, d'un rouge de laque, annelés de blanc, avec de longues appendices ciliées de blanchâtre; la bouche est étroite, entourée de douze rayons filiformes, granulés, égaux, d'un blanc sale. Long. 0,100. Séj. Cailloux du rivage. App. Avril, mai.

## II° FAMILLE. — *LES ÉCHINIDES.*

Ont un corps subglobuleux, ou déprimé, solide, garni
d'épines movibles situées sur de tubercules immobiles;
un anus distinct de la bouche.

### ECHINUS, Oursin.

Corps orbiculaire, globuleux ou ovale, hérissé d'épines
mobiles, caduques; cinq ambulacres bordés de deux bandes
multipores, divergentes, qui s'étendent en rayonnant de
l'anus, qui est au sommet, jusqu'à la bouche, qui est inférieure, centrale, armée de cinq pièces osseuses.

22. E. MELO, O. melon.

*E. Globosus, conicus, assulatus, ex luteo-rubro varie-*
*gatus et fasciatus; fasciis porosis, angustis, flexuosis;*
*spinis inæqualibus, viridibus, aciculis minutis ad basim*
*ornatis.*

Gualt., 107, E. Lam., 3, 45, 8.

Le melon de mer est globuleux, conique, marbré et fascié de
rouge et de jaune, à bandes poreuses, étroites, flexueuses; ses
épines sont inégales, vertes, espacées, accompagnées à leur base
d'un grand nombre d'aicules aigus, blanchâtres. Long. 0,125.
Séj. Profondeurs coralligènes. App. En toute saison. Se trouve
subfossile.

23. E. SARDICUS, O. enflé.

*E. Orbicularis, ventricosus, conoïdeus, assulatus,*
*luteo-purpurascens; fasciis poris rectis; spinis virides-*
*cente-purpureis.*

Scill., 13, 11. Aldrov., 3, 411. Lam., 3, 45, 9.

Diffère de la précédente par ses dimensions plus petites, sa forme orbiculaire, ventrue, conoïde, d'un jaune pourpre, à bandes poreuses droites, avec les épines d'un vert pourpre. Long. 0,100. Séj. Profondeurs madréporiques. App. Été.

24. E. MILIARIS, O. miliaire.

*E. Parvulus, hemispherico-depressus, luteo obscuro fasciatus; spinis brevissimis, striatis, roseis, basi viridescentibus.*

Seb., 3, 10, 4. Lam., 3, 49, 26?

Cette espèce est toujours fort petite, hémisphérique, déprimée, traversée par dix bandes jaunes et autant d'obscures, couverte de très petits acicules aigus, striés, couleur de rose, à base verdâtre; ouverture de la bouche fort large. Est-ce la miliaire des auteurs? Long. 0,011. Séj. Régions des algues. App. Toute l'année.

25. E. PURPUREUS (N.), O. pourpré.

· *E. Hemispherico-subglobosus; fasciis porosis, indivisis, obsolete verrucosis; spinis elongatis, purpureis.*

Rond., 414, 27?

L'oursin commun de la Méditerranée est hémisphérique, subglobuleux, à bandes poreuses, indivisées, dont les tubercules sont peu élevés; les épines sont assez longues, minces, aiguës, ordinairement pourprées, changeant en toutes sortes de couleurs. Long. 0,080. Séj. Rivage rocailleux. App. Toute l'année. Se trouve subfossile.

26. E. BREVISPINOSUS (N.), O. à courtes épines.

*E. Rotundato-hemisphericus, convexus, infra planus; fasciis porosis, rectis; spinis brevibus, luteis, basi sordide purpureis.*

VAR. I. *Tota alba.*
VAR. II. *Tota rubra.*

Cet oursin est arrondi, convexe, hémisphérique, plan en dessous, à bandes poreuses, droites; ses épines sont courtes, jaunes, à base d'un pourpre intense. Long. 0,060. Séj. Rivage rocailleux. App. Hiver, printemps. Se trouve subfossile.

27. E. CORONA (N.), O. couronne.

*E. Hemisphericus, inter fascias porosus; infra sinuatus, sinubus coronam efformantibus; fasciis porosis, rectis.*

Cette jolie espèce est hémisphérique, poreuse au milieu des bandes, sinuée en dessous, à sinus disposés en forme de couronne, avec les bandes poreuses droites. Long. 0,010. Séj. Pétrifiée dans un caillou siliceux que je soupçonne être de formation jurassique.

### CIDARITES, Cidarite.

Corps sphéroïde ou orbiculaire, déprimé, hérissé de grandes épines baciliformes et de petites fort aiguës, bordé de deux bandes multiforées, divergentes; cinq ambulacres s'étendent en rayonnant de l'anus à la bouche, qui est centrale, inférieure, armée de cinq pièces osseuses surcomposées.

28. C. HISTRIX, C. porc-épic.

*C. Subglobosus, utrinque depressus; areis majoribus, linea flexuosa divisis; spinis majorum tuberculorum longissimis, impresso-striatis, inscriebus quinatis; interstitiis elevatis, spinulis instructis.*

Aldr., 3, 412. Gualt., 108, D. Bon., 2, 92, 17, 18. Lam., 3, 53, 3.

Son test est globuleux, aplati, rougeâtre, à cinq ambulacres, hérissés de courtes épines blanchâtres, aiguës, avec de grandes et longues baguettes coniques, inégales, rudes, à base rougeâtre, vertes au sommet, finement striées; bouche entourée de petites baguettes grises; anus relevé en pointe. Long. 0,045, Séj. Moyennes profondeurs. App. Printemps, été.

29. C. DEPRESSUS (N.), C. déprimé.

*C. Subglobosus, depressus; areis majoribus, linea recta divisis.*

Son test est subglobuleux, très déprimé; les ambulacres sont fort grands, divisés en ligne droite. Long. 0,010. Séj. Fossile dans le calcaire marneux.

30. C. JUDAÏCUS (N.), C. judaïque.

*C. Spinis ovato-oblongis, plus aut minus clavatis.*

L'on ne fait mention de ce cidarite que par la quantité des grandes baguettes baciliformes que l'on trouve éparses dans le calcaire alpin de toutes nos montagnes.

### SPATANGUS, Spatangue.

Corps irrégulier, ovale ou cordiforme, subgibbeux, garni de très petites épines, à quatre ou cinq ambulacres; bouche inerme, transverse, labiée, située près du bord; anus latéral opposé à la bouche.

### 4 ambulacres.

31. S. CARINATUS; S. caréné.

*S. Ovato-elongatus, inflatus; lateribus turgidis; ambulacris quaternis, anticis divaricato-transversis; area dorsali postice carinata, obtuse prominula; color griseus.*

Gualt., 108, GG. Lam., 3, 30, 1.

Ce spatangue est ovale alongé, bossu, d'un gris cendré, à côtés renflés, muni de quatre ambulacres, les antérieurs écartés en travers; arête dorsale carénée vers sa partie postérieure, en saillie obtuse. Long. 0,125. Séj. Rochers madréporiques. App. juin.

52. S. MERIDIONALIS (N.), S. méridional.

*S. Subcordiformi, antice late sinuato; lateribus valde turgidis; ambulacris quaternis, anticis divaricato transversis; area dorsali obtuse carinata; color purpurascens; spinis griseis.*

Cinnan., 41, 29, 174.

Cette espèce est subcordiforme, d'un beau pourpre, largement sinuée en devant; ses côtés sont renflés, les ambulacres au nombre de quatre, les antérieurs écartés en travers; l'arête dorsale est relevée en carène obtuse; les épines sont grises. Long. 0,080. Séj. Régions coralligènes. App. Toute l'année.

53. S. COR (N.), S. en cœur.

*S. Cordatus, aspectu postico truncato; area dorsali, postice acute carinata; ambulacris quaternis, anticis divaricato-transversis, posticis abbreviatis.*

Ce fossile est en forme de cœur, dont la partie postérieure est tronquée; l'arête dorsale est en carène aiguë postérieurement; les deux ambulacres antérieurs sont écartés en travers, les deux de derrière fort courts. Long. 0,070. Séj. Fossile dans le calcaire marneux.

34. S. DEPRESSUS (N.), S. déprimé.

*S. Subcordatus, depressus; area dorsali subacute carinata; aspectu postico truncato; ambulacris quaternis inæqualibus, oblique divaricatis.*

Sa forme subcordée, déprimée, tronquée postérieurement, à arête dorsale presque carénée, à angle aigu, et les quatre ambulacres inégaux, obliquement écartés, distinguent cette espèce de la précédente. Long. 0,090. Fossile dans le calcaire marneux.

35. S. SUBALPINUS (N.), S. subalpin.

*S. Ovato-convexus; area dorsali paululum elevatā;*

*ambulacris quaternis æqualibus, oblique divaricantibus.*

Celui que je nomme subalpin est ovale, convexe, à arête dorsale peu élevée ; ses quatre ambulacres sont inégaux et écartés en ligne oblique. Long. 0,060. Séj. Fossile dans le calcaire marneux.

### 36. S. GLOBOSUS (N.), S. globuleux.

*S. Ovato-globosus, inflatus ; area dorsali acute et abruptissime elevata ; ambulacris quatuor æqualibus, oblique divaricantibus.*

Ce spatangue est ovale, globuleux, renflé, à arête dorsale aiguë brusquement élevée ; les quatre ambulacres égaux, écartés obliquement. Long. 0,070. Séj. Fossile dans le calcaire marneux.

### 37. S. CHLORITEUS (N.), S. chlorité.

*S. Cordatus ; area dorsali convexa, prominula ; ambulacris quaternis æqualibus, oblique divaricantibus.*

Cette belle espèce est en cœur, avec l'arête dorsale convexe, proéminente ; les quatre ambulacres égaux, écartés obliquement. Long. 0,040. Séj. Fossile dans la marne chloritée.

### 5 ambulacres.

### 38. S. CRISTATUS (N.), S. en crête.

*S. Subtriangularis, depressus, convexiusculus ; area dorsali acute cristata ; ambulacris quinque æqualibus, oblique divaricantibus.*

Sa forme subtriangulaire, déprimée, un peu convexe ; l'arête dorsale en crête aiguë, et les cinq ambulacres égaux, écartés obliquement, distinguent cette espèce. Long. 0,060. Séj. Fossile dans le calcaire marneux.

39. S. PLACENTA (N.), S. aplati.

*S. Rotundatus, depressus, convexiusculus; area dorsali paululum obtuse elevata; ambulacris quinque late æqualibus, oblique divaricantibus.*

Ce spatangue est arrondi , déprimé, un peu convexe, à arête dorsale un peu élevée en angle obtus; les cinq ambulacres sont larges, égaux, écartés en ligne oblique. Long. 0,068. Séj. Fossile dans le calcaire marneux.

40. S. STELLATUS (N.), S. étoilé.

*S. Subovatus, depressus; area dorsali subplana, glaberrima; ambulacris quinque lanceolatis, bipustulatis.*

Cette belle espèce est subovale, déprimée, à arête dorsale aplatie, très lisse; les cinq ambulacres sont lancéolés, presque égaux, bordés sur leurs contours d'une double série de pores alongés. Long. 0,066. Séj. Fossile dans le grès tertiaire.

### ANANCHITES, Ananchite.

Corps ovale ou conoïde, irrégulier, garni de tubercules spinifères; ambulacres partant d'un sommet simple ou double, s'étendant en divergeant jusqu'au bord ou à la bouche qui est labiée, subtransverse, située près du bord; l'anus est latéral, opposé à la bouche.

41. A. CARINATUS (N.), A. caréné.

*A. Depresso-cordatus, convexiusculus; dorso carinato; aspectu postico obtuse sinuato; ambulacris quinque striolatis; ano pone medium locato.*

Cet ananchite est en forme de cœur déprimé, un peu convexe, à dos caréné, obtusément sinué vers sa partie postérieure; les cinq ambulacres sont striolés, l'orifice de l'anus est situé un peu en arrière de la partie centrale. Long. 0,080. Séj. Fossile dans le calcaire grossier.

42. A. ROTUNDATUS (N.), A. arrondi.

*A. Rotundatus, convexus, basi planus; ambulacris quinque a centro ad latera divaricatim ductis; ano fere centrali.*

Il est arrondi, convexe, à base aplatie; les cinq ambulacres étendus en divergeant du centre à la circonférence; l'orifice anal situé souvent au milieu. Long. 0,070. Séj. Fossile dans la marne chloritée.

43. A. STELLA (N.), A. étoile.

*S. Ovata, valde convexa, brunnea lutescente; ambulacris quinque albis.*

Cette singulière échinide est ovale, très convexe en dessus, plane en dessous, d'un brun jaunâtre, à cinq ambulacres, divisés chacun en deux parties, déliées au sommet, d'un beau blanc, qui forment une belle étoile. Long. 0,032. Séj. Fossile au milieu du gravier de nos bords après de fortes tempêtes.

## FIBULARIA, Fibulaire.

Corps subglobuleux, ovoïde ou orbiculaire, à bords arrondis; épines très petites; cinq ambulacres, bornés, courts, étroits; bouche inférieure, centrale; anus situé entre la bouche et le bord.

44. F. TARENTINA, F. tarentine.

*F. Ovato-elliptica, convexiuscula, alba, subtus plano concava; ambulacris brevibus, apice disjunctis; ano ore vicino.*

Lam., 3, 17, 3.

Cette espèce est ovale, elliptique, légèrement convexe en dessus, plane et creuse en dessous, à ambulacres très courts, d'un blanc sale; l'anus voisin de la bouche. Long. 0,009. Séj. Moyennes profondeurs. App. Été.

## Scutella, Scutelle.

Corps aplati, elliptique ou suborbiculaire, légèrement convexe en dessus, plane en dessous, à bord mince, presque tranchant, et garni de très petites épines; ambulacres courts, imitant une fleur à cinq pétales; bouche inférieure, centrale; anus entre la bouche et le bord.

45. S. PYRAMIDALIS (N.), S. pyramidale.

*S. Subcordiformi, pyramidali, glabro; foraminibus quinque, fere æqualiter latis.*

Cette espèce est subcordiforme, pyramidale, lisse, à cinq trous larges, souvent égaux. Long. 0,090. Séj. Fossile dans le calcaire grossier.

46. S. GIBBOSA (N.), S. bossue.

*S. Pentagona; angulis rotundatis; foraminibus duodecim, oblongis, infra gradatim increscentibus.*

Son corps est irrégulier, pentagone, à angles arrondis, munis de douze trous oblongs, qui augmentent graduellement sous sa partie inférieure. Long. 0,125. Séj. Fossile dans le grès tertiaire.

### IIIᵉ Famille. — *LES FISTULIDES.*

Ont un corps plus ou moins alongé, cylindracé, mollasse, très contractile; une peau molle, mobile et irritable.

### Actinia, Actinie.

Corps cylindracé, simple, fixé par sa base; bouche terminale, proéminente, bordée d'un ou plusieurs rangs de tentacules en rayons très contractiles.

47. A. EFFETA, A. brune.

*A. Corpore subcylindrico, brunneo ferrugineo, li-*
*neis albidis, longitudinalibus striatis; cirrhis pallidis,*
*obscuro guttatis.*

Cette espèce présente un corps subcylindrique, épais, d'un
brun clair ferrugineux, rayé longitudinalement de blanc sale;
les tentacules sont blanchâtres, faiblement tachetés d'obscur;
les intérieurs plus longs que les extérieurs; le pied assez large;
quand l'animal se contracte, il jette de longs filaments roses, lilas
ou blancs, qui sortent des ovaires. Long. 0,060. Séj. Sur des coquilles dégradées. App. Presque toute l'année. Est-ce l'espèce
décrite sous ce nom par les auteurs ?

48. A. RUFA (N.), A. roussâtre.

*A. Corpore cylindrico, globoso, conico, sublevius-*
*culo, rufo; cirrhis triplicis pallidis, rufescente annu-*
*latis brevioribus.*

Son corps est cylindrique, globuleux, conique, presque glabre, d'un roux ocracé, à tentacules courts, blanchâtres, annelés de roussâtre, placés sur trois rangs; la bouche est entourée
d'un rebord jaunâtre, les filaments sont courts, d'un blanc sale;
les jeunes individus ont les tentacules blancs au sommet. Long.
0,060. Séj. Sous les cailloux. App. Presque toute l'année.

49. A. CORALLINA (N.), A. coralline.

*A. Corpore cylindrico, ruberrimo, basi cæruleo mar-*
*ginato; cirrhis brevibus.*

Rondel., 381, 14. Aldr., 4, 168, 1.

La forme de son corps est cylindrique, à sommet tronqué,
très glabre, d'un beau rouge corail foncé, à tentacules courts,
coniques, aigus au sommet, d'un rouge vif; le pied est entouré
d'une bande bleu céleste. Long. 0,050. Séj. Rochers du rivage.
App. Toute l'année.

50. A. VIOLACEA (N.), A. violâtre.

*A. Corpore elongato, violaceo; cirrhis duplicis, hyalinis, fusco annulatis, paulo longioribus.*

Son corps, alongé, lisse, d'un beau violet, est orné de trente-deux tentacules d'un blanc hyalin, annelé de brun, un peu plus longs que le corps; la bouche est entourée d'un rebord verdâtre, le pied est étroit. Quand l'animal se contracte, il prend la forme d'un mamelon. Long. 0,016. Séj. Sous les galets du rivage. App. Mars, avril.

51. A. CONCENTRICA (N.), A. concentrique.

*A. Corpore elongato, fusco, lineis concentricis violaceis picto; pede cœruleo fimbriato; cirrhis fuscis, triplicis, brevioribus.*

Le corps de cette espèce est alongé, lisse, arrondi, d'un roux brun un peu clair, traversé par des lignes concentriques d'un violet bleuâtre; ses tentacules sont bruns, beaucoup plus courts que le corps, placés sur trois ou quatre rangs, entourés d'une rangée de tubercules bleus; la bouche est ornée d'un rebord pâle; le pied est liséré de bleu. Long. 0,060. Séj. Sous les pierres du rivage. App. Toute l'année.

52. A. PICTA (N.), A. peinte.

*A. Corpore elongato, albo, lineis punctisque violaceis picto; cirrhis candidis, brevibus, quadruplicis.*

Otto, 18, 30!

Cette actinie présente un corps alongé, glabre, arrondi, d'un blanc mat, parsemé de petites lignes et de points violets; les tentacules sont courts, d'un beau blanc, placés sur quatre rangs; la bouche est entourée d'un rebord transparent; le pied est assez large. Long. 0,018. Séj. Attachée aux natices. App. Avril, septembre.

**53.** A. STRIATA (N.), A. striée.

*A. Corpore virescente-brunneo; striis longitudinalibus intense rufis; cirrhis brevibus, rufis; ore rosacea; membrana interna albida.*

Cette espèce, plus petite que la concentrique, avec laquelle elle se rapproche le plus, est d'un vert foncé brun, avec des stries longitudinales d'un roux foncé; les tentacules sont courts, d'un roux brillant, placés sur trois ou quatre rangs, sans aucun tubercule; la bouche, colorée de rose, est entourée d'une membrane interne blanchâtre. Long. 0,040. Séj. Sous les cailloux. App. Novembre, février.

**54.** A. ALBA (N.), A. blanche.

*A. Corpore hyalino, pellucido, subgelatinoso; cirrhis parvis, papilliformibus.*

Son corps est hyalin, translucide, subgélatineux; la bouche très proéminente; les tentacules courts, papilliformes, placés sur plusieurs rangs, sont blanchâtres. Long. 0,025. Séj. Régions coralligènes. App. Juin, juillet.

**55.** A. BREVICIRRHATA (N.), A. à courts tentacules.

*A. Corpore subsessile, griseo livido, cæruleoque variegato; cirrhis brevibus.*

Le corps de cette espèce est subsessile, d'un gris livide, varié de bleu diversement nuancé, à courts tentacules coniques un peu transparents. Long. 0,050. Séj. Fentes des rochers. App. Hiver, printemps. Il doit former un nouveau genre.

**56.** A. ROSEA (N.), A. rose.

*A. Corpore subconico, inflato, roseo; cirrhis hyalinis, fusco annulatis.*

Très jolie espèce, d'un rose tendre, ornée de deux rangs de

courts tentacules transparents, annelés de brun, au nombre de vingt-quatre; bouche variée de brun, et entourée d'une étoile de points blancs. Long. 0,020. Séj. Sur les cailloux. App. Janvier, février.

57. A; GLANDULOSA, A. glanduleuse.

*A. Corpore parvo, subcylindrico, sordide flavescens, glandulis multis, parvis, rubris, sparso; cirrhis brevibus, crassis, flavescentibus.* N.

Otto, 18, 31.

Se distingue des précédentes par son corps petit, subcylindrique, d'un jaunâtre sale, parsemé de plusieurs petites glandes rouges, et entouré de très petits tantacules épais, jaunâtres. Long. 0,020. Séj. Sur les rochers. App. Automne, printemps.

## ANEMONIA (N.), Anémonie.

*Corpus cylindricum, glabrum, ad basim abrupte dilatatum; os nullo modo proeminens; tentaculis in serie triplici dispositis, angustis, valde elongatis, gradatim acuminatis, apicibus rotundatis, obtusiusculis.*

Corps cylindrique, lisse, brusquement dilaté à sa base; bouche nullement proéminente; tentacules disposés en trois séries, étroits, très alongés, graduellement acuminés, à sommets arrondis, un peu obtus.

58. A. VAGANS (N.), A. vagante.

*A. Corpore toto et tentaculis hepaticis, pallidissimis, translucidis, apicibus sæpe pallidioribus.*

Tout le corps, ainsi que les tentacules, d'une teinte hépatique très pâle, translucide, à extrémité souvent plus foncée. Long. 0,080. Séj. Près du rivage. App. Hiver, printemps. J'en connais une autre espèce dont j'ai égaré la description.

59. A. ÆDULIS (N.), A. comestible.

*A. Corpore fusco, cirrhis elongatis brunneis, apice
rubro violaceo.*

Jan., Planc., 110, 3, ıx, e, f?

Cette espèce est brune, la bouche souvent oblongue, nullement proéminente; les tentacules alongés, disposés sur trois
rangs, peu contractiles, d'une teinte plus ou moins obscure,
peints de rose violâtre vers le sommet, qui est préhensile. Long.
0,050. Séj. Sous les cailloux. App. Hiver, printemps. On le
mange en friture.

### HOLOTHURIA, Holothurie.

Corps lisse, plus ou moins cylindrique, épais, à peau
coriace, le plus souvent papilleuse; bouche terminale,
armée de cinq dents calcaires, entourées de tentacules
divisés latéralement, subrameux ou pinnés; anus situé à
l'extrémité postérieure.

60. H. GLABERRIMA (N.), H. très lisse.

*H. Corpore rotundato, postice gradatim acuminato,
glaberrimo, supra brunneo rufo, infra albescente fusco
punctato.*

Son corps est arrondi, très lisse, renflé en devant, graduellement aminci en arrière, d'un brun roussâtre en dessus, blanc
sale pointillé d'obscur en dessous; les tentacules, au nombre
de seize, sont très courts, jaunâtres. Est-ce une holothurie? Long.
0,070. Séj. Bords de graviers. App. Mars, septembre.

61. H. OVATA (N.), H. ovale.

*H. Corpore ovato-oblongo, fusco cinerascente, tuber-
culis minimis sparso; tentaculis mediis.*

Cette espèce offre un corps ovale oblong, d'un brun cendré en

dessus, un peu plus clair en dessous, garni de très petits tubercules épars ; ses tentacules sont transparents et médiocres. Long.
0,060. Séj. Bords rocailleux. App. Printemps.

62. H. MAMILLATA (N.), II. mamelonnée.

*II. Dorso lateribusque ferrugineo-fuscis, glaberrimis,
paululum tuberculatis, tuberculis inæqualibus sparsis;
abdomine purpureo brunneo, albidoque irrorato, lineis
quatuor longitudinaliter mamillatis ornato; tentaculis
sex, acanthifoliaformibus.*

C'est une des plus grandes espèces de nos bords; son corps
est cylindrique, d'un brun ferrugineux, très lisse, avec quelques tubercules épars, inégaux sur le dos et les côtés; d'un brun
pourpre, muni de quatre bandes longitudinales de papilles disposées en zigzag sous le ventre; ses tentacules, au nombre de
six, sont larges, en forme de feuille d'acanthe. Long. 0,250. Séj.
Nos rochers. App. Toute l'année.

63. II. LITTORALIS (N.), II. littorale.

*II. Corpore glaberrimo; dorso nigro purpureo, tu-
berculis latis, æqualibus, convexiusculis ornato; abdomine
purpurascente, cæruleo punctato; tentaculis octo-de-
cimo ramulosis, cinerascentibus, brunneo punctulatis,
ramis tuberculatis.*

Beaucoup moins grosse que l'espèce précédente. Son corps est
lisse, d'un noir pourpre, avec de larges tubercules égaux, convexes sur le dos, d'un pourpre clair, pointillé de bleu sous le ventre; ses tentacules, au nombre de dix-huit, sont ramuleux, d'une
einte cendrée, avec des points bruns, à rameaux tuberculés.
Long. 0,150. Séj. Sur le littoral. App. Printemps, automne.

64. H. STELLATA (N.), II. étoilée.

*II. Corpore elongato, tuberculato; tuberculis depla-
natis, stellatis, cinerascentibus, purpureo fulvescente*

*pictis; tentaculis duodecim purpurascentibus, acanthi-*
*formibus.*

Un corps alongé, grisâtre, couvert de petits tubercules déprimés, disposés en forme d'étoiles, d'un cendré pourpré, piqueté
de fauve, avec douze tentacules pourpres, découpés en feuilles
d'acanthe, distingue cette espèce. Long. 0,100. Séj. Sous les
cailloux. App. Janvier, février.

## 65. H. PUNCTATA (N.), H. ponctuée.

*H. Corpore subconico, antice crasso, postice gradatim*
*attenuato; dorso rufescente; abdomine griseo, nigres-*
*cente punctulato.*

Cette holothurie présente un corps subconique, épais antérieurement, mince en arrière; le dos est roussâtre; l'abdomen gris
sale, pointillé de noirâtre. Long. 0,110. Séj. Bords sablonneux.
App. Printemps.

## 66. H. CUCUMER (N.), H. concombre.

*H. Corpore prismatico, angulato, antice lato, postice*
*attenuato, tuberculis longitudinaliter ornato; dorso gri-*
*seo viridescente; tentaculis carneis.*

Rondel., 91, 23. Jan., planc., 99, VI, d, e.

Le corps de cette espèce est prismatique, anguleux, coriace,
d'un gris verdâtre en dessus, plus pâle en dessous, épais sur le
devant, aminci et atténué en arrière, garni longitudinalement
de rangées espacées de petits tubercules; ses tentacules sont couleur de chair. Long. 0,060. Bords graveleux. App. Printemps.

## SIPUNCULUS, Siponcle.

Corps alongé, cylindracé, nu, se rétrécissant postérieurement, avec un renflement terminal, muni antérieurement d'un col étroit, cylindrique, tronqué, en forme de

trompe protractile, avec la bouche à son extrémité, l'orifice entouré de petits filaments, comme les holothuries.

### 67. S. TIGRINUS (N.), S. tigré.

*S. Corpore sordide flavo, hyalino, supra tuberculato (tuberculis minimis), nigro guttato; rostro filamentis viginti nigrescentibus instructo.*

Son corps est d'un jaune sale, transparent, couvert en dessus de très petits tubercules, tigré de taches noires, qui changent en bandes circulaires vers l'extrémité de la trompe, laquelle est entourée de vingt filaments très courts, peu extensibles, noirâtres. Long. 0,060. Séj. Dans les fucus du rivage. App. Été.

### 68. S. FLAVUS (N.), S. jaune.

*S. Corpore toto flavo; supra tuberculato (tuberculis parvis); rostro filamentis plurimis albidis instructo.*

Diffère de l'espèce précédente par son corps jaunâtre, uniforme, couvert de petits tubercules en dessus, lisse en dessous, à filaments blanchâtres plus nombreux; il est moins agile que le tigré. Long. 0,056. Séj. Bords du rivage. App. Été.

### MOLPADIA, Molpadie.

*Corpus ovato elongatum, bursiforme, nudum, scabrum, postice valde abrupto gradatim acuminatum; cauda referens; os rotundatum, denticulatum.*

Corps libre, épais, ovale, alongé, bursiforme, nu, rude, se rétrécissant postérieurement de manière à former une queue graduellement aiguë; bouche terminale, arrondie, armée de dents charnues; anus situé à l'extrémité postérieure.

69. M. musculus (n.), M. souris.

*M. Corpore transversim ruguloso, scabro; epidermide cœrulescente-fusco; ore et appendice caudali albidis.*

Le corps de ce singulier radiaire est ruguleux, fort rude en travers, coloré d'un bleu obscur, avec la bouche et la queue blanches. Long. 0,040. Séj. Grandes profondeurs. App. Juillet, août. J'avais établi cet échinoderme sous le nom d'*orbinie* avant que M. Cuvier eût publié ce genre.

## ORDRE SECOND. — ACALEPHÆ, Acalèphes.

Peau molle, transparente ou gélatineuse; point de tubes rétractiles, d'anus ni de parties dures à la bouche, ni cavité intérieure propre à contenir des organes.

### I⁰ Famille. — *LES MÉDUSAIRES.*

Ont une seule bouche au disque inférieur de l'ombrelle.

Geryonia, Géryonie.

Corps hémisphérique, point de bras ni suçoirs visibles; une membrane en forme d'entonnoir au bout du pédicule.

70. G. proboscidalis, G. hexaphylle.

*G. Corpore hemispherico, hydrocolore, rosaceo, margine tentaculis sex longissimis; pedunculo longo prosciforme, extremitate margine plicato.*

Forsk., *Faun. arab.*, 108, 23, 36, 1. Per., *Ann. du mus.*, 14, 329; x, 17, 18. Lam., 2, 505, 3.

Son ombrelle est hémisphérique, hydrocolore, avec quelques nuances roses, ornée sur son bord de six tentacules très longs, et munie sous son disque inférieur d'un très gros pédoncule alongé en trompe, avec six bandes longitudinales, et une large membrane circulaire et plicatile à son extrémité. Long. 0,110. Séj. Surface des eaux. App. Avril.

## CARYBDEA, Carybdée.

Corps orbiculaire, convexe ou conoïde en dessus, concave en dessous, muni sur son bord de divers lobes, n'ayant ni pédoncule, ni bras, ni tentacules.

71. C. MARSUPIALIS, C. marsupiale.

*C. Corpore subovato, hyalino, crumeniformi, margine lobis quatuor linearibus, distantibus, instructo.*

Planc., 4, 5. Per., 14, 333, 21, XII, 22. Lam., 2, 496, 2.

L'ombrelle est subovale, hyaline, cruméniforme, à bord entier garni de quatre lobes ou appendices tentaculaires très gros et fort courts. Long. 0,040. Séj. Près du rivage. App. Mai.

## EQUOREA, Equorée.

Corps libre, orbiculaire, transparent, sans bras ni pédoncules, garni tout autour de tentacules.

72. E. FORSKALIANA, E. de Forskael.

*E. Corpore discoïdeo, planato, hyalino, margine tentaculis numerosis, longissimis, instructo.*

Forsk., 110. Per., 14, 336, 23. Lam., 2, 498, 6.

Cette équorée a l'ombrelle discoïde, très déprimée, presque plane, hyaline, à bords rembrunis, avec des tentacules très nombreux et fort longs. Long. 0,100. Séj. Loin du littoral. App. Printemps.

73. E. RISSOANA, E. de Risso.

*E. Corpore subdiscoideo, planato, subroseo; tentaculis capillaribus longissimis.*

Per., 14, 338, 26, 32. Les., 13, 1, 2. Lam., 2, 500, 15.

Cette belle espèce est subdiscoïde, très aplatie, hyaline, nuancée de rose ; le fond de l'estomac est relevé par une large tubérosité fort lisse et brillante ; le cercle ombrellaire formé par un grand nombre d'appendices subclaviformes, bosselées, non prolongées jusqu'au rebord ; tentacules très longs et fort nombreux. Long. 0,090. Séj. Surface des eaux. App. Automne, printemps.

74. E. MOLLICINA, E. mollicine.

*E. Corpore orbiculari, depresso, foveolis tentaculisque brevibus duodecim ad peripheriam instructo.*

Forsk., 109, 33, C. Enc., 95, 1, 1. Lam., 2, 498, 4.

On reconnaît cette équorée à son ombrelle orbiculaire, déprimée, munie à sa périphérie de douze tentacules courts. Long. 0,040. Séj. Surface des eaux. App. Été.

## ORITHYA, Orithye.

Corps orbiculaire, transparent, ayant un pédoncule avec ou sans bras sous l'ombrelle ; point de tentacules ; bouche unique, inférieure et centrale.

75. O. TETRACHIRA, O. tétrachire.

*O. Corpore hemispherico; pedonculo crasso, brevi, brachiis quatuor lanceolatis terminato.*

Forsk., 107, 33, 6. Peron., 14, 343, 46. Lam., 2, 503, 5.

Son corps est hémisphérique, à pédoncule court, épais, terminé par quatre bras lancéolés. Long. 0,020. Séj. Surface des eaux. App. Printemps.

## AGLAURA, Aglaure.

Huit organes alongés, cylindroïdes, flottant librement dans l'intérieur de la cavité ombrellaire.

76. A. HEMISTOMA , A. hémistome.

*A. Corpore sphæroideo, hyalino, annulo gelatinoso prope marginem instructo; tentaculis decem brevibus; brachiis quatuor brevissimis.*

Per., 14, 351, 73.

Ombrelle sphéroïde, hyaline, munie d'un anneau gélatineux sur le pourtour intérieur de son rebord ; dix tentacules courts ; quatre bras très courts ; organes intérieurs jaunes. Long. 0,008. Séj. Près du rivage. App. Printemps.

### FOVEOLIA , Fovéolie.

Corps garni de petites fossettes creusées au pourtour de l'ombrelle.

77. F. BUNOGASTER, F. bunogastre.

*F. Corpore hyalino, in medio superne prominulo; tentaculis novem.*

Per., 14, 340, 37, xxxii, 68, 69, 70.

L'ombrelle est hyaline, bossue à sa partie centrale et supérieure, munie d'une grosse tubérosité saillante au fond de l'estomac ; et neuf fossettes autour de l'ombrelle , accompagnées de neuf tentacules. Long. 0,030. Séj. Golfes et rades. App. Avril, mai.

78. F. LINEOLATA, F. linéolée.

*F. Corpore hyalino, cærulescente, subhemisphærico; tentaculis septemdecim.*

Per., 14, 337, 40, xxxv, 74, 77.

Ombrelle hyaline , d'un bleu tendre, subhémisphérique, déprimée au sommet, resserrée sur le milieu de son pourtour, munie de dix-sept fossettes avec autant de tentacules et de lignes subombrellaires intérieures. Long. 0,040. Séj. Surface des eaux. App. Juin.

## MELICERTA, Mélicerte.

Bras très nombreux, filiformes, chevelus, et formant une espèce de houppe à l'extrémité du pédoncule.

79. M. FASCICULATA, M. fasciculée.

*M. Corpore subsphæroideo, hyalino; ovaris quatuor fusco rufescentibus; tentaculis in fasciculos octo dispositis.*

Per., 14, 353, 76, LXII, 161, 164.

Ombrelle subsphéroïdale, hyaline; estomac quadrangulaire à sa base; quatre ovaires feuilletés, d'un brun roussâtre; bras en forme de petite houppe violette; un anneau gélatineux sur le pourtour intérieur du rebord; huit faisceaux de tentacules. Long. 0,020. Séj. Près du littoral. App. Avril.

## AURELIA, Aurélie.

Corps orbiculaire, transparent, muni de bras sous l'ombrelle et de tentacules à son bord; point de pédoncule; quatre bouches au disque inférieur.

80. A. PHOSPHOREA, A. phosphorique.

*A. Corpore convexiusculo, levi, ad peripheriam fimbriato, tentaculis octo instructo.*

Spal., IV, 192, 241. Peron., *An.*, 358, 147, 90. Lam., 2, 514, 5.

Ombrelle légèrement convexe, très lisse en dessus, et frangée à son pourtour, d'un hyalin bleuâtre, munie de huit tentacules; ovaires nacrés. Long. 0,090. Séj. Surface des eaux. App. Automne.

81. A. TYRRHENA, A. tyrrhénienne.

*A. Corpore convexo, levigatulo, rubro maculato; tentaculis longissimis; brachiis oribusque quaternis.*

Linn. Gm., 3155. Macr., 19. Per., 14, 359, 94. Lam., 2, 314, 6.

Cette espèce présente une ombrelle orbiculaire, convexe, peu lisse, tachée de rouge ainsi que les quatre ovaires; les tentacules sont fort longs. Long. 0,070. Séj. Surface des eaux. App. Printemps.

82. A. CRUCIGERA, A. crucigère.

*A. Corpore hemisphærico, subcampana lato, centro cruce rufescente picto; tentaculis brevibus, numerosissimis; brachiis quatuor rufescentibus.*

Linn. Gm., 3158. Forsk., 110, 33, A. Per., 14, 359, 94. Lam., 2, 514, 7.

Son ombrelle est hémisphérique, presque en forme de cloche; marquée d'une croix roussâtre au milieu, roussâtre sur ses bords, lesquels sont garnis de très courts et nombreux tentacules; les bras sont légèrement teints de roux pâle. Long. 0,080. Séj. Surface des eaux. App. Automne.

## OCEANIA, Océanie.

Corps orbiculaire, transparent, pédonculé sous l'ombrelle, avec ou sans bras; des tentacules autour de l'ombrelle; bouche centrale.

83. O. LESUEURIA, O. de Lesueur.

*O. Corpore subconico, apice acuto; brachiis quatuor brevissimis, coalitis; tentaculis numerosissimis, longissimis, auratis.*

Per., 14, 345, 51. Lam., 2, 506, 7.

Ombrelle alongée, subconique, terminée en pointe au sommet, d'une teinte hyaline, sans appendices distinctes, munie de quatre bandes longitudinales, dentelées sur leurs bords; quatre ovaires, et autant de bras très courts, réunis et presque confondus ensemble; tentacules très longs, fort nombreux, aplatis à leur base, d'un jaune doré. Long. 0,070. Séj. Surface des eaux. App. Printemps, automne.

## 84. O. LINEOLATA, O. linéclée.

*O. Corpore hemisphærico, hyalino, rubescente; anulo lineolis composito versus marginem; tentaculis tenuissimis.*

Per., 14, 344, 49. Lam., 2, 506, 5.

Ombrelle hémisphérique, d'un transparent rougeâtre; un anneau composé de lignes simples vers le rebord; ovaires en forme de larges membranes onduleuses, correspondant à quatre échancrures marginales peu profondes, avec cent vingt tentacules très subtils. Long. 0,040. Séj. Peu éloignée du littoral. App. Printemps.

## 85. O. FLAVIDULA, O. flavidule.

*O. Corpore subhemisphærico, hyalino, luteo, margine integerrimo; tentaculis numerosissimis, longissimis, tenuissimis.*

Per., 14, 345, 33, 50. Lam., 2, 506, 6.

Ombrelle subhémisphérique, hyaline, à organes intérieurs jaunes, entière sur son bord et sans lignes sur son pourtour; estomac très court, quadrangulaire; ovaires en larges membranes flexueuses; tentacules très nombreux, fort longs et très fins. Long. 0,050. Séj. Anses et ports. App. Automne.

## 86. O. PILEATA, O. bonnet.

*O. Corpore subovato, hyalino, superne globulo mobili*

*hyalino instructo; brachiis quatuor brevissimis; margine tentaculis numerosis, fusco-flavis.*

Forsk., 110, 33, D. Per., 14, 345, 52. Lam., 2, 506, 8.

Ombrelle subovale, hyaline, surmontée d'un gros tubercule obtus, transparent et mobile; quatre bandes longitudinales dentelées sur leurs bords; quatre bras très courts, réunis par une membrane flexueuse; tentacules nombreux, très longs, subaplatis à leur base, d'un jaune brunâtre. Long. 0,040. Séj. Près du littoral. App. Avril.

### 87. O. GIBBOSA, O. bossue.

*O. Corpore subhemisphærico, hyalino; tuberculis quatuor in dorso; pedunculo proboscideo, retractili, quadribrachiato; tentaculis brevissimis.*

Per., 14, 346, 55. Lam., 2, 507, 11.

Ombrelle subhémisphérique, hyaline, légèrement déprimée au centre, avec quatre bosselures sur son pourtour; rebord entier garni de cent vingt tentacules très courts et très fins; estomac prolongé en trompe rétractile, pyramidale, à quatre faces, terminé par quatre bras courts et frangés. Long. 0,040. Séj. Surface des eaux. App. Printemps.

### 88. O. PARADOXA, O. paradoxale.

*O. Corpore subhemisphærico, depresso, hyalino; margine integro; tentaculis brevibus, numerosissimis, tenuissimis, rubris.*

Per., 14, 348, 61.

Ombrelle subhémisphérique, déprimée, hyaline; ovaires simples et linéaires; rebord entier; tentacules très nombreux, fort courts, très subtils, d'un beau rouge. Long. 0,032. Séj. Surface des eaux. App. Printemps.

## IIᵉ Famille. — *LES RHIZOSTOMES.*

‚Ont plusieurs bouches dans le disque inférieur de l'ombrelle.

### Rhizostoma, Rhizostome.

Corps hémisphérique; huit bras bilobés, garnis chacun de deux appendices à leur base, et terminés par un corps primatique; point de cirrhes.

89. R. Aldrovandi, R. d'Aldrovande.

*R. Corpore hyalino, margine cærulea, stella radiis opalis ornato.*

Aldr., 4, 576. Per., 14, 50, 102. Lam., 2, 517, 7.

Ombrelle hémisphérique, ornée d'une étoile à quatre rayons; d'un blanc opale; lobes des bras plus courts que la pointe qui les termine, couleur de chair; rebords de l'ombrelle d'un bleu azuré. Long. 0,300. Séj. Surface de l'eau. App. Presque toute l'année.

### Cephea, Céphée.

Corps orbiculaire, transparent, ayant en dessous un pédoncule et des bras entremêlés de très longs cirrhes, sans tentacules autour de l'ombrelle.

90. C. polychroma, C. polychrome.

*C. Corpore orbiculari, centro superne prominulo, margine octoexcavato; brachiis octo ramosis, villosulis, cotyliferis.*

Macr., 20. Linn. Gm., 3155. Per., 14, 361, 49, 47. Lam., 2, 516, 2.

Ombrelle orbiculaire, légèrement bombée à son centre, d'un fauve pâle, couleur de chair au milieu; rebord muni de huit échancrures; huit bras arborescents, parsemés de villosités et de cirrhes d'un bleu clair ; quatre bouches arrondies. Long. 0,200. Séj. Peu éloigné du rivage. App. Printemps

### CYANEA , Cyanée.

Corps orbiculaire, hyalin , ayant en dessous un pédoncule et des bras ; des tentacules autour de l'ombrelle.

91. C. MEDITERRANEA , C. méditerranéenne.

*C. Corpore hemisphærico, albo, glabro, striis fulvis radiato; brachiis quatuor rubris, cruciatim patentibus.*

Bel., 2, 438. Per., 14, 366, 12. Lam., 2, 520, 12.

Ombrelle hémisphérique, glabre , blanche , radiée de stries fauves; quatre bras disposés en étoile, d'un beau vermillon, ainsi que les quatre ovaires. Long. 0,030. Séj. Plage de graviers. App. Printemps.

92. C. LUSITANICA , C. lusitanique.

*C. Corpore orbiculari, convexo, superne vasculis reticulato, fissuris duodecim marginalibus instructo.*

Teles., 166, 177. Per., 14, 364. Lam., 2, 519, 6.

Ombrelle orbiculaire, convexe, lisse, réticulée en dessus par de petites lignes vasculaires, munie de douze fissures marginales. Long. 0,024. Séj. Surface des eaux. App. Printemps.

### IIIᵉ Famille. — *LES ANOMALES.*

Un corps sans vessie aérienne connue, ou peu développée , et sans cartilage interne.

### BEROE, Béroé.

Corps libre, gélatineux , transparent, ovale ou globuleux, garni extérieurement de côtes longitudinales ciliées; une ouverture à la base, imitant une bouche.

### 93. B. **pileus**, B. globuleux.

*B. Corpore globoso, costis octo, cirrhisque duobus ciliatis prælongis.*

Linn. Gm., 3152. Bast., 3, 126, 14. Lam., 2, 470, 3.

Son corps est globuleux, d'un blanc opale, traversé par huit côtes, muni de deux cirrhes ciliés assez longs. Long. o,o24. Séj. Flottant sur l'eau. App. Juin.

### 94. B. **elongatus** (**n**.), B. alongé.

*B. Corpore ovato elongato, diaphaneo, costis sex longitudinalibus instructo.*

Cette espèce diffère très peu du microstome de Perron; la forme de son corps est ovale, alongée, diaphane, passant à l'opale; munie de six côtes longitudinales. Long. o,o6o. Séj. Flottant sur l'eau. App. Janvier.

### CESTUM, Ceste.

Corps libre, gélatineux, transparent, très alongé, horizontal, aplati sur ses deux faces, ayant quatre côtes supérieures, serrées, transverses, ciliées dans toute leur longueur; bouche centrale, située sur le bord supérieur.

### 95. C. **Veneris**, C. de Vénus.

*C. Corpore hyalino, hydrocolore, iridescente variegato.*

Les., *Nouv. Bullet. des scienc.*, 3, 1813, 69, 2 1, 5.

Son corps est transparent, hydrocolore, à nuances irisées et pavonacées. Long. 0,800. Séj. Ondulant sur l'eau. App. Printemps, été.

Des cestes moins larges, d'un blanc opale, à bouche centrale un peu plus longue, se trouvent sur nos bords, et constituent une nouvelle espèce ou une variété de la précédente.

## IV<sup>e</sup> Famille. — *LES HYDROSTATIQUES.*

Ont un corps muni, soit d'un cartilage interne, soit d'une vessie aérienne.

### Velella, Vélelle.

Corps libre, gélatineux extérieurement, cartilagineux à l'intérieur, elliptique, aplati, un peu creusé en dessous, muni sur le dos d'une crête élevée, insérée obliquement; bouche inférieure, centrale, un peu saillante.

96. V. limbosa, V. à limbe nu.

*V. Corpore ovali; limbo inferiore nudo, subsinuato; disco margine tentaculis longis cæruleis instructo.*

Imperat., 688. Forsk., 104, 15, 26, K. Lam., 2, 482, 2.

Son corps est ovale; le limbe inférieur nu, subsinué, à disque couvert de suçoirs blancs, bordé de longs tentacules filiformes, d'un bleu foncé. Long. 0,050. Séj. Flottant sur l'eau. App. Été.

### Porpita, Porpite.

Corps libre, lentiforme, subcartilagineux, nu à la périphérie, convexe en dessus, plan en dessous; bouche inférieure centrale.

97. P. moneta (n.), P. monnaie.

*P. Corpore lentiformi, hyalino, pellucido, vitreo, iridescente.*

Son corps, semblable à une pièce de cinq francs, est lenti-

forme, hyalin, translucide, vitré, irisé, fort lisse. Long. 0,o36.
Séj. Flottant entre deux eaux. App. Printemps, été.

## Rhizophyza, Rhizophyze.

Corps libre, transparent, vertical, alongé, terminé su-
périeurement par une vessie aérienne; plusieurs lobes latéraux, foliiformes, disposés en séries; une ou plusieurs
soies tentaculaires pendantes, en dessous.

98. R. filiformis, R. filiforme.

*R. Corpore filiformi; lobis lateralibus oblongis, pen-
dulis, seriatis, subsecundis.*

Forsk., 120, 47, 33, F. Lam., 2, 478, 1.

Le corps de cette espèce est filiforme, et peut se contracter en
une masse uniforme; ses lobes latéraux sont oblongs. Séj. Sur
nos rivages. App. Été.

## Physsophora, Physsophore.

Corps libre, gélatineux, vertical, terminé supérieure-
ment par une vessie aérienne; lobes latéraux distiques,
subtrilobés, vésiculeux; base du corps tronquée, perforée,
entourée d'appendices variées et de filets tentaculaires plus
ou moins longs en dessous.

99. P. hydrostatica, P. hydrostatique.

*P. Corpore ovali; vesiculis lateralibus trilobis; intes-
tino medio, et tentaculis quatuor majoribus rubris.*

Forsk., 119, 33, E. Enc., 89, 7, 9. Lam., 2, 476, 1.

Son corps est ovale, à vésicules latérales trilobées; l'intestin
situé au milieu, et les quatre gros tentacules rouges. Séj. Plage de
graviers. App. Été.

STEPHANOMIA , Stéphanomie.

Animaux gélatineux, transparents, agrégés, adhérant
à une tige, et formant par leur réunion une masse libre,
très longue, flottante, semblable à une guirlande garnie de
longs feuillets ; chaque animalcule muni d'appendices diverses, d un suçoir rétractile, d'un ou plusieurs filets ten-
taculiformes, et de corpuscules en grappes ressemblant à
des ovaires.

100. S. UVARIA , S. grappe.

*S. Corpore mutico, subcyaneo; appendiculis foliaceis,
rotundatis; tuberculis numerosis, concoloribus.*

Lesueur, Voy. fig. Lam., 2, 462, 2.

Son corps est mutique, gazé d'un bleu azuré; les appendices
arrondies, foliacées, et les tubercules nombreux, de même couleur. Séj. Peu éloignée du rivage. App. Été.

# TABLEAU
# DES ZOOPHYTES

LES PLUS ORDINAIRES

QUI EXISTENT OU ONT EXISTÉ

## DANS LES ALPES MARITIMES.

~~~~~~~~~~~~~~~~~~~~~~~~~~~~~~~~~~~~~~~~~~~~~~~~~~~~~~~~~~~~~~

## POLYPES.

Animaux gélatineux, adhérents les uns aux autres; à corps alongé, contractile; bouche distincte, terminale, ciliée ou tentaculée, avec un canal alimentaire, se reproduisant par gemmes.

### SECTION PREMIÈRE.

### POLYPIERS VAGINIFORMES.

Ont une tige grêle, fistuleuse, membraneuse ou cornée, flexible, composée d'une seule substance, contenant les polypes dans son intérieur.

### PREMIÈRE DIVISION. — POLYPIERS.

Non vernissés ni encroûtés à l'extérieur.

### Iʳᵉ Famille. — LES TUBULAIRES.

Ont leurs cellules tubulées, terminales.

### Tubularia, Tubulaire.

Polypier tubuleux, simple ou rameux, fixé par sa base,

20.

terminé par un polype solitaire ; à bouche munie de deux rangs de tentacules inégaux , et pourvue d'un bourrelet à son origine.

1. T. HYALINA (N.). T. hyaline.

*T. Tubulis simplicibus , transversim striatis , erectis , capillaribus ; pelta terminali campanulata.*

Cette espèce se distingue par ses tubes simples, striés transversalement, droits, capillaires, transparents; polypes campanulés, bordés de tentacules , dont deux plus longs; partie inférieure jaunâtre. Long. 0,010. Séj. Sur le fucus cricoïde. App. Avril.

2. T. CALYCULATA (N.), T. caliculée.

*T. Tubulis inversim elongato-conicis , calyciformibus , glabris , testaceis.*

Diffère de la précédente par ses tubes coniques, alongés, renversés, caliciformes, lisses , d'une teinte jaunâtre transparente. Long. 0,012. Séj. Sur les fucus. App. Juillet.

## PLUMATELLA , Plumatelle.

Polypier tubuleux, rameux, submembraneux, fixé par sa base , chacun terminé par un polype ; à bouche rétractile , munie d'un seul rang de tentacules ciliés , sans bourrelet à leur origine.

3. P. CAMPANULATA, P. campanulée.

*P. Stirpe alternatim ramosa , orificiis vaginæ annulatis.*

Linn. Gm., 3834, 8. Roës., 447, 73, 75. Lam., 2, 108, 2.

Tige filiforme, à rameaux alternes; orifices des tubes annelés. Long. 0,010. Séj. Eaux stagnantes. App. Printemps.

### Cornularia , Cornulaire.

Polypier corné, à tige simple, infundibuliforme, re-
dressée, contenant chacun un polype solitaire; à bouche
munie de huit tentacules pinnés, disposés sur un seul rang.

### 4. C. rugosa , C. rugueuse.

*C. Tubulis simplicibus, infra attenuatis, flexuosis
rugosisque.*

Linn. Gm., 583o, 9. Cavol., 25o, 9, 11, 12. Lam., 2, 112, 1.

Ses tubes sont simples, amincis vers leur partie inférieure,
flexueux, et rugueux à leur surface. Long. o,o2o. Séj. Régions des
fucus. App. Printemps, été.

### Campanularia , Campanulaire.

Polypier phyloïde , filiforme, corné, sarmenteux, à
tiges fistuleuses, simples ou réunies en calice campanulé,
denté sur ses bords, soutenu par de longs pédoncules
tortillés.

### 5. C. volubilis, C. grimpante.

*C. Stirpe volubili, subramosa; pedunculis alternis,
longis, cellula unica terminatis; vesiculis ovatis, subru-
gosis.*

Linn. Gm., 5851, 16. Ell., 14, 21, 2. Lam., 2, 115, 2.

Tige grimpante, mince, presque rameuse, à longs pédoncules
alternes, terminés par une seule cellule, à vésicule ovale subru-
gueuse. Long. o,o25. Séj. Régions de fucus. App. Printemps.

### 6. C. dichotoma , C. dichotome.

*C. Stirpe filiformi, longa, ramosa, subdichotoma ;*

*pedunculis annulosis, calyce campanulato terminatis;*
*vesiculis obovatis, axillaribus.*

Ell., 21, 12, 18, 2. Lam., 2, 113, 4.

Tige longue, filiforme, rameuse, presque dichotome, à pédoncules annelés, terminés par un calice campanulé, à vésicules
obovales, axillaires. Long. 0,036. Séj. Régions des algues. App.
Printemps.

## IIᵉ Famille. — *LES SERTULAIRES.*

Ont leurs cellules caulescentes latérales.

### Sertularia, Sertulaire.

Polypier phytoïde, corné, rameux, à tiges grêles,
flexueuses, garnies de cellules caliciformes, saillantes
comme des dents, disposées sur deux rangs alternes ou
opposés.

7. S. POLYZONIAS, S. polyzone.

*S. Stirpe pumila, sparse ramosa; ramis subflexuosis;*
*vesiculis obovatis, transverse rugosis.*

Ellis, 19, 11, 3. Cavol., 224, 8, 12, 14, Lamour., 190, 318. Lam., 2,
117, 7.

Tige petite, à rameaux distants, presque flexueux, d'un blanc
brillant; cellules obovales marquées de zones transversales. Long.
0,020. Séj. Bords de la mer. App. Printemps.

8. S. RAMOSA, S. rameuse.

*S. Stirpe recta, tereti, ramosa, opaca, cornea; vesi-*
*culis subarcuatis; polypis luteo–auratis.* N.

Linn. Gm., 3854, 63. Cavol., 160, 6, 1, 2. Lamour., 195, 328.

Tige droite, cylindrique, mince, rameuse, opaque, cornée;
cellules presque en arcs, éparses; polypes d'un jaune doré. Long.
0,110. Séj. Nos rochers. App. Hiver, printemps.

9. S. CUPRESSINA , S. cupressine.

*S. Stirpe capillacea , ramosissima ; ramis paniculatis, sparsis , longioribus; vesiculis obovalibus.*

Sol. Ell., 38, 5. Linn., 192, 323. Lam., 2, 118, 10.

Tige capillaire, très rameuse, à rameaux paniculés, épars, assez longs; cellules tubuleuses, obovales, brillantes. Long. 0,020. Séj. Nos rochers. App. Printemps.

10. S. THUYA , S. thuya.

*S. Stirpe ramosa, grisea; denticulis distichis, alternis, compressis; vesiculis cyathiformibus, curvatis, apice abrupte truncatis.*

Linn. Gm., 3848, 9. Sol. Ell., 41, 9. Lamour., 193, 324.

Tige rameuse , grisâtre; cellules distiques, alternes, comprimées; vésicules cyathiformes, courbées, à sommet brusquement tronqué. Long. 0,088. Séj. Rochers peu profonds. App. Printemps, automne.

11. S. ABIETINA , S. sapinette.

*S. Stirpe recta, alternatim pinnata; vesiculis ovalibus, suboppositis.*

Sol., Ell., 36, 2. Lamour., 186, 310. Lam., 2, 116, 4.

Tige droite, pinnée alternativement; cellules ovales, presque opposées, d'un jaune transparent. Long. 0,055. Séj. Sous les cailloux. App. Printemps.

12. S. SERRA , S. scie.

*S. Stirpe humili , capillacea; ramis oppositis; cellulis subovatis, oppositis.*

Lam., 2, 118, 12.

Tige petite, capillaire, à rameaux opposés; cellules subovales, opposées, translucides. Long. 0,030. Séj. Nos rochers. App. Hiver, printemps.

### 13. S. SPIRALIS (N.), S. spirale.

*S. Stirpe ramosissima, eburnea, cylindrica; vesiculis conicis, apice truncatis, alternatim dispositis.*

Tige très rameuse, cylindrique, d'un blanc d'ivoire; cellules coniques, tronquées au sommet, alternes. Long. 0,042. Séj. Sur les fucus. App. Hiver, printemps.

### 14. S. BIFIDA (N.), S. bifide.

*S. Stirpe rugulosa, ramosa, lutescente; vesiculis inæqualiter dispositis, bifidis.*

Tige rameuse, ruguleuse, jaunâtre; cellules inégalement disposées, bifides, d'un hyalin jaunâtre. Long. 0,046. Séj. Nos rochers submergés. App. Printemps.

### PLUMULARIA, Plumulaire.

Polypier phytoïde, corné, à tiges grêles, munies dans toute leur longueur, et sur le même côté, de cellules axillaires ou isolées.

### 15. P. MYRIOPHYLLUM, P. myriophylle.

*P. Stirpe pinnata, aurorea; pinnis alternis, longis, arcuatis, confertis; secundis cellulis truncatis stipulatisque.*

Giunan., 2, 24. Lamour., 168, 279. Linn. Gm., 3848, 10. Lam., 2, 124, 1.

Tige simple, nue inférieurement, striée et pinnulée; pinnules longues, filiformes, alternes, couleur aurore, placées sur deux rangs, unilatérales; cellules campanulées, à bords presque entiers et stipulées. Long. 0,250. Séj. Moyennes profondeurs. App. Été.

16. P. CRISTATA, P. à crête.

*P. Stirpe ramosa, rubra; pinnis simplicibus; vesiculis cristatis.*

Esp., 2, 7. Ell., 7, 12, B. Lam., 2, 125, 4.

Tige rameuse, rouge; rameaux simples; cellules en crêtes. Long. 0,200. Séj. Nos rivages. App. Printemps.

17. P. FALCATA, P. en faux.

*P. Stirpe ramosissima, viridescente; pinnis simplici-bus, alternatim dispositis; cellulis tubulosis, truncatis, subimbricatis.*

Esp., 2, 2. Lamour., 174, 295. Lam., 2, 125, 3.

Tige très rameuse, verdâtre, flexueuse; rameaux simples, disposés alternativement; cellules ovales à la base, ventrues, tubuleuses, tronquées et presque imbriquées. Long. 0,050. Séj. Nos rochers. App. Été.

18. P. PINNATA, P. pinnée.

*P. Stirpe simplici, lutescente; pinnis subarticulatis, laxiusculis, alternatim dispositis; denticulis semicam-panulatis; vesiculis ovatis, ore coronatis.*

Linn. Gm., 3856, 24. Sol. Ell., 46, 16. Lamour., 172, 290.

Tige simple, jaunâtre; rameaux subarticulés, épars, disposés alternativement; cellules semi-campanulées; ovaires ovales, couronnés au sommet. Long. 0,070. Nos rochers. App. Printemps, été.

19. P. SETACEA, P. sétacée.

*P. Stirpe simplici aut dichotoma, testacea, hyalina; pinnis alternis, subincurvatis; denticulis obsoletis, re-motissimis; vesiculis oblongis, axillaribus.*

Sol. Ell., 47. Lam., 2, 129, 17. Shaw miscel., 2, 71.

Sa tige est simple ou dichotome, d'un jaune de brique, hyaline, à rameaux alternes presque courbés; cellules fort petites, très écartées; ovaires axillaires, oblongs, tubulés. Long. o,o65. Séj. Nos rochers. App. Printemps.

## LAOMEDEA, Laomédée.

Polypier phytoïde, rameux; cellules stipitées ou substipitées, éparses sur les tiges et les rameaux.

### 20. L. DICHOTOMA, L. dichotome.

*L. Stirpe ramosissima, dichotoma; vesiculis pedunculatis, ovatis; pedunculis contortis; polypis tentaculis plurimis exiguissimis instructis.* N.

Linn. Gm., 3855, 22. Cavol., 3, 194, 7, 5, 7. Lamour., 207, 349.

Tige très rameuse, dichotome, géniculée, d'un vert jaunâtre; cellules pédonculées, ovales; pédoncules contournés; polypes garnis d'un grand nombre de tentacules fort déliés. Long. o,o35. Séj. Nos cailloux. App. Été.

### 21. L. ELEGANS (N.), L. élégante.

*L. Stirpe ramosa; ramulis conjunjentibus, rete efformantibus; vesiculis setaceis, hyalinis; pedunculis rectis; polypis hyalino-fuscis.*

Tige rameuse, à rameaux réunis en forme de filets; cellules soyeuses, hyalines; pédoncules droits; polype d'un brun hyalin. Long. o,o25. Séj. Régions des fucus. App. Printemps, été.

### 22. L. VIRIDIS (N.), L. verte.

*L. Stirpe ramosa, viridissima; vesiculis pedunculatis, fuscis; tentaculis quindecim tortuosis, longissimis.*

Cette espèce est d'un vert de pré plus ou moins foncé; à polypes solitaires, quelquefois opposés; à cellules atténuées à leur base, élargies au sommet, où l'on voit des petits polypes pédon-

culés, d'un brun foncé, entourés d'une quinzaine de longs tentacules hyalins, tortueux. Long. o,ioo. Séj. Sur les cailloux. App.
Hiver, printemps.

23. L. VARIABILIS (N.), L. variable.

*L. Stirpe ramosa, rubra, fusca aut lutescente; vesi-
culis pedunculatis, hyalinis; tentaculis brevissimis.*

Ce polypier, tantôt d'un rouge de laque, tantôt brun ou jaunâtre, porte des rameaux amincis et étranglés à leur base, plus
larges et tronqués au sommet, souvent arrondis et réunis au
nombre de trois polypes hyalins, à nombreux tentacules fort
courts. Long. o,o8o. Séj. Sur les rochers. App. Hiver, printemps.

SERIALARIA, Sérialaire.

Polypier phytoïde, rameux, à tiges très minces, garnies
de cellules saillantes, cylindriques, alongées, réunies.

24. S. LENDIGERA, S. lendigère.

*S. Stirpe ramosissima, diffusa, testacea; ramis fili-
formibus, articulatis, subdichotomis; vesiculis in serie
distincta alternatim dispositis.* N.

Cavol., 3, 229, 9, 1, 2. Lamour., 159, 265. Lam., 2, 130, 1.

Tige très rameuse, diffuse, testacée, extrêmement fine, à rameaux filiformes, articulés, presque dichotomes; cellules disposées en séries alternes, à bords unis. Long. o,o3o. Séj. Bords du
littoral. App. Toute l'année.

25. S. UNILATERALIS, S. unilatérale.

*S. Stirpe undulata, cylindrica, testacea, hyalina;
vesiculis ovalibus, pedunculatis, pallidis, approximatis unilateralibusque.*

Lamour., 160, 267.

Tige ondulée, cylindrique, hyaline, jaunâtre; cellules ovales, pédonculées, d'une teinte pâle, rapprochées, placées sur le même côté. Long. 0,050. Séj. Sur les rochers. App. Printemps.

## SECONDE DIVISION. — POLYPIERS.

Vernissés ou légèrement encroûtés à l'extérieur.

## III<sup>e</sup> Famille. — LES CELLARIÉES.

Ont leurs cellules visibles qui communiquent entre elles par leur base, avec une appendice sétacée sur le côté externe.

### Pherusa, Phéruse.

Polypier frondescent, multifide, à cellules oblongues et saillantes sur une seule face; ouverture irrégulière, bord contourné.

26. P. tubulosa, P. tubuleuse.

*P. Membranacea, cellulis ovato-oblongis; osculis tubulosis, erectis.*

Oliv., 8, 1, 4. Cavol., 274, 9, 10. Lamour., 119, 231, 2, 1.

Sa tige est membraneuse, les cellules ovales oblongues, les oscules tubuleux, droits, situés sur une seule face. Long. 0,025. Séj. Sur diverses productions marines. App. Presque toute l'année.

### Electra, Électre.

Polypier rameux, à cellules campanulées, ciliées sur leurs bords et verticillées.

27. E. verticillata, E. verticillée.

*E. Adnata, sæpe frondescens; frondibus linearibus,*

*subcompressis , basi attenuatis ; cellulis turbinatis , ci-*
*liatis.*

Linn. Gm., 3828, 10. Sol. Ell., 15, 4, A. Lamour., 121, 232, 2, 2.

Tige d'un rouge violâtre plus ou moins brillant, à rameaux
linéaires, presque comprimés ; cellules turbinées, ciliées et verticillées. Long. 0,035. Séj. Rochers submergés. App. Printemps.

### CELLARIA , Cellaire.

Polypier phytoïde, cartilagineux, pierreux, cylindrique ;
rameaux à cellules éparses sur toute la surface.

### 28. C. SALICORNIA , C. salicorne.

*C. Dichotoma, articulata, eburnea ; articulis oblongis,*
*cylindricis ; cellulis rhomboidalibus, obtectis.*

Sol. Ell., 26, 13. Lamour., 126, 235. Lam., 2, 135, 1.

Tige articulée, dichotome, d'un blanc d'ivoire ; articulations
oblongues, cylindriques, parsemées de cellules rhomboïdales,
nues. Long. 0,024. Séj. Anses et darses. App. Hiver, printemps.

### 29. C. CEREOIDES , C. céréoïde.

*C. Ramosa, articulata, rubro-carnea ; articulis sub-*
*cylindricis ; cellulis subprominulis.*

Linn. Gm., 3852, 71. Sol. Ell., 26, 5, B, D, Lamour., 127, 237. Lam.,
2, 135, 2.

Sa tige est rameuse, articulée, d'un rouge de chair ; articulations presque cylindriques, couvertes de cellules un peu saillantes. Long. 0,025. Séj. Dans les darses. App. Toute l'année.

### ACAMARCHIS , Acamarchis.

Polypier dichotome ; cellules unies, alternes, terminées
par une ou deux pointes latérales, avec une vésicule à leur
ouverture.

3o. A. NERITINA, A. nériline.

*A. Ramosa, dichotoma, luteo-ferruginea; cellulis unilateralibus, extrorsum mucronatis.* N.

Linn. Gm., 3859, 34. Lamour., 135, 242. Lam., 2, 140, 22.

Sa tige est rameuse, dichotome, d'un jaune ferrugineux; cellules unilatérales, munies d'une dent du côté externe. Long. 0,054. Séj. Anses et baies. App. Toute l'année.

## CRISIA, Crisie.

Polypier phytoïde, dichotome ou rameux, cellules alternes, à peine saillantes, rarement opposées, avec l'ouverture sur la même face.

.

31. C. EBURNEA, C. ivoire.

*C. Ramis articulatis, patulis; cellulis alternis, tubulosis, truncatis, prominulis; ovariis gibbis.*

Cavol., 240, 9, 5, 7. Lamour., 138, 13. Lam., 2, 138, 13.

Belle espèce, d'un beau blanc, à rameaux articulés, droits; les cellules alternes, tubuleuses, tronquées, un peu saillantes; ovaires ovoïdes. Long. 0,020. Séj. Régions des fucus. App. Toute l'année.

32. C. REPTANS, C. rampante.

*C. Repens, dichotoma, articulata; cellulis alternis, unilateralibus; osculis bisetis.*

Ell., 20, 5. Lamour., 140, 249. Lam., 2, 141, 24.

Elle est rampante, articulée, dichotome, avec les cellules alternes, unilatérales, à ouvertures garnies de deux poils inégaux. Long. 0,030. Séj. Régions des fucus. App. Printemps, été.

33. C. PILOSA, C. velue.

*C. Erecta, dichotoma, sordide-grisea; cellulis alter-*
*nis, obliquis, pilo ad os prælongo ornatis.*

Linn. Gm., 5860, 68. Lamour., 139, 246.

Cette espèce est droite, dichotome, d'un gris sale; à cellules alternes, obliques; l'ouverture garnie d'un ou deux poils
longs et flexibles. Long. 0,016. Séj. Régions des fucus. App.
Printemps.

### EUCRATEA, Eucratée.

Polypier phytoïde, articulé; chaque articulation composée d'une seule cellule simple et arquée; ouverture
oblique.

34. E. CORNUTA, E. cornue.

*E. Ramosa, articulata, eburnea; cellulis tubulosis,*
*curvatis, simplicibus; seta ad osculum longissima.*

Ell., 21, 10, c, c. Lamour., 149, 260. Lam., 2, 139, 17.

Cette espèce est rameuse, articulée, d'un blanc d'ivoire; à cils
plus longs que les cellules, et partant de l'articulation. Long.
0,020. Séj. Régions des fucus. App. Printemps.

### ELZERINA, Elzérine.

Polypier frondescent, dichotome, cylindrique, non articulé; cellules éparses, grandes, presque point saillantes;
ouverture ovale.

35. E. VENUSTA (N.), E. gentille.

*E. Stirpe frondescente, dichotoma, eburnea, glabra;*
*cellulis ovalibus, membranaceis, sparsis.*

Tige frondescente, dichotome, lisse, d'un blanc d'ivoire; à

cellules membraneuses, ovales, éparses. Long. 0,025. Séj. Régions des fucus. App. Été.

36. E. MUTABILIS (N.), E. capricieuse.

*E. Stirpe frondescente, dichotoma, grisea, rugulosa; cellulis elongato-pentagonis, marginibus incrassatis.*

Cette espèce présente aussi une tige frondescente, dichotome, grise, ruguleuse, à cellules alongées, pentagones, dont les bords sont épais. Long. 0,032. Régions coralligènes. App. Printemps.

## IVᵉ FAMILLE. — *LES DICHOTOMAIRES.*

N'ont aucune cellule visible.

### DICHOTOMARIA, Dichotomaire.

Polypier phytoïde, licheniforme, à tiges tubuleuses, subarticulées, dichotomes, enduites d'une légère couche calcaire; polypes non apparents.

37. D. VERSICOLOR, D. à plusieurs couleurs.

*D. Ramosissima, diffusa, viridula; ramis tenuibus, teretibus; apicibus furcatis, corniculatis.*

Desfont., 2, 427. Lamour., 237, 376. Lam., 2, 147, 11.

Sa tige est très rameuse, verdâtre, passant au grisâtre ou jaunâtre, diffuse, à rameaux minces, grêles, dont les sommets sont souvent bifurqués en corne. Long. 0,070. Séj. Nos rochers. App. Printemps, été.

38. D. AURANTIACA, D. orange.

*D. Ramosa, aurantiaca; ramis numerosis, sparsis, leviter spinosis.*

Lamour., 239, 379.

Cette espèce est rameuse, plus molle que la précédente, d'une belle couleur orange, à rameaux garnis de petits filaments épars, assez nombreux. Long. 0,060. Séj. Nos rochers. App. Printemps, été.

## SECTION SECONDE.

## POLYPIERS CORTICIFÉRES.

Ont un axe central solide, ou corné, couvert d'une enveloppe corticifère, poreuse, cellulifère, plus ou moins friable.

### Iʳᵉ FAMILLE. — *LES CORALLINÉES.*

Ont un axe fibreux et des polypes inconnus.

### CORALLINA, Coralline.

Polypier phytoïde, articulé, à rameaux trichotomes, couverts d'un encroûtement calcaire; cellules invisibles, polypes inconnus.

39. C. LORICATA, C. cuirassée.

*C. Trichotoma, viridescente-testacea; articulis compressis, convexiusculis, subcuneiformibus, lateraliter angulatis; lobis obtusis.*

Linn. Gm., 3857, 15. Sol. Ell., 117, 19. Lamour., 284, 415.

Cette espèce est d'un vert jaunâtre, composée d'articulations comprimées, convexes, subcunéiformes, anguleuses latéralement, presque lobées au sommet; à lobes petits et obtus. Long. 0,040. Séj. Nos rivages. App. Presque toute l'année.

40. C. SQUAMATA, C. écailleuse.

*C. Subtrichotoma, rubescens; articulis stirpium ro-*

5.

*tundato-compressis, cuneiformibus, ramulorum depressiusculis, ultimis complanatis, ancipitibus acutis.*

Ellis, 63, 4. xxiv, c. Ell., 117, 18. Lamour., 287, 422. Lam., 319, 4.

Subtrichotome, rougeâtre, composée d'articulations arrondies et cunéiformes à la base, aplaties sur les rameaux et tranchantes au sommet. Long. 0,045. Séj. Nos rochers. App. Toute l'année.

### 41. C. ELONGATA, C. alongée.

*C. Trichotoma, carnea; articulis stirpium subteretibus, cuneiformibus, ramulorum cylindricis, summis obtusiusculis.*

Linn. Gm., 3838, 17. Ellis, 63, 3, xxiv, 3. Sol. Ell., 119, 22. Lamour., 285, 417.

Se distingue des précédentes par sa couleur de chair, ses articulations cunéiformes, à la base, cylindriques aux rameaux, presque obtuses au sommet. Long. 0,050. Séj. Nos rochers. App. Été.

### 42. C. NODULARIA, C. nodulaire.

*C. Trichotoma, rubro-vinosa, ramosissima; articulis crassis, cuneiformibus, divisurarum latioribus, terminalibus tricuspidatis ovatisque.*

Linn. Gm., 3837, 17. Imper., 652. Lamour., 284, 416.

Cette coralline est trichotome, très rameuse, couleur de vin, à articulations épaisses, cunéiformes; celles des bifurcations plus larges, les terminales à trois pointes ou ovales. Long. 0,070. Séj. Nos rochers submergés. App. Printemps, été.

### 43. C. GRANIFERA, C. granifère.

*C. Trichotoma, glauca; articulis stirpium compressis, cuneiformibus, ramulorum subteretibus; ovariis ovalibus, pedunculatis, oppositis, interdum proliferis.*

Linn. Gm., 3838, 19. Sol. Ell., 120, 24, 21, c, c. Lamour., 287, 423.

Sa couleur est glauque, à articulations comprimées, cunéiformes; les rameaux subcylindriques, et les ovaires ovales, pédonculés, opposés, souvent prolifères. Long. 0,045. Séj. Nos rochers. App. Printemps, été.

## 44. C. OFFICINALIS, C. officinale.

*C. Trichotoma, subviridis; articulis stirpium compressiusculis, subcuneiformibus; ramulis pinnatis, cylindricis, clavatis.*

Ellis, 62, 2, xxiv, A. Sol. Ell., 118, 23, 14, 15. Lamour., 283, 414. Lam., 2, 328, 1.

Se reconnaît à sa couleur verdâtre, à ses articulations un peu comprimées, subcunéiformes; à ses rameaux pinnés, cylindriques, presque terminés en tête. Long. 0,050. Séj. Nos rochers. App. Printemps.

## 45. C. RUBENS, C. rougeâtre.

*C. Dichotoma, capillaris, rubra; ramulis filiformibus; articulis cylindricis, ultimis subclavatis, interdum bilobis.*

Ellis, 64, 5, xxiv, E. Sol. Ell., 123, 28. Lamour., 271, 412. Lam., 2, 332, 20.

Dichotome, très fine, capillaire, d'un rouge vineux changeant; rameaux filiformes; articulations cylindriques presque en tête au sommet et souvent bilobées en dedans. Long. 0,040. Séj. Nos rochers. App. Presque toute l'année.

## 46. C. CORNICULATA, C. corniculée.

*C. Subcapillaris, albida; ramulis teretibus, dichotomis; articulis stirpium bicornutis.*

Ellis, 65, 6, xxiv, D. Lam., 2, 332, 17.

Diffère de la précédente par ses rameaux plus forts, plus épais, blanchâtres, et par le sommet de leurs articulations, qui est muni

de deux pointes saillantes. Long. 0,040. Séj. Rochers assez profonds. App. Printemps, été.

47. C. CRISTATA , C. à crêtes.

*C. Dichotoma, ramosissima, capillaris , virescente-*
*rubra ; ramis fasciculatis, cristatis ; articulis minimis ,*
*teretibus.*

Ellis, 65, 7. xxiv, F. Sol. Ell., 121, 26. Lam., 2, 333, 21.

Cette coralline est rameuse, capillaire, extrêmement fine ,
d'un vert rougeâtre, à rameaux fasciculés en crêtes ; les articu
lations sont fort petites et très déliées. Long. 0,045. Séj. Nos rochers. App. Printemps, été.

48. C. SPERMOPHORA, C. porte-graine.

*C. Dichotoma, capillaris, rubescente-albida ; ramulis*
*filiformibus ; articulis cylindricis.*

Ellis, 66, 8, xxiv, G. Esp., 2, 10. Lam., 2, 332, 18.

Diffère de la précédente par ses rameaux plus fins, dichotomi-
sés, d'un blanc rougeâtre ; par ses articulations cylindriques, extrêmement déliées, portant à leur sommet de petites vésicules ,
dont les dernières sont munies de quelques cheveux très subtils.
Long. 0,040. Séj. Régions madréporiques. App. Eté.

49. C. TENUIS (N.), C. menue.

*C. Trichotoma , tenuissima , sordide-rufa ; articulis*
*cylindricis elongatis , æqualibus , summis obtusis.*

Cette jolie espèce est très menue, fort délicate, d'un rougeâtre
sale ; les articulations sont égales, alongées, cylindriques, à sommets obtus. Long. 0,030. Séj. Nos rochers. App. Printemps,
été.

AMPHIROE, Amphiroë.

Polypier phytoïde, articulé; rameaux épars, subverti-
cillés; articulations longues, atténuées au sommet, séparées les unes des autres par une substance nue ou cornée.

5o. A. RIGIDA, A. raide.

*A. Ramosa; ramis sparsis, griseo-cœrulescentibus,
paucis; articulis teretibus, approximatis rugosisque.*

Lamour., 297, 436, 11, 1.

Cette nouvelle espèce, que j'avais envoyée dans le temps à feu
mon ami Lamouroux, est rameuse, à rameaux épars, peu nombreux, d'un gris bleuâtre, dont les articulations sont cylindriques, rapprochées et rugueuses. Long. 0,060. Séj. Prés du littoral. App. Presque toute l'année.

FLABELLARIA, Flabellaire.

Polypier phytoïde, articulé, flabelliforme, à articulations aplaties ou comprimées, couvert d'un encroûtement
calcaire très mince.

51. F. OPUNTIA, F. raquette.

*F. Stirpe subnullo; ramis trichotomis, diffusis, arti-
culatis, viridibus; articulis planis, subreniformibus,
subundulatis.*

Sol. Ell., 110, 2, 20, 6 ? Lamour., 3o8, 454? Lam., 2, 545, 7 ?

Tige presque nulle; rameaux trichotomes, diffus, articulés,
presque subréniformes, et un peu ondulés sur leurs bords, d'un
vert foncé. Long. 0,035. Séj. Trouvée sur le rivage après une
forte mer. App. Très rare. Est-ce une variété de la suivante ou la
raquette des auteurs?

52. F. TUNA, F. tune.

*F. Stirpe brevi; ramis subtrichotomis, articulatis,*

*viridescentibus; articulis compressis, planis, subrotun-*
*datis.*

Sol. Ell., 111, 5, 20, E. Lamour., 309, 455. Lam., 2, 444, 5.

Tige très courte; rameaux presque trichotomes, comprimés, subarrondis, d'un vert clair. Long. 0,050. Séj. Rochers peu profonds. App. Printemps, été.

## II° Famille. — *LES ACÉTABULEES.*

Ont un axe fistuleux et les polypes situés au centre du polypier.

### Acetabulum, Acétabule.

Polypier fungoïde, enduit d'un encroûtement calcaire, à tige simple, fistuleuse, filiforme, terminée par un plateau strié en rayons, au centre duquel est placé un polype tentaculé.

### 53. A. mediterraneum, A. méditerranéen.

*A. Culmis filiformibus, albis; pelta terminali striata, radiata, viridissima.*

Donat., 111, 1. Tourn., 318. Lamour., 249, 384. Lam., 2, 150, 1.

Tige mince, filiforme, blanche; ombrelle terminale, striée, rayonnée, d'un vert foncé; polype presque nacré. Long. 0,040. Séj. Tous nos rochers. App. Presque toute l'année.

## III° Famille. — *LES GORGONÉES.*

Ont un axe corné, et les polypes situés aux sommets des rameaux des polypiers.

### Gorgonia, Gorgone.

Polypier dendroïde; axe caulescent, corné, flexible; rameaux substriés; encroûtement mou, charnu, parsemé de cellules saillantes ou superficielles , renfermant des polypes à huit tentacules en rayons.

### 54. G. FLABELLUM , G. éventail.

*G. Ramosissima, reticulata, complanata ; ramulis interne-compressis ; carne flava, interdum purpurea ; osculis minimis, sparsis.*

Sol. Ell., 92, 18. Lamour., 403, 553. Lam., 2, 313, 1. Marat., 12, 13.

Cette gorgone est très rameuse, réticulée, aplatie ; à rameaux verticalement comprimés, jaunâtres en dehors, pourpres en dedans, parsemés de très petits oscules. Long. 0,180. Séj. Moyennes profondeurs. App. Été.

### 55. G. VERRUCOSA , G. verruqueuse.

*G. Ramosa , flabellata ; ramis teretibus, flexuosis , proliferis, verrucosis ; carne albida.*

Ginn., 1, 14, 7, 20. Marat., 9 8. Lamour., 411, 570. Lam., 2, 315, 12.

Sa tige est rameuse, flabellée ; à rameaux grêles, assez longs, flexueux, étendus ordinairement sur deux rangs ; polypes rapprochés, assez saillants. Long. 0,300. Séj. Profondeurs coralligènes. App. Toute l'année.

### 56. G. VIMINALIS , G. liante.

*G. Ramosa, longissima, subdepressa ; ramis subteretibus, divaricatis, erectis, setaceis, sparsis ; carne flava ; polypis albis, octodentalis , distichis.*

Linn. Gm., 3803, 31. Sol. Ell., 82, 5, 12, 1. Lamour., 414, 575.

Cette espèce, assez commune sur nos rivages , est fort longue, rameuse , légèrement comprimée, à rameaux écartés, épars ; droits, alongés, couverts d'une écorce jaunâtre ; les polypes sont blancs, un peu saillants, épars, à huit tentacules. Long. 0,800. Séj. Rochers coralligènes. App. Toute l'année.

57. G. Bertoloni, G. de Bertoloni.

*G. Subramosa, dichotoma, teres, sordide-albida; ramis elongatis, strictissimis, fasciculatis, undique subverrucosis; osculis simplicibus, oblongis.*

G.nn., 8, 21. Bert., 94, 3. Lamour., 414, 576.

Cette gorgone est peu rameuse, dichotome, cylindrique, d'un gris sale; à rameaux très alongés, fort étroits; fascicules couverts de tous côtés de petites verrues, avec des cellules simples et oblongues. Long. 0,400. Séj. Régions coralligènes. App. Toute l'année.

58. G. petechizans, G. piquetée.

*G. Ramosissima, diffusa, compressa; cortice flava, bisulcata; polypis rubris.*

Marsil., 103, 20, 89, 93. Lamour., 2, 598, 544. Lam., 315, 10.

Tige extrêmement rameuse, assez diffuse, comprimée; à longs rameaux subcylindriques, d'un jaune vif, traversés de deux sillons opposés; polypes épars, d'un rouge sanguin, disposés par rangées alternes. Long. 0,700. Séj. Régions coralligènes. App. Toute l'année.

59. G. ceratophyta, G. cératophyte.

*G. Ramis elongatis, bisulcatis, subdichotomis, rubris; polypis niveis, octosulcatis.*

Linn. Gm., 3800, 6. Sol. Ell., 81, 4, 9, 5, 8. Lamour., 413, 574.

Rameaux grêles, alongés, sillonnés, presque dichotomes, d'un rouge de laque; polypes blancs, épars, à huit tentacules. Long. 0,400. Séj. Profondeurs coralligènes. App. Été, automne.

60. G. verticillaris, G. verticillaire.

*G. Ramosa, pinnata, albido-lutescens; ramulis alter-*

*nis, apicibus sæpe bifurcatis; osculis verticillatis, incùr-vatis; polypis rubris.*

Marsil., 2, 323, 46. Sol. Ell., 83, 7. Lamour., 418, 582. Lam., 2, 323, 46?

Cette gorgone est-elle bien la verticillaire des auteurs ? Sa tige est rameuse, pinnée, d'un blanc jaunâtre; rameaux alternes, souvent bifurqués vers le sommet; oscules verticillés, saillants, ascendants, recourbés en dedans; polypes rouges. Long. 0,400. Séj. Régions coralligènes. App. Été, hiver.

## 61. G. CORALLOÏDES, G. coralloïde.

*G. Stirpe erecta, subdichotoma, difformis, ruber-rima; osculis inæqualiter sparsis; polypis luteo-aureis, stellatis.*

Linn. Gm., 3802, 28. Marsil., 40, A, B. Lamour., 425, 592.

Cette belle espèce est droite, subdichotome, difforme, d'un rouge corail brillant, couverte inégalement d'oscules verruqueux, avec des polypes étoilés d'un beau jaune d'or. Long. 0,200. Séj. Moyennes profondeurs. App. Toute l'année.

## 62. G. SARMENTOSA, G. sarmenteuse.

*G. Ramosa, paniculata; ramis tenuibus, teretibus, sulcatis; carne luteo aurantio; osculis subseriatis.*

Lam., 2, 320, 52. Esper., 2, 21; et sup., 1, 45.

Ses rameaux sont lâches, alongés, flexibles et sillonnés, à écorce crétacée, lisse, d'un jaune orange, couverte de polypes nombreux, disposés presque en séries. Long. 0,500. Séj. Profondeurs coralligènes. App. Été.

## 63. G. SPINOSA (N.), G. épineuse.

*G. Ramis alternis, capillaceis, nodosis; apicibus bi-furcatis, fusco-pallidis, spinis acutis instructis.*

Ginn., 22, C, 21, 44.

Cette petite gorgone présente des rameaux alternes, capillaires, souvent noduleux, à sommet bifurqué, d'un brun pâle, couverts de très petites épines. Long. 0,070. Séj. Régions madréporiques. App. Été.

### 64. G. CLAVATA (N.), G. en massue.

*G. Arborescens, ramosissima, intense purpurea ; ramis teretibus, alternis, subcylindricis, sæpe anastomosantibus; apicibus incrassatis, clavatis.*

Cette nouvelle espèce offre une tige arborescente, très rameuse, d'un pourpre foncé; à rameaux minces, alternes, subcylindriques, anastomosés, terminés en massue, couverts d'oscules proéminents, dentelés, disposés en spirale; polypes d'un pourpre intense. Long. 0,900. Séj. Régions coralligènes. App. Toute l'année.

### ANTIPATHES, Antipate.

Polypier fixé, presque dendroïde, composé d'un axe central épaté, couvert d'une écorce gélatineuse, polypifère, très fugace.

### 65. A. LARIX, A. mélèse.

*A. Stirpe simplici, prælonga; ramulis lateralibus setaceis, longissimis, sparsis.*

Esp., 2, 4. Lamour., 576, 525. Lam., 2, 508, 11.

Sa tige est droite, simple, longue, peu épaisse, rude, garnie de très longs rameaux épars. Long. 0,400. Séj. Profondeurs coralligènes. App. Été.

### EUNICEA, Eunicée.

Polypier dendroïde, rameux; axe presque toujours comprimé au sommet, souvent épineux, d'un noir plus ou moins foncé intérieurement, couvert d'une écorce gélati-

neuse polypifère, à mamelons saillants, renfermant les
polypes, qui sont situés vers le sommet des rameaux.

## 66. E. ANTIPATHES, E. antipate.

*E. Ramosissima, incurva, bipinnata; pinnulis ramo-*
*sis, setaceis, scabris; polypis luteis.*

Ginn., 1, 17, 29. Poir., 2, 55. Lamour., 434, 600. Marat., 10, 9.

Cette belle espèce présente une tige fort rameuse, courbée,
d'un noir brillant en dedans; à rameaux épars, couverts d'une
couche d'une substance assez semblable à celle de la cire jaune;
pinnules rares, sétacées, hérissées, quelquefois ramifiées; polypes
jaunes. Long. 1200. Séj. Profondeurs coralligènes. App. Toute
l'année.

## 67. E. MOLLIS, E. molle.

*E. Mollis, teres, dichotoma; ramis flexuoso-recurva-*
*tis; integumento spongioso, fusco.*

Ginn., 1, 16, 23. Bert., 3, 96, 4. Lamour., 456, 603.

Sa consistance est molle, cylindrique, dichotome; à rameaux
flexueux, recourbés et mêlés; son écorce est spongieuse, d'un
brun noirâtre. Long. 0,300. Séj. Régions madréporiques. App.
Été.

## IVᵉ FAMILLE. — *LES CORALIÉES.*

Ont un axe pierreux, et les polypes situés tout le long
du polypier.

## MOPSEA, Mopsée.

Polypier dendroïde, articulé; axe rameux, solide, strié,
encroûtement cortical mince, couvert de cellules très rapprochées, mamelonnées, recourbées, subverticillées, renfermant des polypes à tentacules disposés en rayons.

**68. M. MEDITERRANEA (N.), M. méditerranéenne.**

*M. Axo eburneo, ramoso, longitudinaliter sulcato; geniculis nodosis; crusta corticali in vivo rubra; cellulis animalia foventibus cylindricis, subarcuatis, apice excavatis.*

Cette nouvelle mopsée offre un axe d'un blanc d'ivoire, rameux, sillonné longitudinalement, noduleux aux articulations, couvert d'une croûte corticale d'un beau rouge, passant au brun noirâtre en se desséchant; les cellules qui renferment les polypes sont cylindriques, un peu courbées, creusées au sommet. Long. 0,500. Séj. Régions coralligènes. App. Printemps été.

## CORALLIUM, Corail.

Polypier dendroïde, non articulé; axe caulescent, rameux, solide, strié, rouge; encroûtement cortical peu épais, parsemé de cellules peu distantes, relevées, renfermant des polypes à huit tentacules, ciliés en rayons.

**69. C. RUBRUM, C. rouge.**

Donat., VI, 1, G, B, 366, A. Gin., 7, 1, 1. Marat., 4, 5. Sol. et Ell., 13. Lam., 2, 297, 1.

Le corail de nos côtes est souvent cylindrique, à rameaux écartés, souvent bifurqués vers le sommet, couvert de cellules saillantes, très rapprochées et inégales, d'un rouge terne en dehors, très vif et brillant en dedans; les polypes commencent à sécréter le corail à quinze brasses de profondeur près du rivage ; le plus estimé est celui que l'on pêche à quatre-vingts brasses, lequel perd de ses dimensions et se dégrade dans sa teinte à cent trente, où ces animaux cessent de se reproduire. Long. 0,300. Séj. Régions coralligènes. App. Toute l'année.

Une variété de corail roussâtre, dont l'extrémité est beaucoup plus molle, et se solidifie plus difficilement à l'air que le précédent, se trouve de trente à quarante brasses de profondeur.

# SECTION TROISIÈME.

## POLYPIERS A RÉSEAU.

Sont lapidescents, subpierreux, à expansions crustacées ou frondescentes, sans compacité intérieure. Les cellules sont petites, courtes, peu profondes, sériales ou confuses, disposées en réseau à la surface des expansions, ou sur les corps marins.

### Iʳᵉ Famille. — *LES FLUSTRÉES.*

Ont un polypier submembraneux, couvert de cellules disposées par rangées nombreuses.

### Flustra, Flustre.

Polypier submembraneux, flexible, crustacé, constitué par des cellules tubulées courtes, disposées par rangées nombreuses sur un ou plusieurs plans; à ouverture terminale irrégulière, souvent dentée ou ciliée sur le bord.

70. F. foliacea, F. foliacée.

*F. Foliacea, ramosa, inciso-lobata; lobis cuneiformibus, apice rotundatis.*

Ellis, 85, 2, xxix, a. Sol. Ell., 12, 2, 8. Lamour., 102, 192. Lam., 2, 156, 1.

Cette espèce est assez grande, frondescente, à expansions divisées à l'extrémité en lobes cunéiformes, arrondis au sommet; bords des cellules munis de quelques épines courtes. Long. 0,080. Séj. Régions coralligènes. App. Toute l'année.

71. F. chartacea, F. cartonnière.

*F. Papyracea; laciniis summitatibus securis acici instar truncatis.*

Linn. Gm., 3838, 7. Sol. Ell., 15, 4. Lamour., 104, 198.

Cette espéce est papyracée, à digitation tronquée au sommet en forme de hache ; cellules courtes. Long. 0,050. Séj. Régions madréporiques. App. Printemps, été.

72. F. TRUNCATA , F. tronquée.

*F. Foliacea , dichotoma ; laciniis cuneiformibus , bipartitis, truncatis ; cellulis longissimis.*

Sol. Ell., 11, 1. Lamour., 102, 193. Lam. 2, 157, 2.

Cette flustre est moins grande, à divisions des expansions plus étroites, et plus tronquées que la précédente ; cellules très longues. Long. 0,025. Séj. Régions coralligènes. App. été.

73. F. HIRTA , F. hérissée.

*F. Plana , coriacea, adnata ; cellulis coarctatis , distantibus , ciliatis.*

Linn. Gm., 3830, 19. Bosc., 3, 119. Lamour., 111, 217.

La hérissée est encroûtante, plane, coriace , à cellulesécartées , resserrées et ciliées. Long 0,018. Séj. Profondeurs coralligènes. App. Printemps, été.

74. F. HISPIDA , F. hispide.

*F. Frondescens , spongiosa ; frondibus ramosis, muricatis ; ligulis hispidissimis.*

Linn. Gm.,3829, 17. Bosc., 3, 118. Lamour., 105, 201.

Cette espéce est arborescente, spongieuse, divisions rameuses , hérissées et couvertes de poils. Long. 0,025. Séj. Régions coralligènes. App. Automne.

75. F. TOMENTOSA , F. tomenteuse.

*F. Incrustans , mollis , tomentosa ; cellulis inconspicuis.*

Linn. Gm., 3830, 6. Esp., 6, 1, 2. Lamour., 106, 204.

Elle est incrustée, molle, tomenteuse, à cellules à peine visibles. Long. 0,020. Séj. Régions madréporiques. App. Été.

## 76. F. PILOSA, F. poileuse.

*F. Incrustans, subspongiosa ; cellularum ore dentato, pilifero.*

Ellis, 88, 4, xxxi? Moll., 37, 1, 5. Lam., 2, 159, 10.

Cette espèce est incrustée, diversement disposée, jaunâtre, peu velue, à cellules munies sur les bords de leur ouverture de très petites dents, dont quelques unes terminées par des poils assez longs. Long. 0,030. Séj. Régions coralligènes. App. Été.

## 77. F. PAPYRACEA, F. papyracée.

*F. Papyracea; laciniis cuneiformibus; cellulis oblongo-rhomboideis.*

Moll., viii, A, B, C. Lamour., 107, 207.

La flustre papyracée présente des digitations cunéiformes, jaunâtres, multifides, dont les cellules sont rhomboides oblongues. Long. 0,050. Sej. Régions coralligènes. App. Printemps, été.

## 78. F. DEPRESSA, F. déprimée.

*E. Crustacea, lapidescens, unilamellata, griseo albescente ; cellulis ovalibus, alternis, horizontalibus, subtilissime punctatis, osculo semilunari.*

Moll. Esch., 69, 18, xxi, A, B. Lamour, 115, 228.

Cette eschare est pierreuse, unilamellée, d'un gris blanchâtre ; à cellules ovales, alternes, horizontales, finement pointillées, planes, également divisées en travers, à oscules semi-lunaires. Loug. 0,020. Séj. Régions coralligènes. App. Eté.

## CELLEPORA, Cellépore.

Polypier submembraneux, lapidescent, à expansions

aplaties ou rameuses, non flexibles, muni sur sa surface
extérieure de cellules urcéolées, submembraneuses, presque turbinées, saillantes, confuses, à ouverture resserrée.

### 79. C. pumicosa, C. ponce.

*C. Multiformis, ramosa, fragilissima, ruberrima,
subtubulosa; superficie cellulis confusis, ventricosis, mucronatis.*

Sol. Ell., 135, 10. Lamour., 91, 180. Lam., 2, 170, 1.

Cette rétépore forme de grosses masses à plusieurs formes; ses
rameaux sont très fragiles, d'un rouge vif, avec des cellules confuses, globuleuses, munies d'une pointe sur le bord de leur ouverture. Long. 0,180. Séj. Quai du port et rochers. App. Toute
l'année.

### 80. C. incrassata, C. épais.

*C. Ramosa, lobata, intus cellulosa; ramis crassis,
teretibus; cellulis confusis, ovatis, muticis.*

Marsil., 32, 150, 151. Lam., 2, 170, 2.

C'est une masse uniforme. subpierreuse, poreuse en dedans,
à rameaux épais, cylindriques, d'un rouge terne; les cellules
sont inégales, confuses et mutiques à leur origine. Long. 0,050.
Séj. Rochers peu profonds. App. Printemps.

### 81. C. cyclostoma, C. à bouche arrondie.

*C. Crustacea, lapidescens, unilamellata, sordide al-
bida; cellulis ovalibus, convexis, alternis, minutim
punctatis; osculo orbiculari, integro.*

Moll. Esch., *Zoop. phyt.*, 56, 9, xii, A, B, F. Lamour., 94, 188.

Cette espèce est crustacée, pierreuse, unilamellée, d'un blanc
sale, à cellules ovales, convexes, finement pointillées, disposées
alternativement; l'oscule est orbiculaire et entier. Long. 0,030.
Séj. Sur divers corps marins des profondeurs coralligènes. App.
Eté.

**82. C. SPONGITES, C. spongite.**

*C. Basi incrustans; explanationibus e crusta surgentibus, tubuloso-turbinatis, ramosis, rubro-fuscis; cellulis seriatis; osculo suborbiculari.*

Imper., 625, 632. Gualt., 70. Sol. Ell., 41, 3. Lam., 2, 172, 7. Moll., 34, 2.

La spongite s'étend en plaque sur les cailloux et s'élève en petites expansions tubuleuses, turbinées, irrégulières, diversement divisées, d'un rouge brun; cellules sériales, un peu ventrues, à ouverture suborbiculaire. Long. 0,050. Séj. Régions madréporiques et des algues. App. Toute l'année.

**83. C. OTTO MULLERIANA, C. d'Otto Muller.**

*C. Crustacea, lapidescens, unilamellata, plana, albo flavescente; cellulis ovalibus, alternis, parum convexis; osculo longiusculo, supra laxiore, infra obtuso.*

. Moll. Esch., 60, 12, xv, A, B. Lamour., 95, 191.

L'espèce qui porte le nom d'Otto Muller se présente en plaques minces, presque pierreuses, unilamellées, d'un blanc jaunâtre, à cellules ovales, disposées alternativement, un peu convexes, non transparentes; les oscules sont oblongs, plus larges en dessus, et diminuant en pointe obtuse vers la partie inférieure. Long. 0,020. Séj. Régions coralligènes. App. Été.

**84. C. RADIATA, C. radiée.**

*C. Crustacea, lapidescens, alba; cellulis subovalibus, subradiatis, granulatis, paululum convexis; osculo semiorbiculari, quatuor aut sexdentato.*

Moll., 63, 17, A, I. Lamour., 92, 183.

Cette espèce, étendue en plaque, est lapidescente, blanche, à cellules subovales, sculptées de petites stries relevées, presque radiées, granulées, un peu convexes, à ouverture suborbiculaire, souvent munie de quatre à six dents. Long. 0,o3o. Séj. Rochers peu profonds. App. Été.

## II° Famille. — *LES DISCOPORÉES.*

Önt un polypier subcrustacé couvert de cellules disposées par rangées quinconciales.

### Tubulipora, Tubulipore.

Polypier parasite ou encroûtant, à cellules submembraneuses, fasciculées, sériales, alongées, tubuleuses; à ouverture orbiculaire, régulière, rarement dentée.

### 85. T. transversa, T. transverse.

*T. Crusta repente; cellulis tubulosis, serialiter coalitis; seriebus transversis.*

Planc., 25, 18, N. Sol. Ell., 136. Lam., 2, 162, 1. Lamour., E. m., 1, 64, 1.

Ce petit polypier rampe et se ramifie un peu sur les corps marins; il est garni en dessus de tubes courts, droits, disposés par rangées transverses et réunis entre eux dans leur partie inférieure. Long. 0,010. Séj. Régions des fucus. App. Printemps, été.

### 86. T. patina, T. patène.

*T. Crusta tenui, suborbiculata, concava; disco tubulis aggregatis et inferne coalitis obtecto.*

Ginn., 4, 10. Sol. Ell., 137, 13. Lam., 2, 163, 5.

Cette espèce présente des petites expansions crustacées, minces, presque orbiculaires, concaves, blanchâtres ou verdâtres, dont le disque est occupé par une masse de tubes réunis inférieurement. Long. 0,008. Séj. Régions des algues. App. Printemps, été.

### Discopora, Discopore.

Polypier pierreux, aplati, étendu en lames discoïdes,

ondées, lapidescentes, à surface supérieure couverte de petites cellules contiguës, régulièrement disposées par rangées subquinconciales; à ouverture non resserrée.

87. D. VERRUCOSA, D. verruqueux.

*D. Crustacea, grisea, lamelliformis, suborbiculata, undata; cellulis quincuncialibus, approximatis.*

Linn. Gm., 3791, 4. Esp., 1, 2. Lam., 2, 165, 1. Lamour., E. M., 42.

Ce polypier forme des lames suborbiculaires, ondées ou contournées, minces, très fragiles, fixées en partie en dessous, à cellules quinconciales, fauves, inclinées obliquement et rapprochées. Long. 0,030. Séj. Régions des algues. App. Presque toute l'année.

88. D. CRIBRUM, D. crible.

*D. Crustacea, lamelliformis, cinerea, superna superficie foraminibus distantibus pertusa.*

*Laurica marina,* imperat., 688. Lam., 2, 167, 4.

Ce polypier s'étend en lamelles aplaties, assez larges, quelquefois circulaires, très fragiles, d'un gris mélangé, couvert sur sa surface supérieure de petites cellules distantes les unes des autres, anguleuses, très apparentes à travers la lumière. Long. 0,120. Séj. Fonds sablonneux. App. Printemps, été.

89. D. PALMATA (N.); D. en palmes.

*D. Crustacea, palmata, hyalina, eburnea, subcurvata.*

Cette jolie espèce s'étend en petites expansions en forme de palmes, un peu courbes, dont les cellules semblent offrir l'apparence de feuilles; elle est transparente, d'un blanc d'ivoire, extrêmement fragile. Long. 0,020. Séj. Régions des algues. App. Printemps, été.

## Polytrema (n.), Polytrème.

*Polyparium sessile, calcareum, ramulosum; ramis compressis; cellulis hexagonis, numerosissimis, inæqualibus.*

Polypier sessile, calcaire, ramuleux; rameaux comprimés, couverts de nombreuses cellules hexagones, inégales.

### 90. P. corallina (n.), P. coralline.

*P. Toto corallino, nitido, hyalino.*

Ce polypier se multiplie sur les rochers, sur les cailloux, par petites familles toujours séparées, chacune composée d'une petite expansion calcaire, à rameaux plus ou moins longs, d'un rouge corail, hyalin et translucide, couvert de très petites cellules. Long. 0,010. Séj. profondeurs coralligènes. App. Toute l'année.

### Melobesia, Mélobésie.

Polipier subpierreux, étendu en plaques minces plus ou moins grandes sur la surface des thalassiophytes; cellules très petites, situées au sommet de petits tubercules épars sur les plaques.

### 91. M. verrucosa, M. verruqueuse.

*M. Laminis fragilibus; superficie inæquali, verrucata.*

Lamour., 316, 461.

Cette espèce est étendue en plaques fort minces, très fragiles, à surfaces inégales, avec des cellules situées au sommet des petites élévations, en forme de verrues. Long. 0,003. Séj. Sur les ulves. App. Printemps.

92. M. PUSTULATA, M. pustuleuse.

*M. Laminis orbicularibus, convexis; cellulis oculo nudo visibilibus, eminentibus.*

Lamour., 315, 459, 12, 2. *Id.*, E. M., 46, 73, 17, 18.

Se distingue de la précédente par ses plaques orbiculaires, relevées en bosse, et par ses cellules saillantes, visibles à l'œil nu. Long. 0,004. Séj. Sur les dyctiolies. App. Presque toute l'année.

93. M. FARINOSA, M. farineuse.

*M. Laminis polymorphis, exilibus, minutissimis, distinctis, albidis.*

Lamour., 315, 460, 12, 3.

Plaques polymorphes, très minces, fort petites, semblables à une poussière blanchâtre qui couvrirait les fucus sur lesquels ils adhèrent; ses cellules sont invisibles à l'œil nu, situées au sommet de petits mamelons. Long. 0,000 1/2. Séj. Sur divers fucus. App. été. Ne serait-ce pas le jeune état de l'espèce précédente ?

### IIIᵉ FAMILLE. — *LES RÉTÉPORÉES.*

Ont un polypier pierreux, poreux en dedans, couvert de polypes sur une ou deux faces.

### ESCHARA, Eschare.

Polypier presque pierreux, non flexible, à expansions aplaties, lamelliformes, minces, fragiles, très poreuses en dedans, couvert sur ses deux faces de polypes disposés en quinconce.

94. E. FOLIACEA, E. bouffant.

*E. Lamellata, conglomerata; laminis plurimis flexuo-*

*sis et caulescentibus; poris quincuncialibus, interstitio
separatis.*

Linn. Gm., 3826, 1. Sol. Ell., 133, 6. Esp., 1, 6. Lam., 2, 175, 1.
Moll., 44, 5.

L'eschare foliacée forme une masse subcaulescente, relevée et
séparée en mille sens par des lames foliacées très minces et fragiles; ses pores sont fort petits, arrondis et séparés. Long. 0,030.
Séj. Régions madréporiques. App. Toute l'année.

### 95. E. cervicornis, E. cervicorne.

*E. Ramosissima, subcompressa; ramis perangustis;
paris prominulis, subtubulosis.*

Sol. Ell., 134, 8. Marsil., 32, 152. Lam., 2, 176, 5.

Cette espèce est très rameuse, presque comprimée, d'un gris
roussâtre; à rameaux étroits, disposés vaguement, assez semblables
aux cornes d'un vieux cerf; ses pores sont presque tubuleux et
proéminents. Long. 0,030. Séj. Régions madréporiques. App.
Toute l'année.

### 96. E. fascialis, E. à bandelettes.

*E. Plano-compressa, tenuissima; ramis tænialibus,
angustis, flexuosis, valde coalitis, subchlatratis; poris
impressis.*

Linn. Gm., 3785, 14. Glnn., 5, 14. Marsil., 148, xxxiii, 160, 1, 3.
Imper., 630. Lam., 2, 175, 4. Moll. Esch., 30, 1, 1.

Production polypeuse formant des touffes, à rameaux plans,
comprimés, très minces, couleur aurore, extrêmement divisés et
cancellés en tous sens par l'anastomose des bandelettes et de leurs
divisions; pores non saillants. Long. 0,100. Séj. Profondeurs coralligènes. App. Toute l'année. Se trouve subfossile.

### 97. E. porites, E. porite.

*E. Lamellosa, undato-lobata; lobis rotundatis; cel-*

*lulis superficialibus, in reticulum dispositis; margine
denticulato.*

Lam., 2, 177, 10.

Très petite espèce assez mince; lobée, à lobes arrondis, diversement contournés; à surface garnie de cellules en réseau; à bords
garnis de petites dents. Long. 0,020. Sur les madrépores. App.
Toute l'année.

## 98. E. CYATHUS (N.), E. gobelet.

*E. Crustacea, cyathiformis, grisea; basi dilatata; cen-
tro excavato; lateribus cellulis plurimis, subovalibus;
osculis oblongis, elevatis.*

Jolie espèce nouvelle, assez mince, encroûtante, cyathiforme,
grise, à base dilatée, dont le centre est creusé et les côtés ornés
de plusieurs cellules oblongues, à ouvertures élevées. Long.
0,015. Séj. Régions coralligènes. App. Toute l'année.

## RETEPORA, Rétépore.

Polypier pierreux, poreux en dedans, à expansions
aplaties, minces, fragiles, composé de rameaux libres ou
anastomosés en réseau, couvert de polypes sur une seule
face.

## 99. R. RETICULATA, R. réticulée.

*R. Explanationibus clathratis, undato-convolutis,
interna superficie verrucosa, porosissima.*

Sol. Ell., 13, 8. Marsil., 54, 165-166. Lam., 2, 182, 1.

Cette espèce présente des expansions grossièrement treillissées,
irrégulièrement contournées en cornes ou en coupes, d'un rouge
de chair, à surface interne verruqueuse, couverte de pores. Long.
0,060. Séj. Régions coralligènes. App. Toute l'année.

## 100. R. CELLULOSA, R. dentelle de mer.

*R. Explanationibus submembranaceis, tenuibus,*

*reticulatim fenestratis, turbinatis, undato-crispis, basi subtubulosis; superna superficie porosa.*

Sol. Ell., 26, 2. Ginn., 4, 9. Lam., 2, 182, 2.

Ce joli rétépore est presque membraneux, fragile, disposé en forme d'entonnoir, d'un jaune rougeâtre, couvert de cellules elliptiques, très régulières, polypes placés sur la surface supérieure. Long. 0,070. Séj. Régions madréporiques. App. Toute l'année. Se trouve subfossile.

### 101. R. FRONDICULATA, R. frondiculée.

*R. Ramosissima, ramis polychotomis, subflabellatis, luteo-aureis; superna superficie poris prominulis, scabra.*

Sol. Ell., 26, 1. Seb., 3, 100, 4, 5, 6. Lam., 2, 183, 5.

Cette espèce fort délicate est également en forme d'entonnoir, fort dilaté, d'un jaune d'or luisant, à ramifications flabelliformes, irrégulièrement contournées, munies en dessus de pointes aiguës, et lisse en dessous. Long. 0,030. Séj. Régions coralligènes. App. Toute l'année.

### 102. R. SOLANDERIA (N.), R. de Solander.

*R. Ramosissima, viridescens; ramis cylindricis, haud connexis; superficie interna poris prominulis, scabriusculis.*

Cette rétépore est fort rameuse, d'un vert clair, à rameaux cylindriques, nullement entrelacés, dont la superficie interne est couverte de pores proéminents, un peu rudes. Long. 0,060. Séj. Régions madréporiques. App. Toute l'année.

### 103. R. ELLISIA (N.), R. d'Ellis.

*R. Ramosissima, eburnea; ramis subcompressis, longitudinaliter striatis; poris prominulis, rotundatis, distantibus, irregulariter dispositis.*

Diffère de la précédente par ses rameaux un peu comprimés,

striés longitudinalement, d'un blanc d'ivoire, et par ses pores arrondis, proéminents, distants, disposés irrégulièrement. Long. 0,020. Séj. Régions madréporiques. App. Toute l'année.

104. R. FRUCTICOSA (N.), R. arbuscule.

*R. Ramosa, viridescens; ramis cylindricis, omnibus connexis; poris hexagonis, numerosissimis, approximatis, simplicibus instructa.*

Une teinte d'un vert clair distingue d'abord ce polypier, dont les rameaux cylindriques, tous entrelacés, sont couverts d'un nombre considérable de pores hexagones simples et rapprochés. Long. 0,040. Séj. Régions coralligènes. App. Toute l'année.

105. R. ARBOREA (N.), R. en arbre.

*R. Ramosissima, eburnea; ramis compressis, apice rotundatis; poris rotundatis, distantibus.*

Ce petit arbuste est très rameux, d'un blanc d'ivoire, à rameaux comprimés, arrondis au sommet; ses pores sont petits, ronds et distants. Long. 0,025. Séj. Régions coralligènes. App. Toute l'année.

### ALVEOLITES, Alvéolite.

Polypier pierreux, encroûtant ou en masse libre, formé de couches nombreuses concentriques, composées chacune d'une réunion de cellules tubuleuses, alvéolaires, prismatiques, un peu courtes, contiguës et parallèles, offrant un réseau à l'extérieur.

106. A. CELLULOSA (N.), A. celluleuse.

*A. Irregularis, superficie cellulis numerosissimis, hexagonis, irregularibus, carneis instructa.*

Espèce irrégulière, couverte sur sa surface de nombreuses cellules hexagones, irrégulières, couleur de chair. Long. 0.100. Séj. Régions madréporiques. App. Été, automne.

## Dactylopora, Dactylopore.

Polypier pierreux, libre, cylindracé, un peu en massue, et obtus à une extrémité, plus étroit et percé à l'autre; surface extérieure réticulée, à mailles rhomboïdales, à réseau poreux en dehors; pores très petits.

### 107. D. cervicornis (N.), D. corne de cerf.

*D. Stirpe cylindrica, rubra, in ramos plurimos dichotomos divisa; cellulis mamilliformibus, glabris, nitidis; aperturis rotundatis, minutissimis.*

Sa tige est cylindrique, rouge, divisée en plusieurs rameaux dichotomes; les cellules sont en forme de mamelons, glabres, luisantes, à ouvertures arrondies très petites. Long. 0,120. Séj. Régions coralligènes. App. Toute l'année.

### 108. D. irregularis (N.), D. irrégulier.

*D. Stirpe valde irregulari, tumidula, aurantia; cellulis plurimis, hexagonis; aperturis apertis, paululum proeminentibus.*

Cette espèce est fort irrégulière, un peu renflée, d'un rouge orange, les cellules sont nombreuses, hexagones, à ouvertures nues, un peu proéminentes. Long. 0,100. Séj. Régions coralligènes. App. Toute l'année.

# SECTION QUATRIÈME.

## POLYPIERS FORAMINÉS.

Sont pierreux, solides, compactes en dedans; à cellules perforées, tubuleuses, sans lames.

### Millepora, Millepore.

Polypier pierreux, solide, polymorphe, rameux ou

frondescent, muni de très petits pores très simples, cylindriques, perpendiculaires à l'axe, quelquefois non apparents.

*Pores polypifères toujours apparents.*

109. M. TRUNCATA, M. tronquée.

*M. Ramosa, dichotoma, rubro-aurora; ramis teretibus, truncatis; poris quincuncialibus, operculatis.*

Ginn., 1, 3. Carol., 3, 9, 11, 21. Sol., 2. Ell., 23, 1, 8. Lam., 2, 202, 5.

Cette espèce est rameuse, dichotome, d'un rouge aurore foncé; à rameaux lisses, cylindriques, tronqués au sommet, munis de pores; opercules disposés en quinconces. Long. 0120. Séj. Régions madréporiques. App. Toute l'année.

110. M. TUBULIFERA, M. tubulifère.

*M. Ramosa, solida, albo virescente; ramis confluentibus, extremitate attenuatis, scabris; poris tubulosis, sparsis.*

Linn. Gm., 3785, 13. Marsil., 31, 147, 148. Lam., 202, 6.

La M. tubulifère est rameuse, solide, d'un blanc verdâtre, à rameaux réunis, amincis au bout, rudes, parsemés de pores tubuleux. Long. 0,040. Séj. Régions coralligènes. App. Toute l'anné.

111. M. ASPERA, M. rude.

*M. Ramosissima, subcompressa, albida; ramulis brevibus, tuberculosis et muricatis; poris hinc fissis prominulis.*

Linn. Gm., 3783, 3. Gualt., 55. Esp., suppl., 1, 18. Lam., 2, 201, 4.

Cette espèce est fort rameuse, presque dichotome, blanchâtre; à rameaux courts, tuberculeux et muriqués; ses pores sont ouverts de tous côtés et proéminents. Long. 0,060. Séj. Régions coralligènes. App. Printemps, été.

112. M. PINNATA, M. pinnée.

*M. Dichotoma, erecta, grisea; poris tubulosis, pinnulatim digestis.*

Marsil., 34, 167, 1, 5, 5. Lam., 2, 202, 7.

Très petite espèce, rameuse, dichotome, droite, grise, à pores tubulés, disposés en pinnules. Long. 0,015. Séj. Régions coralligènes. App. Toute l'année.

*Pores tubulifères peu ou point apparents.*

113. M. INFORMIS, M. informe.

*M. Irregularis, glomerata, solida, albo rubescente; ramulis grossis, brevibus, obtusis, subnodosis.*

Ell., 27, C. Ginn., 1, 2. Lam., 2, 203, 9.

Ce polypier est informe, aggloméré, solide, d'un blanc rougeâtre, à rameaux grossiers, courts, comme noueux, irrégulièrement disposés et obtus. Long. 0,030. Séj. Régions madréporiques. App. Toute l'année.

114. M. FASCICULATA, M. fasciculée.

*M. Ramis erectis, fasciculatis, confertis, rubris, compressis, apice incrassatis, obtusis.*

Lam., 2, 203, 11.

Cette espèce diffère de la précédente et de la suivante par ses rameaux libres, droits, d'un rouge pâle, aplatis et serrés en faisceaux plus ou moins denses. Long. 0,040. Séj. Régions coralligènes. App. Toute l'année.

115. M. AFFINIS (N.), M. semblable.

*M. Ramis cylindricis, ruberrimis, erectis, apice clavatis et truncatis.*

Ce madrépore présente des rameaux libres, cylindriques,

droits, à sommet en massue et tronqué, d'un rouge très vif.
Long. 0,020. Séj. Régions madréporiques. App. Toute l'année.

116. M. BYSSOIDES. M. byssoïde.

*M. Glomerata, cæspitoso-pulvinata, tenuissime divisa,
cinereo cærulescente; ramulis brevissimis, compressis,
apice lobatis.*

Esp., 1, 13. Seb., 3, 116, 7. Lam., 2, 203, 12.

Le byssoïde est d'un cendré bleuâtre, finement divisé à sa surface en labyrinthe; ses rameaux sont comprimés, très courts,
lobés, et presque verruqueux au sommet. Long. 0,020. Séj. Sur
le littoral. App. Toute l'année.

117. M. CERVICORNA, M. cervicorne.

*M. Laxe ramosa, polychotoma, albo lutescente, so-
lida; ramulis gracilibus, inferne coalescentibus, apice
obtusis.*

Linn. Gm., 3789, 26. Sol. Ell., 129, 23, 13. Lam., 2, 204, 13.

Rameuse, polychotome, largement espacée, d'un blanc jaunâtre, solide, à rameaux grêles, unis inférieurement et obtus au
sommet. Long. Séj. Régions madréporiques. App. Toute l'année.

118. M. ALCICORNIS (N.), M. alcicorne.

*M. Rotundata griseo albo, laxe divisa; ramulis elon-
gatis, subcompressis, apice cristatis, denticulatis, glaberrimis.*

Diffère du byssoïde par sa forme arrondie, d'un gris blanchâtre, largement divisée; à rameaux alongés, un peu comprimés, glabres, dont le sommet est en crête denticulée. Long.
0,030. Séj. Régions peu profondes. App. Toute l'année.

119. M. CONICA (N.), M. conique.

*M. Glomerata, globosa, rubescens, divisa; ramulis
conicis, apice truncatis.*

Sa forme globuleuse et rougeâtre, étroitement divisée ; ses rameaux assez elevés, coniques, tronqués au sommet, où ils sont ornés d'une espèce d'opercule, entouré d'un rebord, distinguent fort bien cette espèce. Long. 0,040. Séj. Bords rocailleux. App. Toute l'année.

120. M. FOLIACEA (N.), M. foliacée.

*M. Foliacea, tenuissima, carnea, nitida, glaberrima, sæpe rotundata.*

Ce madrépore est foliacé, très mince ; à surface supérieure très lisse, luisante, d'une belle couleur de chair ; elle est souvent arrondie, et s'étend en couches dans nos profondeurs. Long. 0,002. Séj. Régions madréporiques rocailleuses. App. Toute l'année.

### FAVOSITES, Favosite.

Polypier pierreux, simple, de forme variable, composé de tubes parallèles prismatiques, disposés en faisceaux ; tubes continus, tétragones ou hexagones, plus ou moins réguliers, rarement articulés.

121. F. DEMOCRATICUS (N.), F. démocratique.

*F. Polypario cylindrico, sæpius compresso ; pariete externa profunde sulcata ; tubulis tetragonis, æqualibus.*

Ce favosite est cylindrique, souvent comprimé, d'un beau blanc, à surface externe profondément sillonnée ; tubes tétragones, égaux. Ces animaux vivaient jadis en petits états séparés sur le rocher qui forme actuellement l'extrémité méridionale de la péninsule Saint-Hospice. Long. 0,120.

### LUNULITE, Lunulite.

Polypier pierreux, libre, orbiculaire, aplati, convexe d'un côté, concave de l'autre, surface convexe, ornée de

stries rayonnantes et de pores entre les stries ; des rides ou
des sillons divergents à la surface concave.

## 122. L. PINEA, L. pomme de pin.

*L. Polypario cupuliformi, supra poris rhomboideis
ornato, intus subtilissime striato.* N.

Defranc., *Nouv. Dict. d'hist. nat.*, 27, 361.

Ce polypier, décrit dans le *Nouveau Dictionnaire d'histoire
naturelle*, est petit, hémisphérique, ou plutôt en forme de cabu-
chon, présente sur sa surface convexe des traits ou pores rhomboï-
daux, disposés par rangées transversales, dont ceux du sommet
plus petits et arrondis ; toute la circonférence inférieure est entourée de cellules rondes assez profondes ; l'intérieur est couvert
de très fines stries bien marquées. Long. 0,024. Séj. Nos terrains
tertiaires.

## 123. L. UMBELLATA, L. en parasol.

*L. polypario patelliformi, rotundato, subconico, crasso,
opaco, supra poris rotundatis, obliquis, divergentibus,
rete efformantibus sculpto ; umbone pone medium locato,
margine denticulato.*

Defranc., *Nouv. Dict. d'hist. nat.*, 27, 361.

Cette espèce, qui porte le nom de la nulite en parasol, ressemble tellement à une patelle, que j'aurais été plutôt tenté de la placer parmi les cyclobranches que parmi les polypiers, dont on fera
un jour un nouveau genre. Sa forme est arrondie, presque conique, épaisse, opaque, sculptée en dessus de traits ou pores
arrondis, disposés en rayons obliques, de manière à former réseau ; son sommet est central ; sa circonférence inférieure est
irrégulièrement dentée ; l'intérieur est muni au fond d'une plaque
subquadrangulaire terne, pustulée, comme on en remarque dans
certaines patelles, et entouré à sa base de quelques stries à peine
apparentes. Long. 0,010. Séj. Nos terrains tertiaires.

# SECTION CINQUIÈME.

## POLYPIERS LAMELLIFÈRES.

Sont pierreux, garnis d'étoiles lamelleuses ou de sillons ondés, munis de lames.

## *ORDRE PREMIER.* — POLYPES A ÉTOILES TERMINALES.

### Iʳᵉ Famille. — *LES CARYOPHYLLIDES.*

Ont des cellules cylindriques, turbinées, épatées, non parallèles.

### Caryophyllia, Caryophyllie.

Polypier pierreux, fixe, simple ou rameux, à tige et rameaux subturbinés, striés longitudinalement et terminés chacun par une cellule lamellée en étoile.

*Tige simple.*

124. C. Europea (n.), C. d'Europe.

*C. Stirpe solitaria, cyathiformi; stella recta, concava, lamellis papillisque spinulosis, inæqualibus, armata.*

Cette espèce présente un cylindre solitaire, cyathiforme, à étoile droite, concave, armée de lamelles et de papilles épineuses, inégales. Long. 0,012. Séj. Profondeurs coralligènes. App. Printemps, été.

125. C. pygmæa (n.), C. pygmée.

*C. Stirpe solitaria, cyathiformi, stella concava, pro-*

*funda, lamellis quinque magnis et sex minimis in-*
*structa.*

Cette petite cariophylle est également solitaire, cyathiforme,
à étoile profonde, concave, munie de cinq grandes et de six petites lamelles. Long. 0,004. Séj. Profondeurs coralligènes. App.
été.

### 126. C. CYATHUS, C. gobelet.

*C. Stirpe solitaria, clavato-turbinata; stella concava;*
*centro papilloso, papillis rugulosis, lamellis etiam rugu-*
*losis.*

Linn. Gm., 3757, 6. Ellis, 28, 7. Mars., 28, 128, 11. Lam., 2, 226, 1.

Cylindre solitaire, clavo-turbiné, à étoile concave, munie de
papilles ruguleuses au centre, avec des lamelles également ruguleuses. Long. 0,032. Séj. Moyennes profondeurs. App. En toute
saisons. Se trouve subfossile.

### 127. C. FASCICULATA, C. fasciculée.

*C. Cylindris clavato-turbinatis, longiusculis, striis*
*paululum elevatis, distantibus, sculptis; stella ovata,*
*profunda; lamellis exertis.*

Gualt., 106, G. Esp., 1, 28. Lam., 2, 226, 4.

Cylindres solitaires, clavo-turbinés, assez longs, d'un blanc
rose, largement striés, s'élargissant vers leurs sommets, dont
l'étoile est ovale, très profonde, à cinq ou six grandes lamelles
et dix-huit fort petites, toutes ruguleuses. Long. 0,060. Séj. Profondeurs rocailleuses. App. Toute l'année. Se trouve subfossile.

### 128. C. CALYCULARIS, C. calyculaire.

*C. Cylindris brevibus, fuscis, externe striis exiguis-*
*simis subcurvatis sculptis; stella ovato-rotundata, centro*
*valde prominulo, compresso.*

Esp., 1, 16. Cavol., 1, 3, 1, 5. Lam., 2, 226, 2.

Cette espèce, ramassée en groupe, se présente en courts cylindres d'un brun foncé, renflés à leur base, plus étroits à leur
sommet, sculptés en dehors de très fines stries un peu courbées,
à étoile ovale arrondie, dont le centre est comprimé, arrondi,
très proéminent. Long. 0,024. Séj. Régions madréporiques. App.
Toute l'année. Se trouve subfossile.

129. C. PUSTULARIA, C. pustulaire.

*C. Stirpe solitaria, turbinata, basi pustulata, spi-
nosa; stella concava.*

Allan., 38, 2.

Cylindre solitaire, turbiné, à base pustulée, ondulée d'épines
horizontales; étoile concave, à lames médiocres ovalaires. Long.
0,030. Se trouve subfossile.

130. C. CAPULUS (N.), C. bonnet.

*C. Stirpe solitaria, capulliformi, externe striis eleva-
tis æqualibus, inter lineas alias altiores, simplices, interpositis; stella elongato-ovata.*

Cylindre solitaire en forme de capuchon, sculpté en dehors de
stries élevées, égales, interposées à d'autres lignes simples plus
élevées; étoile ovale alongée. Long. 0,065. Séj. Dans le calcaire
grossier de Contes.

131. C. RUGULOSA (N.), C. ruguleuse.

*C. Stirpe solitaria, cyathiformi, externe striis inæ-
qualibus, elevatis, rugulosis, sculpta; stella circulari.*

Cylindre solitaire, cyathiforme, sculpté extérieurement de stries
inégales, élevées, ruguleuses; étoile circulaire. Long. 0,046. Séj.
Dans le calcaire grossier tertiaire de Contes.

## Tige rameuse.

132. C. CÆSPITOSA, C. en gerbe.

*C. Cylindris rectis, furcatis, distinctis, in fasciculum erectum aggregatis.*

Linn. Gm., 3770, 67. Gualt., 61. Lam., 2, 228, 8.

Cylindres droits, divisés, distincts, d'un gris blanchâtre, réunis en un faisceau droit. Long. 0,100. Séj. Régions madréporiques. App. Printemps, été. Se trouve subfossile.

133. C. RAMEA, C. en arbre.

*C. Dendroides, ramosa; ramis lateralibus brevibus, inæqualibus, cylindricis; polypis luteis.*

Donat., VIII, 1. Linn. Gm., 3777, 93. Ginn., 11, 5. Lam., 2, 228, 11.

Ce polypier est rameux, dendroïde, à rameaux latéraux courts, inégaux, cylindriques, d'un jaune clair dans l'état vivant, gris blanchâtre en se desséchant. Animal actiniforme, d'un jaune safran foncé, avec de très longs tentacules aplatis, en pointe arrondie, dentelés sur tout leur contour. Long. 0,200. Séj. Régions coralligènes. App. Toute l'année. Se trouve subfossile.

TURBINOLIA, Turbinolie.

Polypier pierreux, libre, simple, turbiné ou cunéiforme, pointu à sa base, strié longitudinalement en dehors, et terminé par une cellule lamellée en étoile, quelquefois oblongue.

134. T. COMPRESSA, T. comprimée.

*T. Patelliformis, compressa, externe antiquatim striata; striis longitudinalibus; stella valde oblonga; lamellis inæqualibus, crenulatis.* N.

Lam., 2, 231, 4?

Ce polypier présente la forme d'une patelle comprimée, sculptée extérieurement de stries longitudinales usées, terminée par une étoile très oblongue et des lamelles inégales, crénelées. Long. 0,030. Fossile à la Trinité.

135. T. MENARDIANA (N.), T. de Ménard.

*T. Patelliformis, compressa, latere uno carinato, externe transversim striata; striis exiguissimis; stella oblonga.*

Quoique cette espèce présente la forme de la précédente, elle est carénée sur un côté, striée transversalement en dehors, avec des stries très fines, et l'étoile oblongue. Long. 0,028. Fossile à la Trinité et à Saint-Jean.

136. T. CAPULUS (N.), T. capuchon.

*T. Capuliformis, externe antiquatim striata; stella ovata; lamellis inæqualibus, rugulosis.*

La forme de capuchon la distingue déjà des précédentes; sa surface extérieure est traversée de stries usées; l'étoile est ovale, avec des lamelles inégales, ruguleuses; son fond s'évase insensiblement, et il est plus lisse que celui de la suivante. Long. 0,040. Fossile à la Trinité.

137. T. ANTIQUATA (N.), T. antique.

*T. Capuliformis, externe longitudinaliter striata; striis irregularibus, rugosis; stella elongato-ovata, lamellis inæqualibus.*

Cette espèce, également en forme de capuchon, à pédicule plus effilé et plus contourné, est sculptée en dehors de stries rugueuses irrégulières; son étoile est ovale alongée, avec des lamelles inégales; son fond est coupé verticalement, et est beaucoup plus creux que celui de l'espèce ci-dessus. Long. 0,025. Fossile à la Trinité.

138. T. RUGULOSA (N.), T. ruguleuse.

*T. Capuliformis, versus basin gradatim attenuata; externe striis inæqualibus, rugosis, inter strias elatiores*

*interpositis; stella elongato-ovata; lamellis inæqualibus,*
*rugulosis; centro ruguloso.*

Semblable par sa forme aux deux précédentes, elle est graduellement acuminée vers sa base, sculptée en dehors de stries
inégales, ruguleuses, interposées avec des plus élevées; l'étoile
est ovale alongée, avec des lamelles inégales, ruguleuses; le milieu est également ruguleux. Long. 0,030. Fossile à la Trinité.

139. T. CORNIFORMIS (N.), T. corniforme.

*T. Corniformis, externe striata, striis elevatis, inter*
*strias majores interpositis; stella oblongo-ovata; lamellis*
*valde inæqualibus, crenulatis.*

Cette espèce ressemble à une corne de bélier, striée en dehors,
à stries élevées, interposées au milieu des plus grandes; l'étoile
est ovale oblongue avec des lamelles très inégales, crénulées.
Long. 0,050. Fossile à la Trinité.

140. T. PRIAPUS (N.), T. Priape.

*T. Corniformis, elongata, compressiuscula, externe*
*striata; striis exiguissimis; stella fere rotundata; la-*
*mellis inæqualibus, rugulosis.*

Également en forme de corne, cette espèce est plus longue,
aplatie, striée en dehors par de très fines stries; l'étoile est souvent arrondie avec des lamelles inégales, ruguleuses. Long. 0,080.
Fossile à la Trinité.

141. T. CYATHUS (N.), T. calice.

*T. Cyathiformis, externe subtilissime striata; striis*
*inter strias majores etiam striatis interpositis; stella*
*ovata; lamellis inæqualibus, simplicibus.*

Sa forme cyathiforme, finement striée en dehors, avec des
stries interposées dans les grandes stries, également striées; l'é-
toile ovale, à lamelles inégales, simples, la distinguent des précédentes. Long. 0,050. Fossile à la Trinité.

142. T. CUNEATA (N.), T. en coin.

*T. Turbinata, extus longitudinaliter striata; striis exiguissimis, numerosissimis, regularibus, æqualibus; stella ovata; lamellis glabris.*

Sa forme turbinée, striée longitudinalement par de très fines stries, égales, régulières, très nombreuses, la distingue de toutes les autres; l'étoile est ovale, avec des lamelles lisses. Long. 0,025. Séj. Dans le calcaire marneux de Blausasch.

## FUNGIA, Fongie.

Polypier pierreux, libre, simple, orbiculaire, convexe ou lamelleux en dessus, avec un enfoncement oblong au centre, concave et raboteux en dessous.

143. F. LENTICULARIS (N.), F. lenticulaire.

*F. Lenticularis, subtus striolata; striis divaricantibus, gradatim crescentibus; stella convexa; lamellis inæqualibus, conjonctis, crenulatis.*

Cette espèce, de forme lenticulaire, est striolée en dessous, avec des stries divergentes, qui croissent graduellement du centre à la circonférence; sa partie supérieure présente une étoile convexe, avec des lamelles inégales rapprochées, crénelées. Long. 0,015. Fossile à la Trinité.

144. F. AGARICOIDES (N.), F. agaricoïde.[1]

*F. Rotundata, subtus striata; interstitiis crenulatis; stella convexiuscula, rotundata; lamellis tenuibus, valde inæqualibus, simplicibus.*

Diffère de la précédente par sa forme arrondie, striée en dessous, avec les interstices crénulés; l'étoile est peu élevée, arrondie, traversée de lamelles fort minces, simples, très inégales. Long. 0,090. Séj. Fossile à la Trinité.

## ORDRE SECOND. — POLYPIERS A ÉTOILES LATÉRALES.

### IIᵉ FAMILLE. — *LES AGARICIDES.*

Ont les cellules non circonscrites, imparfaites ou confluentes.

#### AGARICIA, Agariçie.

Polypier pierreux, fixé, à expansions aplaties, subfoliacées, ayant une seule surface garnie de sillons ou de rides stellifères; étoiles lamelleuses, sériales, sessiles, souvent imparfaites ou peu distinctes.

145. A. RADIATA (N.), A. rayonnée.

*A. Explanata, ovato-oblonga; stella convexiuscula; lamellis divaricantibus, quadriradiatis.*

Ce polypier est ovale oblong; les étoiles sont un peu convexes; avec des lamelles divergentes, à quatre rayons. Long. 0,024. Séj. Pétrifié dans le calcaire marneux.

### IIIᵉ FAMILLE. *LES ASTRÉIDES.*

Ont les cellules à expansion seulement stellifère en dessus.

#### ASTREA, Astrée.

Polypier pierreux, fixé, encroûtant les corps marins, ou se réunissant en masse hémisphérique ou globuleuse; surface supérieure chargée d'étoiles orbiculaires ou subanguleuses, lamelleuses, sessiles.

146. A. MEDITERRANEA (N.), A. méditerranéenne.

*A. Subglobosa, albida; stellis concavis, orbiculatis,*

*triangulatis, ovatis, reniformibus, inæqualibus instruc-*
*ta; lamellis distantibus; centro prominulo.*

Cette astrée est subglobuleuse, blanche, couverte d'étoiles co-
lorées, concaves, orbiculaires, triangulaires, ovales, réniformes,
très inégales, chargées de lamelles distantes et espacées, avec le
centre un peu proéminent. Long. o,o36. Séj. Régions madréporiques. App. Sur le rivage après de fortes tempêtes. Serait-ce
l'ananas?

147. A. PORULOSA (N.), A. poruleuse.

*A. Convexa, grisea, stellis magnis, ovato-rotundatis,*
*æqualibus, instructa; lamellis spinosis; centro promi-*
*nulo, rotundato, poruloso.*

Cette espèce est convexe, élevée, grise, couverte de grosses
étoiles arrondies, égales, à lamelles garnies de petites pointes; le
centre est proéminent, arrondi, chargé de pores. Long. o,o34.
Séj. Se trouve subfossile.

### IVᵉ Famille. *LES PORITIDES.*

Ont leur expansion partout stellifère.

### Pocilopores, Pocilopores.

Polypier pierreux, fixé, rameux ou lobé et obtus; à
surface libre, partout stellifère; étoiles régulières, subcon-
tiguës, superficielles ou excavées, à bords imparfaits ou
nuls, à lames filamenteuses, acéreuses ou cuspidées.

148. P. SUBALPINUS (N.), P. subalpin.

*P. Rotundatus, supra convexus, infra planatus; stellis*
*numerosissimis, regularibus, approximatis; radiis ele-*
*vatis; medio proeminente; elevatione conica, apice ro-*
*tundata.*

Ce pocilopore est arrondi, convexe en dessus, plan en dessous, avec des étoiles très nombreuses , rapprochées , régulières , munies de rayons élevés ; le milieu est proéminent, avec une élévation conique, arrondie au sommet. Long. 0,100. Séj. Fossile dans le calcaire grossier.

149. P. PATELLIFORMIS (N.), P. patelliforme.

*P. Clypeiformis, elongatus, superna superficie planata, stellifera; stellis parvis, profundis, margine dentatis.*

Cette espèce est clypéiforme, alongée, aplatie sur sa surface supérieure , qui est couverte de petites étoiles profondes, à bords dentelés. Long. 0,010. Séj. Dans le calcaire grossier.

## OCULINA , Oculine.

Polypier pierreux, le plus souvent fixé, rameux, dendroïde , à rameaux lisses , épais , la plupart très courts ; étoiles, les unes terminales , les autres latérales ou superficielles.

150. O. VIRGINEA , O. vierge.

*O. Ramosissima, subdichotoma, lactea; ramis tortuosis, caulescentibus; stellis prominulis; lamellis inclusis.*

Imper., 627, 2. Gualt., 24, 3, Seb., 116, 1. Lam., 285, 1.

L'oculine vierge est très rameuse , subdichotome , d'un blanc de lait , lisse et luisante, à rameaux tortueux, caulescents , parsemés d'étoiles. Long. 0,450. Séj. Régions madréporiques. App. Toute l'année. Se trouve subfossile.

151. O. HIRTELLA , O. hérissée.

*O. Ramosissima, dichotoma, diffusa; basi caulescente; stellis omnibus prominulis, echinulatis, lamellis exsertis.*

Linn. Gm., 3779, 97. Pal., 313, 182. Lam., 2, 285, 2.

Cette espèce a été trouvée subfossile par M. Thomas Allan , dans les dépôts modernes de la péninsule de Saint-Hospice.

# SECTION SIXIÈME.

## POLYPIERS TUBIFÈRES.

Sont des polypes réunis sur un corps commun, charnu, vivant, simple ou ramifié, fixé par sa base, à surface entièrement ou en partie chargée d'une multitude de petits cylindres tubiformes, renfermant des polypes à bouche terminale, tentaculés, avec un estomac, des intestins et des paquets de gemmes.

### ANTHELIA, Anthélie.

Corps commun, étendu en plaque mince, presque aplatie sur les corps marins; polypes non rétractiles, saillants, droits et serrés, occupant la surface du corps commun; huit tentacules pectinés.

152. A. PULPOSA (N.), A. pulpeuse.

*A. Corpore coriaceo, glabro, rubro auroro; polypis cylindricis, ruberrimis; tentaculis brevibus, uno elongato, uncinato, luteo.*

Son corps est assez ferme, lisse, d'une couleur aurore, uni par-dessus, plus ou moins élevé sur sa base; renfermant des polypes cylindriques, d'un rouge vif au sommet, entourés de très petits tentacules, dont un plus long que les autres, unciné, jaunâtre; partie postérieure effilée, rougeâtre. Long. 0,100. Séj. Anses et golfes abrités. App. Presque toute l'année.

### LOBULARIA, Lobulaire.

Corps commun, charnu, élevé sur sa base, rarement soutenu par une tige courte, simple, ou muni de lobes variés, à surface garnie de polypes épars; polypes entière-

ment rétractiles, cylindriques , ayant huit cannelures au
dehors, et huit tentacules pectinés.

153. L. PALMATA , L. main de ladre.

*L. Corpore coriaceo, stipitato, carneo, superne ramoso,
palmato; ramulis subcompressis; cellulis prominulis,
papilliformibus; polypis albis, subpedunculatis; tentaculis novem retractilibus.* N.

Linn. Gm., 3810, 2. Marsil. , 15, 74. Lam., 414,13.

Polypier mou, coriace , pédonculé , irrégulièrement ramifié
vers le sommet, comme palmé d'un blanc de chair, enveloppé
d'une couche de rouge pâle; polypes blancs , subpédonculés ; à
neuf tentacules rétractiles, assez distants les uns des autres , et dirigés vers le sommet. Long. 0,150. Séj. Enseveli jusqu'aux deux
tiers dans la vase des moyennes profondeurs. App. Toute l'année.

## TETHIA , Téthie.

Corps subglobuleux , très fibreux intérieurement , à
fibres subfasciculées, divergentes ou rayonnantes de l'intérieur à la circonférence, et agglutinées entre elles par
une pulpe.

154. T. LINCURIUM, T. orange.

*T. Corpore subcorticato , globoso; superficie externa
ruberrima , verruculosa, superficie interna fibris elongatis, fasciculatis radiantibus, luteis, instructa.*

C'est avec l'orange d'Otaïti qu'on peut mieux comparer ce té-
thie; il est globuleux, à surface un peu verruqueuse, d'un rouge
vif; l'intérieur est muni de longues fibres fasciculées, rayonnantes d'un jaune safran. Long. 0,020. Séj. Régions coralligènes.
App. Novembre , avril.

155. T. cranium, T. crâne.

*T. Corpore subrotundato, inæquali, canaliculato; superficie externa livida, glabra, superficie interna fibris numerosissimis albidis tecta.*

Mull., 83, 1?

Dans l'état frais, cette espèce présente une masse subarrondie, inégale, sillonnée, à surface terne, livide, lisse, blanchissant par la dessiccation; l'intérieur est muni d'un grand nombre de fibres serrées qui s'étendent de la circonférence au centre. Long. 0,100. Séj. Régions des algues. App. Toute l'année.

156. T. opuntia (n.), T. figue dinde.

*T. Corpore rotundato, subsessili, rubro carneo; cellulis spinosissimis; polypis veri visibilibus.*

Donat., x, 1. Ginn., 4, 47, 97.

Cette espèce est de forme arrondie, charnue, couleur de chair, jaunissant en se desséchant, couverte sur sa surface de polypes séparés entre eux par des poils soyeux, très aigus, caduques; l'intérieur est composé de fibres qui s'élargissent du centre à la circonférence; ces fibres, assez semblables à des crins, sont composées d'une infinité de petits tubes, plongés dans un mucus jaunâtre foncé, où elles sont attachées avec force sur les corps où elles adhèrent. Polypes visibles au printemps. On en formera un jour un nouveau genre. Long. 0,030. Séj. Cailloux du littoral. App. Toute l'année.

## SEPTIÈME SECTION.

### POLYPIERS FLOTTANTS.

Sont des polypes réunis sur un corps commun, libre, alongé, charnu, vivant, enveloppant un axe inorganique cartilagineux, presque osseux, orné de polypes entourés de tentacules en rayons.

Veretillum, Vérétille.

Corps libre, simple, cylindrique, charnu, polypifère dans sa partie supérieure, ayant sa base nue, plus ou moins coriace; polypes sessiles et épars autour du corps commun; huit tentacules ciliés à leur bouche.

157. V. cynomorium, V. cinomoire.

*V. Stirpe cylindrica, crassa; basi nuda, obtusa, rufo-aurora; apice polypis albidis, in series plurimas digestis, majoribus singulis tubo elongato coriaceo instructis; superne tentaculis octodentatis, eburneis.*

PAll., 373, 13, 1. 4 ? Lam., 2, 521, 2 ?

Son corps est d'un roux aurore foncé, terminé en pointe obtuse dans sa partie inférieure, couvert à un tiers de sa longueur totale d'un nombre infini de polypes blanchâtres, rangés par séries fort rapprochées, plus ou moins développés, les plus gros ayant un long tube coriace, orné au sommet de huit tentacules dentés d'un beau blanc. Long. 0,025. Séj. Grandes profondeurs. App. Toute l'année.

Funiculina, Funiculine.

Corps libre, filiforme, simple, fort long, charnu, garni de verrues polypifères, disposées par rangées longitudinales; axe grêle, corné; polypes solitaires, alongés, tubuleux, à huit tentacules plumeux.

158. F. mediterranea (n.), F. méditerranéenne.

*F. Stirpe filiformi, tenui, verrucosa, basi glabra, pinnis viginti; tubis duobus elongatis, acutis, hyalinis, brunneo irroratis, in series duas longitudinales oppositas digestis.*

Sa tige est longue, grêle, cylindrique, semi-annulaire, à base lisse, garnie aux deux tiers de sa longueur de seize à vingt ailes ou barbes, disposées sur deux rangées longitudinales opposées, transverses ; chaque barbe est munie de deux tubes alongés, aigus, colorés de brunâtre sur un fond transparent, recouverts d'une légère membrane gélatineuse. Long. 0,040. Séj. Profondeurs coralligènes. App. Été, automne.

## Pennatula, Pennatule.

Corps libre, charnu, pectiniforme, ayant une tige nue inférieurement, ailée dans sa partie supérieure, et contenant un axe cartilagineux ; pinnules distiques, ouvertes, aplaties, plissées, dentées, chargées en dessus de polypes ayant des tentacules en rayons.

159. P. granulosa, P. granuleuse.

*P. Stirpe elongata, cylindrica, rosea, basi sulculata, latere granulata ; margine pinnarum polypis albidis, tentaculis octo ornatis.*

Sol. Ell., 61. Lam., 2, 426, 2.

Son corps est lisse, uni, d'un rose plus ou moins foncé. Sa partie inférieure est cylindrique, rayée de petites cannelures, garnie à sa base d'un petit orifice blanchâtre ; les côtés latéraux sont granuleux, et la partie supérieure est arrondie en dessus, chargée de protubérances, avec une suture jaunâtre au milieu, et traversée en dessous d'une rainure transparente ; elle est garnie de chaque côté de vingt-sept rangées de rachis charnus, subaplatis, chacun muni sur un des côtés de vingt-huit à trente-six polypes alternes, composés d'un petit tube arrondi, cartilagineux, blanchâtre, adhérant à la membrane par sa base, divisé en dessus en neuf parties égales, surmontées de sept à huit tentacules ciliés. Long. 0,250. Séj. Rég. coralligènes. App. Printemps, été.

Une variété à corps effilé, d'un rouge vif, avec dix à douze rangées de rachis, se fait remarquer dans notre golfe.

160. P. spinosa, P. épineuse.

*P. Stirpe carnosa, bulbosa, griseo-cinerea ; rachi dorso*

*levi ; pinnis margine incrassato , verrucoso , crispo ; nervis pinnarum spinosis.*

Sol. Ell., 62. Lam., 427, 4.

Cette pennatule est charnue, bulbeuse , d'un gris cendré, garnie de chaque côté de pinnules nombreuses, serrées, plissées, imbriquées, à bord polypifère épais, charnu, crépu, verruqueux, hérissé de longues épines blanchâtres. Long. 0,200. Séj. Régions vaseuses. App. Printemps , été.

## HUITIÈME SECTION.

## POLYPIERS EMPATÉS.

Sont des animaux composés, diversiformes, isolés ou fixés, renfermant des polypes.

1. *Polypiers fluviatiles , composés d'une seule sorte de substance.*

Spongilla , Spongille.

Polypier fixé, polymorphe, à masse irrégulière, la-melleuse et celluleuse , constituée par des lames membra-neuses, subpilifères, formant des cellules inégales, diffuses, sans ordre; des grains libres et gélatineux dans les cellules; polypes inconnus.

161. S. friabilis , S. friable.

*S. Sessilis, convexa, viridescens, obsolete lobulata, intus fibrosa; fibris longitudinalibus, ramuloso cancel-latis.*

Esp., 62. Lam., 2, 100, 2.

Cette espèce est sessile, convexe, verdâtre , faiblement lobée, fibreuse en dedans, à fibres longitudinales disposées en réseau. Long. 0,080. Séj. Fossés aquatiques contre les parois. App. Prin-temps.

2. *Polypiers marins composés de deux sortes de parties distinctes.*

### I<sup>re</sup> FAMILLE. *LES ÉPONGIÉES.*

Ont un axe central et des polypes nuls ou invisibles.

### SYCON (N.), Sycon.

*Corpus elongato-ovatum, paululum incurvum, antice apertum, abrupte acuminatum, ciliatum, postice clausum, rotundatum; ventriculis corporis longitudinis; superficie interna cellulis numerosis, ovatis, excavatis sculpta.*

Corps ovale alongé, un peu courbé à sa base, qui est fermée et arrondie, ouvert antérieurement, brusquement acuminé et cilié; l'intérieur, semblable à un ventricule de la longueur du corps, est sculpté d'un nombre considérable de cellules ovales creusées, où sont logés les polypes.

162. S. HUMBOLDTI (N.), S. de Humboldt.

*S. Corpore ovato, griseo, ruguloso, velluloso; ciliis anterioribus margaritaceis, iridescentibus; pilis exterioribus griseo-pallidis.*

Cette espèce offre un corps ovale, coriace, grisâtre, ruguleux et velu, terminé au sommet par une ouverture étroite, entourée de cils membraneux, nacrés et irisés; son intérieur est creux, percé de petites cellules transversales, qui forment l'habitation des polypes. Long. 0,040. Séj. Régions des fucus. App. Toute l'année.

163. S. POIRETI (N.), S. de Poiret.

*S. Corpore oblongo, cylindrico, turbinato, rigido, sordide-griseo; apertura coarctata.*

Ce sycon se rapproche de l'éponge sicciforme des côtes de Barbarie, décrite par M. Poiret. Il est simple, oblong, cylindrique, un peu déprimé sur les côtés, coriace, devenant fragile en se desséchant, très peu élastique, d'un gris sale, couvert en dehors de tubercules raides, terminé au sommet par une ouverture fort étroite ; son intérieur est vide, lisse, d'un gris clair, garni d'ouvertures cellulaires, ovales alongées, assez distantes les unes des autres, inégales, ne conservant aucun ordre ni symétrie. Long. o,16o. Séj. Régions des fucus. App. Presque toute l'année.

## SPONGIA, Éponge.

Polypier en masse très poreuse, lobée, ramifiée, turbinée ou tubuleuse, formée de fibres cornées ou coriaces, flexibles, entrelacées, agglutinées ensemble et enduites ou encroûtées dans l'état vivant d'une matière gélatineuse, irritable et très fugace.

*Masses sessiles, simples ou lobées, soit recouvrantes, soit enveloppantes.*

### 164. S. COMMUNIS, E. commune.

*S. Sessilis, subturbinata, rotundata, sordide-grisea, superne plano-convexa, mollis, tenax, porosa, superficie externa lacinulis rariusculis, foraminibusque magnis instructa.*

Lamour., 20, 5. Lam., 2, 353, 1.

Masse subturbinée, sessile, arrondie, molle, assez grosse, tenace, peu élastique, poreuse en dessus, crevassée, lacuneuse, et couverte de grands trous ronds en dessous, d'un gris sale, passant au jaune de paille par la dessiccation. Long. o,o6o, larg. o,100. Séj. Rochers peu profonds. App. Toute l'année.

### 165. S. LACINULOSA, E. pluchée.

*S. Sessilis, subturbinata, planulata, obsolete-lobata, mollis, tomentosa, porosissima, pallide-flava, superficie externa lacinulis creberrimis instructa.*

Esp., 2, 15, 17. Lamour., 21, 6. Lam., 2, 353, 2.
5.

Éponge plus grosse, plus élastique, plus tomenteuse que la précédente, à superficie couverte d'une infinité de petits pores, d'une couleur jaune pâle, devenant plus foncée en se desséchant. Long. 0,030, larg. 0,150. Séj. Rochers peu profonds. App. Toute l'année.

### 166. S. BARBA, E. barbe.

*S. Sessilis, elongata, dura, albo lutescente; superficie interna reticulata, cellulis magnis, latis instructa.*

Lamour., 23, 11. Lam., 2, 354, 7.

Espèce à forme alongée, peu épaisse, réticulée d'une manière très lâche, ayant l'aspect du lichen barbu, peu élastique, raide. d'un blanc jaunâtre, devenant grise en vieillissant. Long. 0,030. Séj. Rochers. App. Printemps.

### 167. S. CRISTATA, E. en crête.

*S. Planata, recta, mollis, pallide-flava; superficie externa poris projectentibus, in series regulares digestis.*

Sol. Ell., 186, 4 ? Lamour., 28, 27 ?

Il ne paraît pas que cette éponge soit l'alcyon tortu de M. Lamouroux. Elle est plane, droite, molle, à superficie parsemée de pores saillants, disposés d'une manière régulière, d'un jaune pâle, devenant plus foncée par la dessiccation. Long. 0,010, larg. 0,060. Séj. Rochers peu profonds. App. Printemps, automne.

### 168. S. URTICA (N.), E. ortie.

*S. Sessilis, multiformis, alba; superficie externa rugulosa, superficie interna spinulis intertextis, tenerrimis, paululum elasticis, instructa.*

Masse irrégulière, multiforme, d'une consistance presque dure, peu élastique et peu fragile, remplie intérieurement de cellules assez grandes, séparées entre elles par des filaments raides, épineux, ayant la propriété de l'*urtica urens*, et couverte par dessus d'une pellicule tenace, persistante, très compacte, d'une couleur blanche passant au jaunâtre en se desséchant. Long. 0,200 , larg. 0,080. Séj. Rochers du rivage. App. Toute l'année.

*Masses pédonculées, aplaties, flabelliformes, simples ou lobées.*

169. S. CUVIERIA (N.), È. de Cuvier.

*S. Subpediculata, ovato-oblonga, plana, rufo-brunnea, superne sublobata; superficie interna hispida, fibris nudis laxissime contextis instructa.*

Cette espèce réunit quelques caractères des éponges pelle et flabelliforme de la Nouvelle-Hollande; elle est droite, ovale oblongue, aplatie, peu épaisse, d'un roux brun, rétrécie à sa base, formant une espèce de pédicule qui s'élargit sur les corps où elle s'attache; son tissu est lâche, composé de fibres ramifiées, nues, à superficie rude, sans encroûtement, à sommet sublobé, arrondi, mince, sans aucun tube. Long. 0,110. Séj. Moyennes profondeurs. App. Eté, automne.

170. S. DELTOIDINA (N.), E. deltoïdine.

*S. Erecta, flabellata, deltoidea, pedunculata, pedunculo brevi, superne truncata, mollis tomentosa, elastica, lutea; superficie externa utrinque foraminulata.*

Marat., 15, 2?

Quoique cette éponge ne réunisse pas tous les caractères de la deltoïde de M. de Lamarck, elle offre comme elle une expansion droite, plane, peu épaisse, à sommet tronqué, inégal, portée sur une espèce de pédicule dur, très court; mais son tissu est fin, tomenteux, très élastique, coloré de jaune paille, qui perd en vieillissant, et sa surface est criblée de chaque côté de petits pores cellulaires inégaux, qui serpentent avec irrégularité. Long. 0,190. Séj. Profondeurs rocailleuses. App. Toute l'année.

*Masses concaves, évasées, cratériformes ou infundibuliformes.*

171. S. NICÆENSIS (N.), E. de Nice.

*S. Turbinata, crateriformis, pedunculata, mollis, glabra, brunneo-fusca ; superficie externa, pellicula tenui, lutea tecta; superficie interna porosa, reticulata.*

Cette espèce présente des caractères de l'éponge creuse et caliciforme de Lamarck, sans ressembler à aucune; elle est grande, turbinée, épaisse, profondément creusée en cratère, à sommet large, caliciforme, diminuant insensiblement en pointe vers sa base en une espèce de pédicule, molle dans l'état frais, ferme en se desséchant, fibreuse, poreuse, réticulée, couverte en dehors d'une pellicule lisse, mince, jaunâtre, passant au gris brun en vieillissant. Long. 0,186, larg. 0,130. Séj. Rég. des algues. App. Printemps, automne.

*Masses encroûtées, minces.*

172. S. VINOSA (N.), E. vineuse.

*S. Crustacea, depressa, mollis, fragilis, rubro-vinosa, superficie externa pellicula obtecta, superficie interna foraminibus sparsis, raris, instructa.*

Cette éponge présente plusieurs traits de l'*alcyonum purpureum* que mon ami Péron observa dans les mers australes; elle se trouve par petites masses déprimées, molle, fragile, très mucilagineuse, d'un rouge de vin, couverte d'une pellicule mince, très serrée, laquelle est irrégulièrement perforée par quelques orifices ronds, assez gros, espacés, offrant intérieurement des nervures en réseau fort délicat. Cette éponge est peu élastique, devient cassante, et se colore en rose grisâtre par la dessiccation. Long. 0,040. Séj. Cailloux du littoral. App. Presque toute l'année.

173. S. cærulea (n.), E. bleue.

*S. Crustacea, depressa, mollissima, cærulea; superficie interna foraminulis minimis instructa.*

On reconnaît cette espèce à sa consistance molle, d'un bleu d'outre mer qui pâlit peu par la dessiccation; elle est mucilagineuse, peu élastique, couverte de petits pores à peine apparents. Long. 0,030. Séj. Sous les pierres et madrépores. App. Hiver, printemps.

174. S. sulfurea (n.), E. soufrée.

*S. Crustacea, flavissima, mollissima, cancellata; fibris non filiformibus nonnumquam dilatatis, vario modo intertextis.*

Les trois espèces qui forment cette nouvelle division pourront bien un jour former un nouveau genre; celle-ci diffère des précédentes par son encroûtement assez relevé, d'un jaune soufre, fort adhérente aux pierres; sa consistance est molle, à fibres disposées en réseau, quelquefois dilatées et entortillées de différentes manières. Long. 0,040. Séj. Sur les cailloux. App. Presque toute l'année.

*Masses tubuleuses ou fistuleuses.*

175. S. intestinalis, E. intestinale.

*S. Fibrosa, succinea, rigidula, pluriloba; lobis oblongis, cylindraceis, inæqualibus, fistulosis, rimoso-fenestratis; superficie externa pellicula hyalina, succinea, obtecta.*

Marat., 16, 5 ? Lam., 369, 78. Lamour., 54, 94.

L'intestinale est divisée en lobes inégaux, diversement disposés, oblongs, cylindracés, creux en dedans, perforés sur toute sa superficie d'une multitude de grosses crevasses irrégulières, de sorte que l'éponge est à jour de toute part; son tissu est fibreux, poreux, lâche, d'un jaune foncé passant au grisâtre, encroûtée dans l'état vivant d'une membrane transparente qui prend la couleur du succin; sa consistance est semi-dure, peu élastique et tenace. Long. 0,150, larg. 0,030. Séj. Régions coralligènes. App. Toute l'année.

176. S. MEDULLARE, E. moelle de mer.

*S. Amorpha, variabilis, alba, mollis, fragilis, elastica; superficie externa tomentosa, superficie interna porosa, poris magnis irregulariter dispositis.*

Pall., 588, 235? Lam., 2, 400, 30?

Masse amorphe, variable, d'un beau blanc, très molle, tendre, fragile, élastique, composée d'un tissu très fin, tomenteux, lâchement croisé et réuni; tubes toujours courts, mamelonnés, adhérents entre eux, quelques uns ouverts à la sommité, d'autres fermés, creux en dedans, à parois internes parsemées de grosses fossettes espacées sans ordre; elle devient d'un blanc jaunâtre en vieillissant. Long. 0,060, larg. 0,100. Séj. Rochers du littoral. App. Toute l'année.

177. S. SEMITUBULOSA, E. semi-tubuleuse.

*S. Mollis, ramosissima, lutea; ramis cylindraceis, tortuoso-divaricatis, subcaulescentibus, interdum foratotubulosis.*

Planc., 116, 14, C. Lam., 2, 380, 125.

Plancus a connu cette éponge, qui est d'une consistance assez dure, à tissu fibreux extrêmement fin, presque lisse à sa surface, et formant intérieurement une réticulation bien lâche; ses rameaux sont semi-tubuleux, s'anastomosent en divers sens, et s'attachent avec force sur les madrépores; sa couleur est d'un beau jaune dans l'état vivant, qui passe au fauve grisâtre en vieillissant. Long. 0,116, larg. 0,004. Séj. Régions madréporiques. App. Été.

178. S. ANHELANS, E. anhelante.

*S. Massa caulescens, superficie externa tubis cy-*

*lindraceis, erectis, tubulosis, apice mamillatis; aper-
tura subciliata; superficie interna porosa, crocea, poris
nonnunquam muco violaceo, vivido, impletis.*

Oliv., 30, xi, 22, 23.

Olivi a cru remarquer un mouvement de systole et de diastole
dans cette espèce, dont la masse caulescente est divisée en plusieurs
tubes cylindracés, creux en dedans, droits, tubuleux, inégaux,
à sommet mamelonné, dont l'ouverture est ovalaire, subciliée sur
son pourtour ; ses fibres sont peu élastiques, à larges mailles plus
ou moins écartées, terminées en dehors, principalement vers sa
base, par des pointes tubuleuses, raides ; les fossettes alvéolaires
sont pleines d'une membrane épaisse, charnue, d'un jaune safran,
très fugace ; de son intérieur découle assez souvent un mucus
d'un beau violet, qui, en se mêlant avec le jaune, forme une couleur d'un pourpre noirâtre que cette espèce prend en se desséchant. Long. 0,125, larg. 0,025. Séj. Régions coralligènes App.
Toute l'année.

### 179. S. CYLINDRACEA, E. cylindracée.

*S. Pluriloba, leviuscula, carnea, intus cava, fragi-
lissima, lobis æqualibus cylindraceis, fistulosis, extus
tubulosis, anastomosantibus.*

Gion., 43, 92. Oliv., 264.

Sa masse est assez grosse, lisse, très fragile, peu élastique,
composée de petits fibres très minces, tellement empâtées et encroûtées qu'on ne peut distinguer les pores que quand elle est
sèche ; ses tubes sont cylindracés, réguliers, droits, à surface
extérieure lisse, parsemée de quelques tubercules mamelonnés,
adhérents entre eux vers la moitié de leur longueur, ouverts au
sommet, creux en dedans, à parois internes couvertes de fossettes
alvéolaires peu distantes ; cette éponge est molle, d'un blanc incarnat ; elle devient dure et prend la couleur de tabac en veillis-
sant. Long. 0,130, larg. 0,080. Séj. anses et golfes. App. Presque
toute l'année.

### 180. S. PURPUREA (N.), E. pourprée.

*S. Pluriloba, tenera, fragilissima, purpurea, lobis*

*tubulosis, sæpe anastomosantibus; apice aperto; aper-
tura rotundata, coarctata.*

Cette jolie espèce est tendre, molle, un peu élastique, fragile,
couverte sur sa superficie d'un grand nombre de pores égaux,
sa forme est une masse caulescente d'où partent des tubes cylindriques, unis, simples, souvent réunis par leur base, creux en
dedans, à ouverture étroite, arrondie au sommet, ornée intérieurement de fossettes rapprochées; sa couleur est d'un beau pourpre, fixe pendant quelque temps, et prend en vieillissant une
teinte de chair pâle, et devient dans l'eau chaude d'un blanc
jaunâtre. Long. 0,110, larg. 0,050. Séj. Adhérente aux rochers.
App. Toute l'année.

181. S. AGGREGATA (N.), E. agrégée. *

*S. Erecta, aggregata, rufescente-pallida, supra
tubulosa; tubulis plurimis, connexis, fibris mollissimis,
elasticis, reticulatis.*

Cette éponge, très molle, d'un roussâtre pâle, doit être placée
après la confédérée de la Nouvelle-Hollande; elle est droite, en
masse informe et aplatie inférieurement, tandis que la partie
supérieure est formée de divers tubes arrondis, agrégés, réunis,
fort nombreux, peu creux, liés entre eux, composés de fibres
très fines, molles, réticulées, fort élastiques, à ouverture ronde,
un peu rétrécie au sommet. Long. 0,100, larg. 0,040. Séj. Moyennes profondeurs. App. Eté.

*Masses rameuses phytoïdes ou dendroïdes.*

182. S. DICHOTOMA, E. dichotome.

*S. Ramosa, intense lutea, ramis cylindricis, inæqua-
libus, tereti-subulatis, tomentosis, summis, dichotomis.*

Planc., 12. Lam., 2, 575, 102. Lamour., 67, 124.

Cette éponge est différente de la dichotome d'Olivi; elle est
rameuse, veloutée, forte, couverte d'une multitude de petites cellules rondes, colorée de jaune foncé passant au gris jaunâtre en

vieillissant; rameaux cylindriques, inégaux, souvent opposés,
droits, amincis et dichotomés au sommet, ayant l'aspect d'une
queue de rat. Long. 0,050, larg. 0,010. Séj. Régions peu profondes.
App. Automne, hiver.

183. S. AMARANTHINA, E. amaranthine.

*S. Ramosa, erecta, castaneo-fusca, porosissima; ramis superne dilatatis, compressis, diviso-lobatis, striatis, poris inæqualibus.*

Lamour., 70, 130? Lam., 377, 108?

Elle a l'aspect d'une fleur d'amarante d'une grande dimension,
colorée d'un brun marron qui pâlit en vieillissant; sa masse est
touffue, droite, aplatie, couverte d'un tissu fibreux, spongieux,
avec une infinité de petits pores inégaux qui se manifestent de
plus en plus en se desséchant; rameaux courts, aplatis, divisés
en plusieurs lobes, souvent tronqués au sommet et un peu striés.
Est-ce l'amaranthine de M. de Lamarck? Long. 0,040, larg. 0,030.
Séj. Régions coralligènes. App. Printemps, été.

184. S. TYPHA, E. amentifère.

*S. Ramosa, mollis, rufo-brunnea, porosissima, fibroso-reticulata, ramis elongatis, cylindricis, obtusiusculis, compressis, poris stelliferis.*

Marsil., 14, 71. Lamour., 76, 145. Lam., 2, 380, 123.

Cette éponge se développe en longs rameaux cylindriques, toujours comprimés, à sommet obtus, d'un tissu légèrement encroûté, réticulé, très poreux, souvent ornés de trous stellifères;
elle est colorée d'un rouge brun persistant. Long. 0,500, larg.
0,010. Séj. Moyennes profondeurs. App. Toute l'année.

185. S. ALCICORNIS, E. corne d'élan.

*S. Ramosa, cæspitosa, multicaulis, albo-rufescens ramis alternis, rotundatis, subdichotomis; apicibus attenuatis, tubulosis; fibris tenuissimis, partim incrustatis.*

Esp., 2, 248, 28? Lum., 380, 126?

On reconnaît cette éponge à ses touffes multicaules, plus ou moins serrées, molles, élastiques, d'un blanc roussâtre; ses tiges sont alternes, arrondies, subdichotomes, irrégulièrement ramifiées, à fibres lâches, s'atténuant en lanières grêles vers leur sommités, et tubulées. Est-ce bien l'espèce nommée par Esper corne d'élan? Elle présente quelques traits de la spongia panica d'Olivi. Long. 0,100, larg. 0,014. Séj. Profondeurs rocailleuses. App. Toute l'année.

## 186. S. RETICULATA, E. réticulée.

*S. Ramosa, porosissima, luteo-crocea, ramis cylindricis; apicibus simplicibus aut bifidis; fibris paululum rigidis.*

Oliv., 26, 4, VIII, 9, 10.

Cette espèce est d'un jaune safran; elle est composée de rameaux cylindriques, simples ou bifides au sommet, couverte de pores serrés, difformes, et anastomosés en forme de réseau; sa structure est lâche, formée de fibres un peu raides. Long. 0,050, larg. 0,010. Séj. Régions madréporiques. App. Toute l'année.

## 187. S. FORNICIFERA, E. porte voûtée.

*S. Planulata, mollis, fibroso-reticulata, ramulosa, ramulis caulescentibus, chlatratim fornicatis, villosulis.*

Planc., 116, XIV, D. Lam., 2, 580, 124. Lamour., 76, 146.

Éponge molle, fibreuse, réticulée, ramuleuse, à ramifications s'aplatissant en s'élargissant, anastomosées, et formant des voûtes ou des arcades. Long. 0,100. Séj. Régions madréporiques. App. Été.

## 188. S. STRICTA, E. étroite.

*S. Tenax, subramosa; ramulis cylindraceis, dichotomis subulatis, erectis, griseis.*

Olivi, 25, 2, VIII, 2.

Cette espèce est assez consistante, presque rameuse, d'une couleur grise, à rameaux cylindracés, subulés, droits, toujours divisés en deux parties vers le sommet. Long. 0,060. Séj. Profondeurs coralligènes. App. Eté.

189. S. CORALLINA (N.), E. coralline.

*S. Ramosa, subrotundata, ruberrima, ramis compressis, digitiformibus, apice furcatis, rotundatis.*

Jan., planc., 36, XVI?

Un beau rouge corail, passant en vieillissant au rouge brun, colore cette jolie espèce. Sa masse est rameuse, subarrondie, élastique, se divisant en une infinité de courtes ramifications palmées, aplaties, à tissu fibreux, couvert de nombreux oscules, disposés symétriquement, à bords ciliés, ses digitations sont confuses, rapprochées, fourchues, inégales, bifides et arrondies à leur sommet. Long. 0,070, larg. 0,070. Séj. Régions coralligènes. App. Toute l'année.

## IIᵉ FAMILLE. — *LES ALCYONÉES.*

N'ont point d'axe central, ni de polypes visibles.

### ERISKA (N.), Eriske.

*Corpus ovale, sacchiforme, fixum, filamentorum setaceorum compositum; filamenta infra, conjungentia, stirpem formant; saccus interne filamentis tenuissimis, plurimis, divaricantibus instructus.*

Corps ovale, fixe, en forme de sac, composé de filaments soyeux, rétrécis en tige linéaire vers sa partie inférieure, sac garni intérieurement de plusieurs filaments soyeux, très subtils, luisants et divergents.

190. E. VELUTINA (N.), E. vélutine.

*E. Corpore, stirpe filamentibusque interioribus margaritaceis, nitentibus.*

Ce beau polypier présente une tige mince, fixée par sa base,

surmontée d'un corps oblong d'un blanc soyeux, garni intérieurement de filaments nacrés, resplendissants, où doivent être situés les polypes. On trouve des polypiers à peu près semblables,
différant un peu dans leurs formes, qui pourraient être considérés
comme espèces nouvelles. Long. 0,034. Séj. Régions coralligènes.
App. Toute l'année.

## ALCYONUM, Alcyon.

Polypier polymorphe, mollasse, dur ou charnu dans
l'état frais, coriace et ferme en se desséchant; composé
de fibres cornées, très petites, entrelacées et empâtées par
une pulpe persistante; des oscules souvent apparents.

191. A. DOMUNCULA, A. maisonnette.

*A. Subglobosum, subcrassum, durum, aurantium,
sinubus tortuosis excavatum; oculis creberrimis, minimis, substellatis.*

Ginn., 49, 104. Lamour., 28, 338, 468. Lam., 2, 394, 4.

VAR. I. *Rubro aurantio, flavo, cœruleo variegato.*

VAR. II. *Albo, poris oblongis, satis magnis et regula-
riter per superficiem sparsis.*

VAR. III. *Griseo et rubro aurantio variegato.*

La forme de cet alcyon est ordinairement subglobuleuse, à
consistance dure, subéreuse, glabre, d'un rouge orange, traversé d'un sinus creux, tortueux, à oscules serrés, très petits,
presque étoilés. On les trouve le plus souvent réunis l'un à côté de
l'autre dans le même local. Long. 0,050. Séj. Moyennes profondeurs. App. Toute l'année. Cette même espèce a été placée par
M. Lamouroux parmi les éponges et parmi les alcyons.

192. A. PAPILLOSUM, A. papilleux.

*A. Crustaceum, papillis magnis confertis, convexis,
obsitum.*

Linn. Gm., 3816, 22. Marsill., 86, 15, 76, 78. Lamour., 351, 496.

Cet alcyon présente assez de consistance, et devient crustacé;

il s'élève ordinairement en petite masse couverte de grands tubercules convexes et étroitement placés les uns à côté des autres.
Long. 0,050. Séj. Régions madréporiques. App. Eté.

193. A. FIGUS, A. figue.

*A. Tuberosum, ficiforme aut piriforme, obovatum
intense viride.*

Imperat., 641. Marsil., 87, 16, 79. Lamour., 348, 492.

Cette espèce présente la forme d'une figue ou d'une petite
poire un peu ovale; elle est toujours d'un vert intense dans l'état
frais. Long. 0,045. Séj. Régions madréporiques. App. Toute
l'année.

194. A. RUBERRIMUM (N.), A. très rouge.

*A. Tuberosum, durum, curvatum, multisinuatum;
superficie subglabra, ruberrima; osculis stellatis.*

Ginn., 41, 48, 100.

Polypier tubéreux, assez dur, diversement courbé, très sinué,
inégal, à superficie presque glabre, d'un rouge vermeil, couvert d'une infinité d'oscules étoilés. Long. 0,070. Séj. Attaché
aux gorgones. App. Toute l'année.

195. A. IMPERATI (N.), A. d'Imperati.

*A. Tuberosum, durum, subhemisphæricum, fere car-
tilaginis instar; parte superiore oblique incurva; superficie glabra, cinerea, nitida; osculis stellatis, nigris;
apertura laterali, lineari.*

VAR. I. *Apertura foveola, difformis, subtus locata.*

Polypier subhémisphérique, tubéreux, dur, souvent comme
cartilagineux; à partie supérieure obliquement courbée; sa sur-

face est glabre, d'un cendré luisant, avec des oscules étoilés, noirs, et une ouverture latérale, linéaire. Long. 0,040. Séj. Attaché aux madrépores. App. Toute l'année.

196. A. SPONGIOIDES (N.), A. spongioïde.

*A. Fixum, durum, griseum, irregulare, cellulos um ; cellulis irregularibus , contortuplicatis.*

Le spongioïde est fixé, dur, d'un gris clair, irrégulier, celluleux, à cellules irrégulières, disposées en plis tortueux. Long. 0,050. Séj. régions coralligènes. App. Toute l'année.

197. A. VARIABILIS (N.), A. variable.

*A. Fixum, glabrum, tuberosum , durum ; superficie lutea, velutina ; osculis rotundatis, distantibus ; marginis prominulis, tenuibus.*

Substance fixe, tubéreuse, dure, lisse, jaune, souple et veloutée , parsemée d'oscules arrondis, distants, à bords très minces et proéminents. Long. 0,060. Séj. Régions coralligènes. App. Toute l'année.

198. A. CLAVELLINUM (N.), A. clavellin.

*A. Tuberosum , durum , luteo-griseum , velutinum , clavatum , longissime pedunculatum.*

Polypier dur, tubéreux, velouté, d'un jaune grisâtre, en forme de massue, porté sur un très long pédoncule. Long. 0,060. Séj. Grandes profondeurs. App. Été.

199. A. SETACEUM (N.), A. soyeux.

*A. Subtuberosum , spongiosum , altum , piriforme , luteum, velutinum , interne flavum.*

Cette espèce est subtubéreuse, spongieuse, piriforme, d'un jaune pâle, couverte d'un duvet soyeux, velouté ; l'intérieur est d'un beau jaune, à fibres soyeuses très fines. Cette espèce se développe par petites colonies dans le même local. Long. 0,020. Séj. Régions madréporiques. App. Toute l'année.

200. A. MINIACEUM (N.), A. miniacé.

*A. Amorphum, crustaceum, rubrum, mollissimum, absque poris visibilibus.*

Substance amorphe, crustacée, très molle, sans pores visibles, d'un rouge minium, assez semblable à une gelée un peu solide, dont on fera un jour un nouveau genre. Long. 0,100. Séj. Différents corps marins. App. Toute l'année.

.... Et dulces moriens reminiscitur Argos.
VIRGILE, *En.*, x, 781.

FIN.

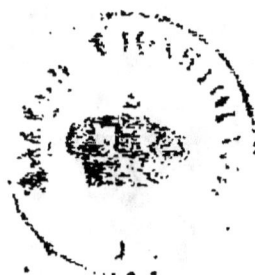

# NOTES ET RECTIFICATIONS.

---

## TOME I.

Des observations ultérieures à mon travail géologique des environs de Nice, de nouvelles comparaisons du calcaire du Jura avec la dolomie, me portent à croire qu'une partie des terrains que j'ai compris parmi les jurassiques sont de vraies dolomies, et le phénomène qui les a produites est un des plus curieux, des plus extraordinaires, et des plus remarquables, non seulement dans toute la chaîne des Alpes maritimes, mais sur plusieurs élévations qui bordent le bassin méditerranéen. Les extrémités de la plupart des promontoires des environs de Nice, de Montboron, de Bancs rous, d'Esc et de Turbie en sont formées et s'étendent avec interruption sur plusieurs autres points de la mer Méditerranée. Avec ces dolomies l'apparence des dispositions des couches s'efface, et les pétrifications, quoique rares, commencent à devenir reconnaissables. Cette formation offre en général un grand désordre, et des anomalies bizarres dues sans doute à des causes perturbatrices du fluide, qui agissait en divers sens, de manière que le résidu en offre les différentes inflexions; filons, fentes et cavernes la traversent partout; un déplacement des couches semble avoir eu lieu après sa déposition, et c'est dans une grande partie de ces creux, sillons et crevasses que la Méditerranée déposa ces marbres, ces brèches, ces poudingues, ces sables, ces argiles que cette mer élabora particulièrement, en leur imprimant par ses productions le caractère récent de son époque.

## TOME II.

Page 48. Au lieu de Belmondi, *lisez* Bermondi.
— 130. Après l'article IV, *ajoutez* Fruits à graines.
— 155. 1re ligne, *lisez* Rappelle à leur esprit le souvenir de leur patrie.
— 186. Après l'art. V, *ajoutez* Fruits à pepins.
— 202. V. V. Gibbosa, c'est un double emploi.
— 226. 1re ligne, *lisez* V. V. Mollis.
— 230. 10e ligne, *lisez* V. V. Rubella.
— 288. 14e ligne, *lisez* M. C. Rambour.

## TOME IV.

Pag. 375 : dixième ligne, *lisez* :

PSAMMOSOLEN (N.), Psammosolen.

*Testa oblonga, convexa, antice et postice rotundata,*

*hians; cardo in valvibus ambabus dente uno curvato cardinali, ante ligamentum locato.*

Et pag. 395. Supplément, *ajoutez* :

1086. Lutraria angulata (n.), Lutraire angulée.

*L. Testa subtrigona, compressa, pellucida striis exiguissimis concentricis sculpta; latere antico angulato, posteriore rotundato.*

Coq. subtriangulaire, comprimée, translucide, sculptée de très fines stries concentriques, à côté antérieur anguleux, et le sommet arrondi peu bâillant, l'intérieur des valves fort lisse. Long. 0,035. Séj. Subfossile dans le dépôt de Grosueil.

1087. Terebratula meridionalis (n.), Térébratule méridionale.

*T. Testa cuneata, elongata, superne rotundata; valvis ambabus costis octo squamulatis sculptis; epidermide albo pallido latescente.*

Elle diffère de la térébratule en coin par ses valves plus alongées, dont une plus bombée que l'autre, et sculptées de huit côtes saillantes, composées de fines écailles disposées en recouvrement; sa couleur est d'un blanc pâle jaunâtre. Long. 0,003. Séj. Régions coralligènes. App. Été.

# TABLE SOMMAIRE
## DES MATIÈRES
### CONTENUES DANS LES CINQ VOLUMES.

# TABLE ALPHABÉTIQUE
## DE L'OUVRAGE.

—

## A.

# B.

## C.

## D.

# G.

# II.

## I.

## J.

## L.

# M.

# N.

## R.

## S.

# T.

# U.

# V.

## X.

## Z.

FIN DE LA TABLE.

# EXPLICATION
# DES PLANCHES
## DU CINQUIÈME VOLUME.

### PLANCHE Ire.

| | |
|---|---|
| 1. Portunus maculatus, | Etrillé maculé. |
| 2. Eurynome scutellatus, | Eurynome écussonné. |
| 3. Egeon loricatus, | Egeon cuirassé. |
| 4. Drimo elegans, | Drimo élégante. |

### PLANCHE II.

| | |
|---|---|
| 5. Pandalus pelagicus, | Pandale pélagique. |
| 6. Peneus foliaceus, | Pénée foliacé. |
| 7. Pandalus punctulatus, | Pandale pointillé. |

### PLANCHE III.

| | |
|---|---|
| 8. Stenopus spinosus, | Sténope épineux. |
| 9. Chrysoma mediterranea, | Chrysome méditerranéenne. |
| 10. Phrosina semilunata, | Phrosine en croissant. |
| 11. *Idem*, | Tête vue en dessus. |
| 12. *Idem*, | — vue en dessous. |

### PLANCHE IV.

| | |
|---|---|
| 13 Hippolytes variegatus, | Hippolyte varié. |
| 14. Pontophilus pristis, | Pontophile scie. |
| 15. Squilla eusebia, | Squille pieuse. |
| 16. Alpheus amethystea, | Alphée nacrée. |
| 17. Alpheus Olivieri, | Alphée d'Olivier. |
| 18. *Idem*, | Rostre et pattes antérieures. |

### PLANCHE V.

| | |
|---|---|
| 19. Praniza ventricosa, | Pranize ventrue. |
| 20. Nebalia Straus, | Nébalie de Straus. |

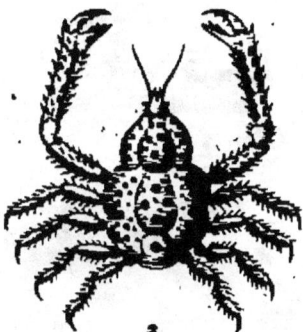

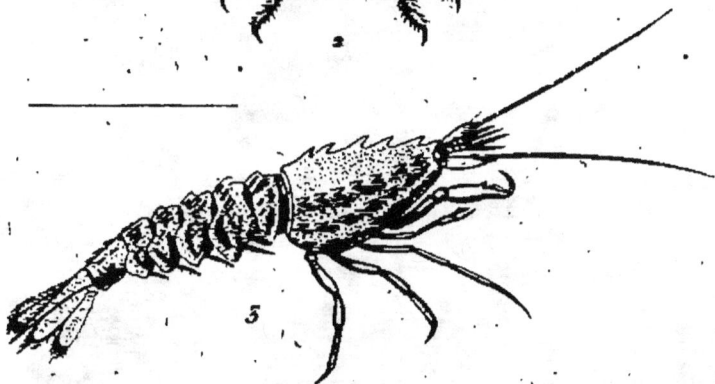

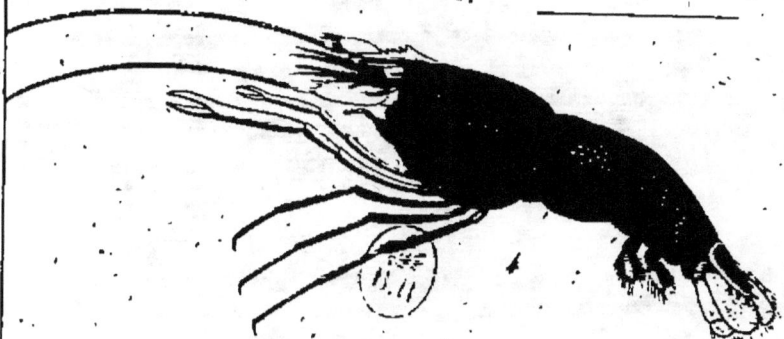

Prêtre delin.         De l'Imprimerie de Langlois.         Vic.te Plée sculp.t

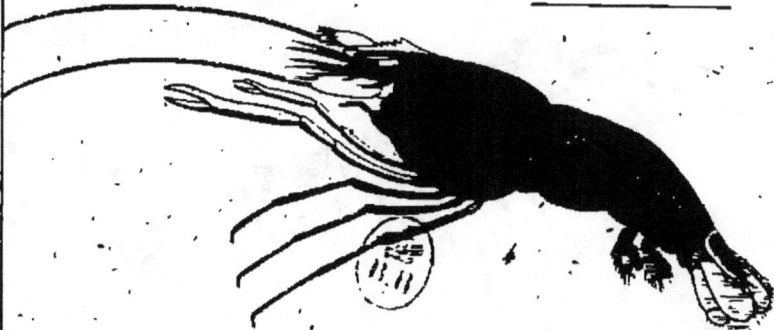

Prêtre delin.      De l'Imprimerie de Langlois.      Vic.te Plée sculp.t

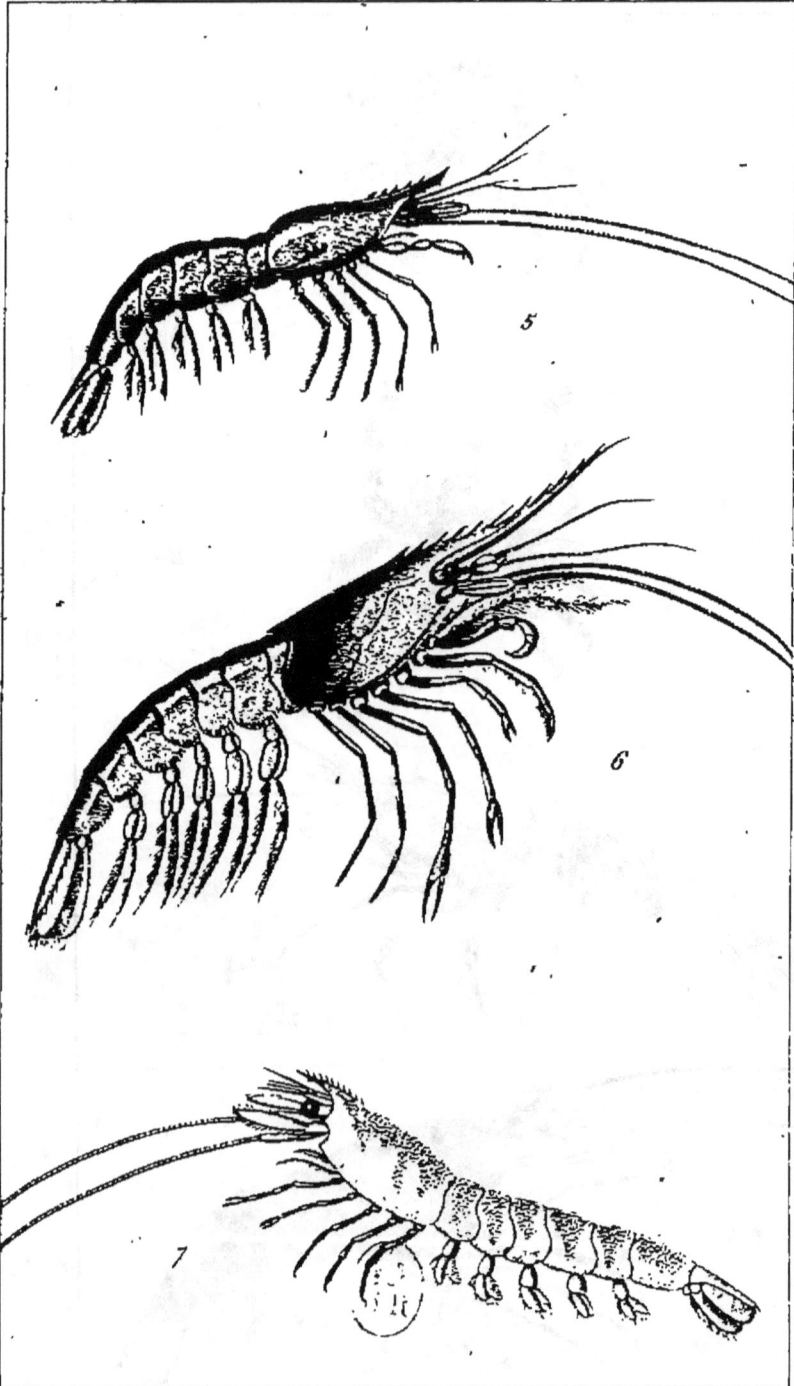

*5*

*6*

*7*

Prêtre delin.t      De l'Imprimerie de Langlois.      T. Plée fils sculp.t

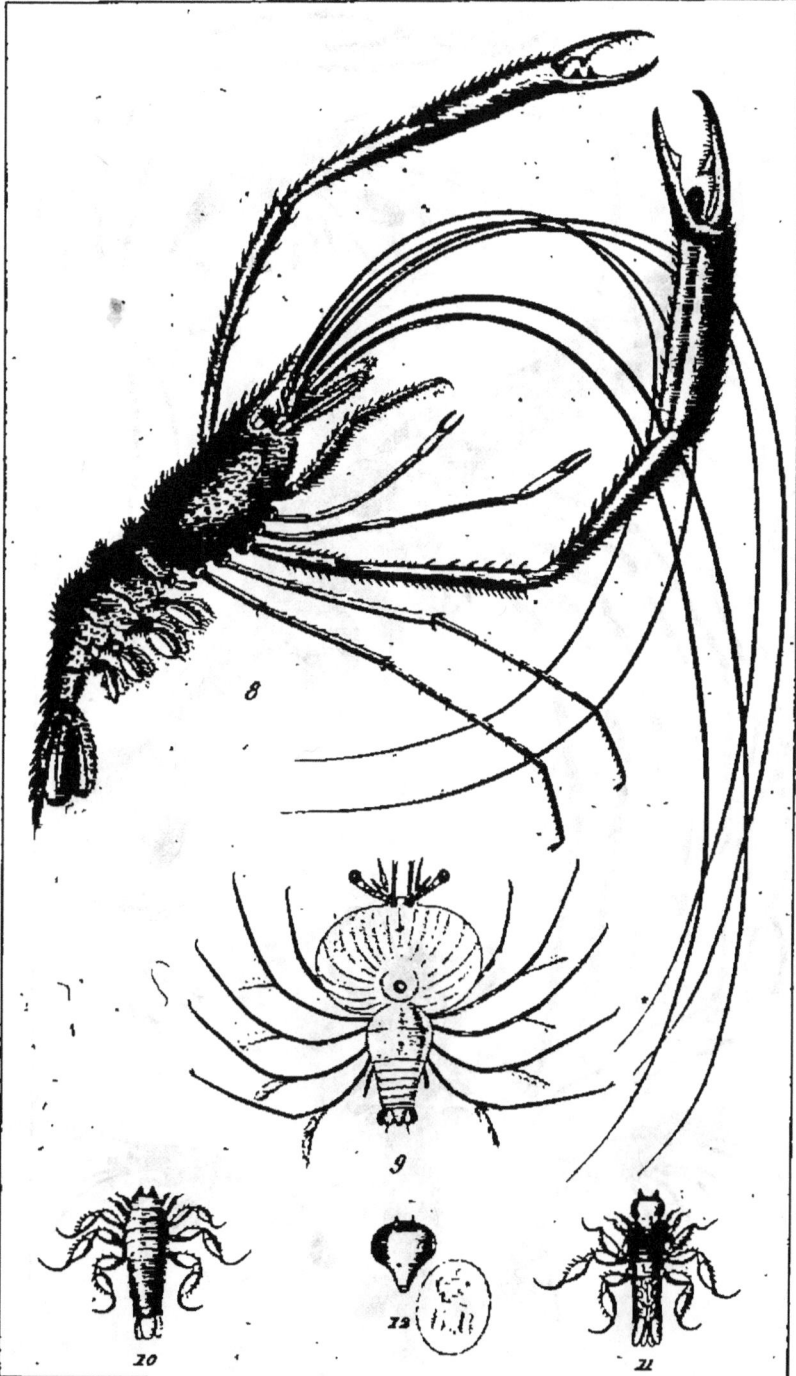

8

9

20

19

21

*Prêtre delin.*      *De l'Imprimerie de Langlois.*      *V. Plée fils sculp.*